既有建筑地下增层工程桩基承载机理与分析

张乾青　著

中国建筑工业出版社

图书在版编目（CIP）数据

既有建筑地下增层工程桩基承载机理与分析 / 张乾青著. -- 北京 ：中国建筑工业出版社，2024. 11.
ISBN 978-7-112-30475-2

Ⅰ. TU473.1

中国国家版本馆 CIP 数据核字第 2024T3V636 号

本书围绕桩基础支承既有建筑地下增层工程中的主要科学问题展开论述，主要内容包括：地下增层前在役桩承载特性时间效应分析方法、地下增层过程中在役单桩和群桩竖向承载特性计算方法、地下增层条件下桩基承载特性计算方法、不同布桩模式下群桩基础承载机理及其分析方法等。

本书适合从事既有建筑地下增层工程等相关工程的科研人员和工程技术人员参考，也可作为高等院校相关专业师生的参考书。

责任编辑：杨　允
文字编辑：冯天任
责任校对：张　颖

既有建筑地下增层工程桩基承载机理与分析
张乾青　著
*
中国建筑工业出版社出版、发行（北京海淀三里河路 9 号）
各地新华书店、建筑书店经销
北京科地亚盟排版公司制版
建工社（河北）印刷有限公司印刷
*
开本：787 毫米×1092 毫米　1/16　印张：10　字数：231 千字
2024 年 10 月第一版　　2024 年 10 月第一次印刷
定价：**60.00** 元
ISBN 978-7-112-30475-2
（43765）

如有内容及印装质量问题，请与本社读者服务中心联系
电话：（010）58337283　QQ：2885381756
（地址：北京海淀三里河路 9 号中国建筑工业出版社 604 室　邮政编码：100037）

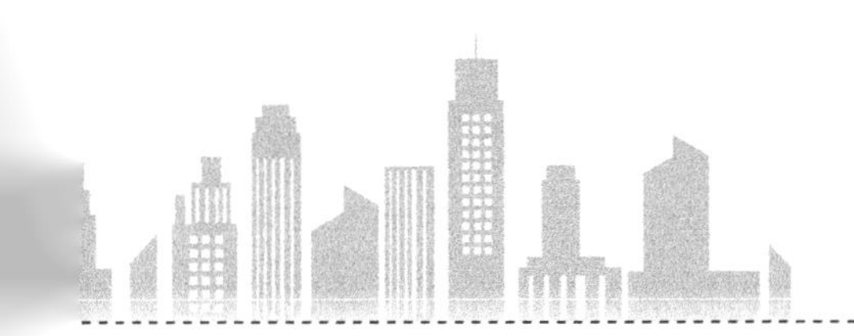

前 言

随着城市化进程加快，城市规模和建筑物密度不断增加，由此产生的交通拥堵、建筑空间拥挤、绿化面积减少等城市问题日益突出，停车难问题已成为城市管理中的顽疾。由于城市规划缺乏前瞻性，很多高层建筑或大型商场只设置了单层地下室，甚至未设置地下室，由此带来的停车位有限与汽车保有量日益增长间的矛盾日益突显。此外，几乎所有老旧小区都无法满足居民对停车位置的需求，导致小区内原有道路、绿化、公共空间、消防通道等用地被汽车占据，老旧小区居住品质严重下降，甚至引发安全事故。中央和各地方政府已将解决老旧小区停车难问题作为老旧小区改造的重点内容。

从土地使用成本、便利和安全角度考虑，地下车库是停车的理想场所。在不影响既有建筑使用功能的前提下，在既有建筑下增扩地下空间以满足日益紧张的停车位置需求，既可避免既有建筑盲目推倒重建造成的极大浪费，又可节约建设用地。此外，一些具有使用价值但需加大使用面积的历史建筑也需要既有建筑地下增层理论与技术的支撑。因此，综合高效开发利用城市地下空间资源，已成为提升既有建筑使用功能、扩充地下停车场容量、提高人防备战和防护能力、改善城市地面环境、节约土地资源的有效途径，将给城市地下空间开发利用和节约型社会建设提供一种全新思路，具有广阔的应用前景。

既有建筑地下增层工程是一项综合性很强的复杂工程，包含既有基础加固、基坑支护结构增设、基础托换、土体开挖、地下室底板浇筑、结构柱和托换桩截除等工序。实际工程中既有建筑的基础形式主要有浅基础和桩基础（本书以桩基础支承的既有建筑地下增层工程为研究对象）。桩基础支承的既有建筑地下增层过程中应重点关注土体开挖效应下桩基承载力损失和桩基渐进变形的过程，从变形控制角度出发，明确既有建筑地下增层开挖条件下在役桩基竖向承载特性变化的过程。因此，有必要针对既有建筑地下增层工程中的桩基承载机理与分析方法展开研究。

本书围绕桩基础支承既有建筑地下增层工程中的相关科学问题展开论述，主要内容包括：增层开挖前在役桩承载特性时间效应计算方法、增层开挖前在役单桩和群桩沉降时间效应计算方法、地下增层条件下在役单桩和群桩竖向承载特性模型试验研究、不同布桩模式下群桩基础差异沉降控制机理及其分析方法等。本书得到了山东省泰山学者青年专家计划（No. tsqn202103163）、国家自然科学基金（No. 51778345、No. 52078278）、山东省杰出青年基金（No. JQ201811）、山东大学杰出中青年学者和山东大学齐鲁青年学者等项目的资助，在此表示感谢。感谢山东大学崔伟教授、刘善伟博士、李晓密硕士、冯若峰硕士，山东农业大学张健副教授等在理论分析、模型试验等方面所作的贡献，感谢乔胜石、刘景航、李振宝、马彬、崔春雨、陈兆庚、邢宇铖、王茂林、殷伟平等研究生为本书所提的宝贵建议和意见。对于为本研究提供试验条件和配合的工程技术人员，在此一并表示衷心感谢。

由于作者水平和能力有限，书中难免存在不当之处。作者将以感激的心情诚恳接受旨在改进本书的所有读者的任何批评和建议，也热切祈盼对本书研究感兴趣的朋友来信与作者进行交流（邮箱：zjuzqq@163.com）。

张乾青

2024年4月

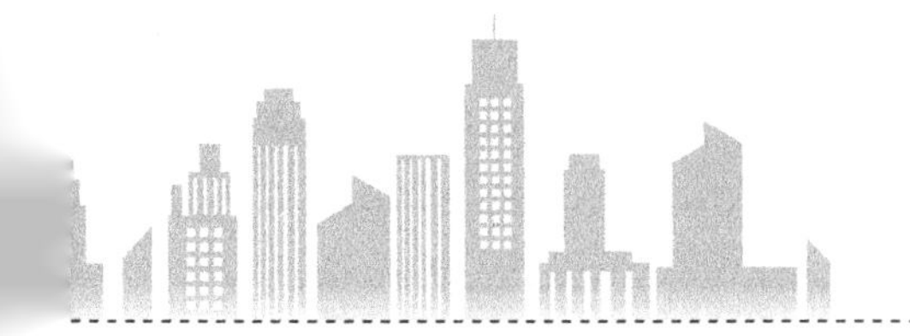

目 录

第1章 绪　　论

1.1 研究背景

城市化进程加快造成城市规模和建筑物密度不断增加，由此产生的交通拥堵、建筑空间拥挤、绿化面积减少等城市问题日益突出，严重制约了城市可持续发展。停车难问题已成为城市管理中的顽疾。由于城市规划缺乏前瞻性，很多高层建筑或大型商场只设置了单层地下室，甚至未设置地下室，由此带来的停车位有限与汽车保有量日益增长间的矛盾日益凸显。同时，几乎所有老旧小区都无法满足居民对停车位置的需求，导致小区内原有道路、绿化、消防通道、公共空间等用地被汽车占据，老旧小区居住品质大大下降，且易出现安全事故。加大老旧小区改造力度，缓解老旧小区停车难问题已上升到国家政策层面。中央和各地方政府已将解决老旧小区停车难问题作为老旧小区改造的重点内容。

面对城市停车位置日益紧张的现状，机械式立体车库作为解决方案之一应运而生。然而，机械式立体车库取车速度慢，且使用过程中易出现故障，导致车辆受损（图 1-1）。同时，增建露天停车位会受到城市土地资源有限的限制。从土地使用成本和安全便利等角度考虑，地下车库是停车的理想场所。在不影响既有建筑使用功能的前提下，在既有建筑下增扩地下空间以满足日益紧张的停车位置需求，既可避免既有建筑盲目推倒重建造成的极大浪费，又可节约建设用地和投资。此外，一些具有使用价值但需加大使用面积的历史建筑也需要既有建筑地下增层理论与技术的支撑。因此，综合高效开发利用城市地下空间资源，成为提升既有建筑使用功能、扩充地下停车场容量、提高人防备战和防护能力、改善城市地面环境、节约土地资源的有效途径，将给城市地下空间开发利用和节约型社会建设提供一种全新思路，具有广阔的应用前景。

(a) 徐州某大厦立体车库事故

(b)上海某医院立体车库事故

(c) 济南住宅小区3起立体车库事故

图 1-1　机械式立体停车库故障事故

既有建筑地下增层工程是一项综合性很强的复杂工程，包含既有基础加固、基坑支护结构增设、基础托换、土体开挖、地下室底板浇筑、结构柱和托换桩截除等工序（实际工程中既有建筑情况千差万别，以图 1-2 和图 1-3 所示的两种典型工况为例进行说明），涉及地基、托换桩基础、既有基础、既有结构等复杂相互作用问题。既有建筑地下增层工程施工难度较大，施工风险较高，若处置不当，极易导致既有建筑开裂、倾斜甚至倒塌破坏等工程

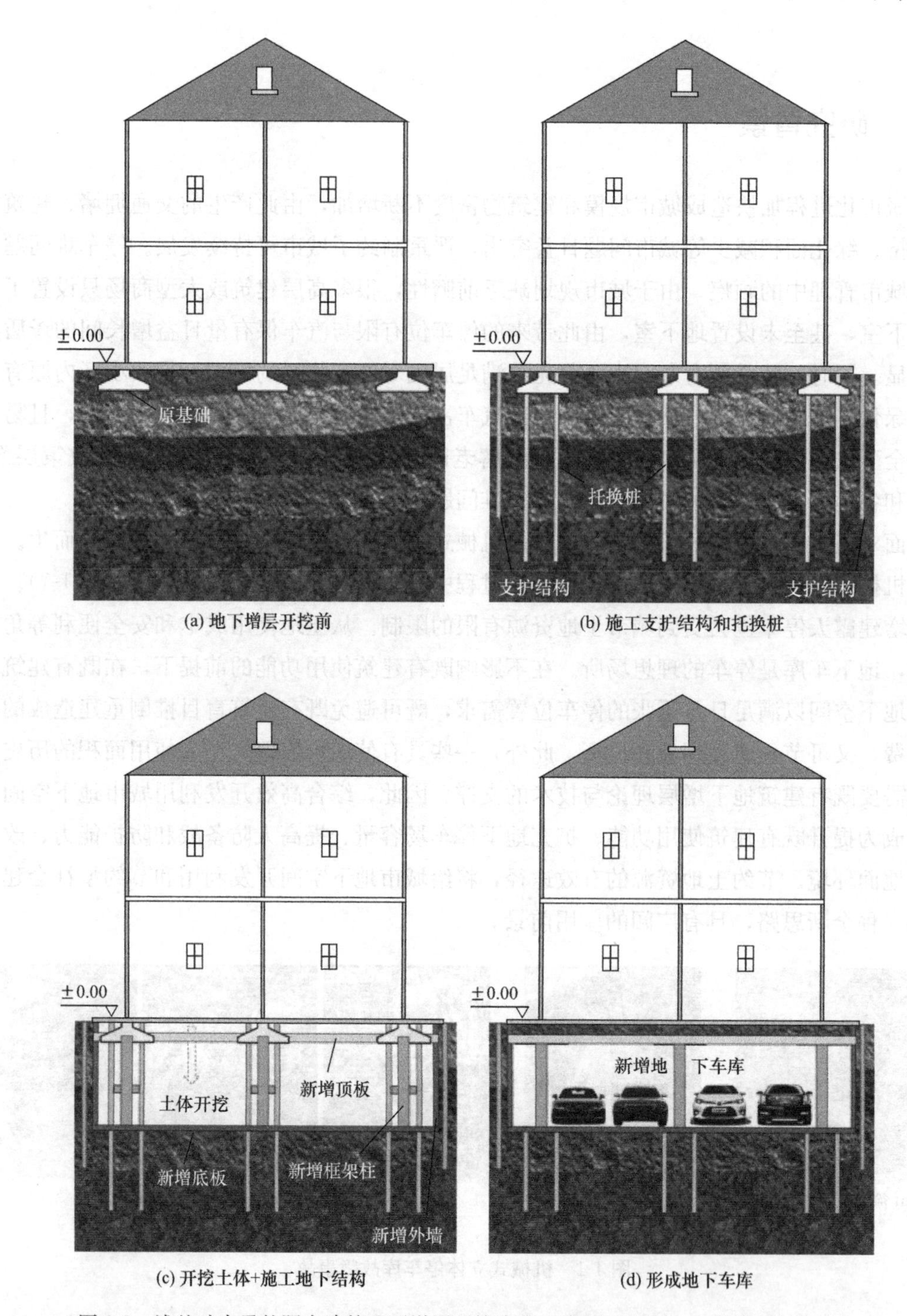

图 1-2　浅基础支承的既有建筑地下增层开挖流程示意图（工况一：未设置地下室）

事故，并可能诱发严重环境负面效应。因此，地下增层开挖全过程中应严格控制既有建筑的整体沉降和差异变形，并确保基坑周围土体变形在邻近既有建（构）筑物可承受范围内。

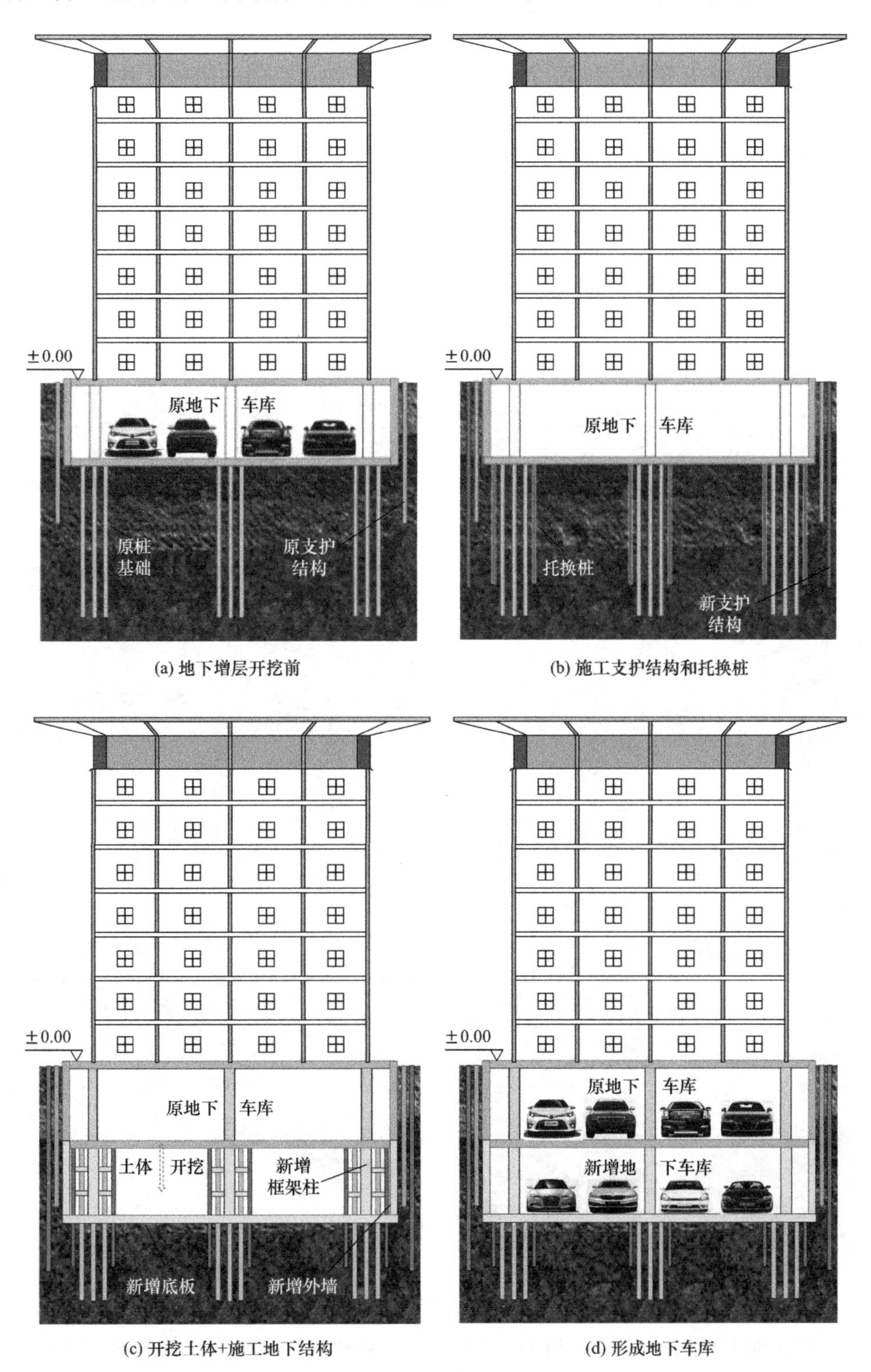

图 1-3　群桩基础支承的既有建筑地下增层开挖流程示意图（工况二：设置一层地下室）

目前，既有建筑地下增层工程实施案例不多，相关工程应用正处于起步阶段。国外，加拿大蒙特利尔大教堂、奥地利维也纳 U3 人民剧院、德国柏林波兹坦 Huth 酒店等采用桩基托换方式成功实施了地下增层改造［图 1-4（a）～(c)］[1]。国内，北京、上海、深圳、杭州、济南、扬州、淮安等地已有 10 余个既有建筑增扩地下空间的成功案例［图 1-4（d）～(f)］[2-5]。然而，既有高层建筑增扩地下空间工程在我国还未得到广泛推广，急需积累大量的理论研究和试验资料来完善该类工程的施工及设计方法。

(a) 加拿大蒙特利尔大教堂[1]

(b) 奥地利维也纳U3人民剧院[1]

(c) 德国柏林波兹坦Huth酒店[1]

(d) 北京市音乐堂[2]

(e) 扬州工商银行办公楼[3]

(f) 杭州市甘水巷基金小镇[4]

图 1-4　国内外既有建筑地下增层工程案例

既有建筑地下开挖过程中土体的扰动和挖除，必然会导致桩侧土体和桩端土层竖向有效应力降低，造成既有桩基承载力损失。开挖卸荷引起的土体隆起将导致桩基负摩阻力的产生，这也会削弱桩基承载力。既有建筑物地下增层开挖后，土体应力场的重分布和桩基承载力的损失会加剧既有群桩基础的差异沉降，若不采取有效处理措施，可能会引起既有建筑上部结构开裂，甚至产生倾斜、整体倒塌，影响建筑物的安全使用，对邻近建筑和周围人群也存在较大潜在危害。因此，既有建筑地下增层过程中在役桩承载特性评价与预测的相关研究有待开展。

与传统桩基承载状态研究中不同的是，既有建筑地下开挖过程中，桩基是处于服役状态的，即“在役桩”，桩基承载力具有时效性且桩正处于承载状态。针对既有建筑增扩地下空间这一特殊工况，以既有建筑在役桩为研究对象，通过模型试验、数值模拟、理论分析等方法研究既有建筑地下增层前后在役桩的承载特性，为既有建筑地下增层过程中在役桩的承载力损失估算、补桩参数设计和既有结构变形控制提供理论依据，以期能够指导相关工程实践。

1.2　国内外研究现状

1.2.1　桩基承载特性时间效应研究现状

桩基承载特性的时间效应，即桩基承载特性会随着时间的延长而改变，已被试验广泛证明。Focht 等[6]基于大量实测数据获得了桩基承载力随着每对数时间间隔增加 50%的结论。考虑施工引起的孔隙水压力影响，Axelsson[7]在 Focht 的数据库基础上排除了一些施工与测量时间间隔小于 12h 的数据并加入了一些新的案例，认为每对数时间段桩基承载力增加量应为 40%±25%。Trenter 等[8]认为贯入桩施工过程中产生的超孔隙水压力消散是造成桩侧摩阻力和周围土体刚度增加的主要原因。郑刚等[9]对软土层中两根长 47m 的钻孔灌注桩进行了不同时间条件下的静载试验，发现间歇 4 年 9 个月后单桩承载力增加了 30%。陈兰云等[10]根据不同时间条件下 3 根钻孔灌注桩的静载试验结果，发现非挤土桩对于施工扰动的恢复速率相对较快，即钻孔灌注单桩承载力在 28d 以后增加速度趋于缓慢。董光辉[11]对砂性土中静压桩承载力时效性的研究结果表明，成桩 143d 后的单桩极限承载力比刚施工完成时的单桩极限承载力增加了 150%以上。上海、天津等地区预制桩的静载试验结果[12]表明，不同类型的单桩承载力随时间均有一定程度的增加，如上海人民广场工程中桩尖进入粉质黏土层内的预制桩施打完成 11 年后的单桩极限承载力较初次静载试验时提高了 60%。

目前，研究者通常采用基于大量现场实测数据的经验公式预测桩基承载力的时效性。Skov 等[13]提出了桩侧摩阻力与时间对数（$\lg t$）间的经验公式（其中时间和桩侧摩阻力分别用施工完成后承载力稳定所需时间和所对应的承载力归一化处理）。Chow 等[14]提出了砂土中桩承载力随时间变化的幂函数关系式。Jardine 等[15]基于单桩承载力统计数据，拟合获得了单桩承载力与时间对数的三折线型经验公式。Karlsrud 等[16]根据挪威岩土工程研究所（NGI）在 Larvik 及 Ryggkollen 地区的开口桩原位试验结果，提出了基于 tanh 型曲线描述桩基承载力时间效应的经验方法。Lim 等[17]将砂土中挤土桩的时间效应归因为桩基施工扰动后的恢复过程。静压桩施工扰动程度小，因此其初始承载力与极限承载力相差无几；闭口桩施工扰动程度大，早期承载力小，约一年后可达到其极限承载力。根据上述研究结果，Lim 等[17]将挤土桩平均极限侧摩阻力与其能达到的极限侧摩阻力进行归一化处理后作为承载力变化指标，拟合获得了砂土中挤土桩承载力时间效应的指数函数型经验公式。

对于桩基荷载-沉降关系时效性预测方法的相关研究，国内外学者多以固结理论和黏弹性理论作为研究基础。Guo 等[18]采用柱孔扩张模型模拟桩土贯入过程，建立了黏弹性土体介质中的径向固结控制方程，提出了孔隙水压力消散对桩土界面承载刚度的影响及土体相应强度增加的量化评价方法，并基于荷载传递法建立了桩基荷载-沉降关系时效性的预测方法。Wu 等[19]采用 Voigt 模型模拟桩周土层的黏性特性，将桩端以下有限土层假定为横截面积与桩身相同的虚土桩，利用拉普拉斯变换和阻抗函数传递法求解桩的静力平衡方程，采用卷积定理推导出考虑土体黏弹性特性的单桩桩顶沉降时间效应的解析解。为考虑桩土间的非线性行为，Li 等[20]采用 Voigt 模型模拟桩周土层的黏性特性，采用双曲线模型和理想弹塑性模型分别模拟桩侧和桩端土体的非线性行为，基于行波分解的波动方程建立了单桩时间效应荷载-沉降分析方法。Zhao 等[21]基于三维固结理论建立了贯入桩桩侧土体再固结沉降的计算公式，提出了贯入桩桩周土体再固结引起的桩基沉降时间效应的计算方法。于光明等[22]基于非达西流动定律推导了土体非达西一维固结非线性方程，建立了考虑土体固结过程中孔隙比和渗透系数变化的桩侧土体固结沉降模型，提出了考虑土体固结影响的桩基长期承载时间效应计算方法。Li 等[23]将静压沉桩等效为圆孔扩张过程，采用太沙基一维径向固结理论获得了沉桩后桩周土体强度和剪切模量的解析解，提出了考虑时间效应的静压桩荷载-沉降关系预测方法。

1.2.2 开挖对桩基承载特性影响研究现状

既有建筑增扩地下空间引起的土体扰动和开挖卸荷必然会打破已有桩-土体系的力学平衡。土体大规模开挖卸荷会引起桩侧和桩端土层竖向有效应力降低，使既有在役桩承载特性发生变化；同时，开挖卸荷引起的土体回弹也会影响既有在役桩的承载特性。既有建筑物地下增层开挖后土体应力场的重分布和桩基承载力损失会加剧既有桩基的差异沉降，若不采取有效处理措施，可能会引起既有建筑上部结构开裂，甚至产生倾斜、整体倒塌，影响建筑物的安全使用，对邻近建筑和周围人群也存在较大潜在危害。

地下空间增扩工程涉及基坑工程，基坑开挖时竖向土体有效应力释放，会对既有桩受力性状产生影响。国内外针对基坑开挖对坑内桩承载性能的影响已进行了较为系统的研究。Troughton 等[24]开展的基坑中试桩试验结果表明，土体等效垂直有效应力降低约 50%，桩端阻力相应减少约 20%。胡琦等[25]根据土-结构室内剪切试验和现场试验结果，明确了开挖对坑内基桩界面剪切刚度的削弱作用，建立了考虑开挖影响的桩-土界面荷载传递模型。罗耀武[26]基于砂土中基坑开挖对于抗拔桩承载力影响的模型试验，明确了开挖深度和半径对单桩抗拔承载力的影响，即开挖深度相同时，坑底以下有效桩长越短，单桩抗拔极限承载力损失比越大；而坑底以下有效桩长相同时，开挖深度越大，土体超固结比越大，单桩抗拔极限承载力下降越大。郦建俊等[27]采用离心机模型试验研究了开挖对等截面桩和扩底桩抗拔承载力的影响，即开挖造成了两类抗拔桩承载力损失，但扩底桩抗拔承载力损失较等截面桩略小。陈锦剑等[28]采用室内模型试验，研究了桩周土体开挖卸荷影响下抗压单桩承载力特性，即卸荷条件下模型桩总承载力下降约20%，桩顶沉降量、桩身轴力和压缩量比卸荷前增大，桩侧摩阻力逐渐向桩下部转移。刁钰[29]采用离心试验研究了深开挖条件下坑底抗压桩的受力性状，其试验结果表明，开挖条件下桩周土的卸荷效应及回弹效应可引起单桩承载力和刚度的下降，开挖会对桩产生明显的拉应力；对于剪胀土中的粗糙桩，卸载加大了桩周土的剪胀效应，对承载力和刚度都有补偿作用。纠永志等[30]采用预固结加载装置对土体进行了定量加压固结和卸载，通过控制超固结比模拟了开挖后桩周土体应力状态变化过程，并获得开挖条件下的桩基承载特性，其结果表明开挖卸载会引起桩顶刚度及承载力的降低，且降低幅度随开挖深度的增大而增大；在考虑开挖引起土体应力状态和强度特性变化的基础上，提出了开挖条件下单桩承载特性非线性计算方法。

土体开挖对既有建筑物在役桩和待建建筑物未服役桩桩基承载特性的影响是不同的，两者的主要差别在于待建建筑物下的工程桩处于不承受荷载的空载状态（对应基坑开挖工况），而增层工程中既有建筑物下的工程桩处于持续受荷状态（对应既有建筑地下增层开挖工况）。两者的主要差异包括：（1）应力状态。既有建筑物的基底压力会对下部土体产生附加应力，故两种工况中桩周土的应力状态是不相同的。（2）卸荷回弹。增层开挖工况中在役桩对基坑有反压作用，有利于减小基坑变形，维持基坑稳定[31]。（3）应力路径。基坑开挖工况中桩基未持荷，因此土体经历了卸荷回弹-再加载的过程；而增层开挖工况中桩基始终受荷，桩不会发生回弹，故其强度及桩土体系承载刚度均有差别。因此，已有基坑开挖对桩基承载力影响的相关研究成果不完全适用于既有建筑物地下增层开挖工况中在役桩基承载特性的评估。为评价增层开挖条件下在役桩的承载机理，相关学者开展了针对性的研究工作。龚晓南等[32]和伍程杰等[33]结合浙江饭店地下扩建工程，基于Mindlin应力解提出了开挖引起的桩周土体竖向有效应力变化的量化评价方法，研究了既有建筑地下增层条件下桩侧和桩端阻力的损失。伍程杰等[34]引入双曲线模型模拟桩侧桩端刚度特性，把开挖引起的刚度损失定义为桩身回弹引起的桩土相对位移增加；采用荷载传递法建立了增层开挖条件下单桩沉降计算方法。Zhang等[35]建立了考虑既有建筑地下增层开挖卸荷影响的单桩荷载传递函数，考虑群桩间的相互作用，提出了群桩中基桩荷载传递模型，基于荷载传递法形成了既有建筑地下增层开挖条件下既有群桩承载特性计算方法。单华锋等[36]采用双曲线模型模拟桩侧和桩端荷载传递关系，考虑桩-桩相互作用对桩侧和桩端刚度的影响，建立了既有建筑地下增层条件下的群桩沉降计算方法。苟尧泊等[37]建立了预制桩施工残余应力计算模型，结合增层开挖条件下桩侧和桩端阻力损失计算模型及回弹量计算方法，研究了地下增层开挖前后桩身残余应力的变化规律。

既有建筑地下增层过程中，开挖导致桩周土层对桩基约束作用逐渐减弱，上部荷载作用下基桩可能会产生屈服失稳，造成桩基承载特性发生改变。贾强等[38]根据 ANSYS 有限元软件研究了既有建筑地下增层开挖条件下桩基的稳定性能，研究结果表明相同开挖条件下增大桩周土反力系数和桩基截面边长或在桩顶桩身设置水平约束构件均可增大桩基稳定系数。单华锋等[39]采用 Winkler 弹簧模拟桩土间水平相互作用，建立了桩土体系总势能方程，利用最小势能原理提出了增层开挖工况下单桩屈曲失稳临界荷载及稳定计算长度计算方法；同时，研究了桩顶固定、铰接及弹性嵌固等因素对单桩屈曲失稳临界荷载的影响[40]。

1.3 研究内容

本书围绕桩基础支承的既有建筑地下增层工程中的主要科学问题展开论述，主要内容包括：增层开挖前单桩和群桩承载特性时间效应简化计算方法、增层开挖前在役单桩和群桩沉降时间效应计算方法、地下增层条件下在役单桩和群桩竖向承载特性模型试验研究、不同布桩模式下群桩基础差异沉降控制机理及其分析方法等。具体研究内容包括：

（1）根据国内外不同土层中桩基承载力实测资料，揭示不同休止期后不同类型土层中桩极限承载力增长规律。结合归一化桩基荷载-沉降关系，建立不同土层中不同类型单桩和群桩承载力时间效应简化计算方法。

（2）根据分数阶 Merchant 黏弹性模型和对应性原理，建立均质土中单桩沉降时间效应计算方法，引入桩侧和桩端土体不均匀系数考虑单桩周围土体的成层性对其沉降时间效应的影响，建立成层土中单桩沉降效应的计算方法。利用群桩相互作用系数法获得考虑加筋作用的桩侧和桩端相互影响系数，引入土体不均匀系数考虑群桩周围土体的成层性对群桩相互影响系数及其沉降时间效应的影响，建立成层土中群桩沉降时间效应计算方法。

（3）开展持荷条件下单桩和群桩基础开挖模型试验，分析持荷群桩开挖前和开挖全过程中不同位置处基桩（角、边、中心桩）的桩顶反力、桩身轴力和承台不同位置处沉降等变化特性，揭示开挖全过程中单桩及群桩中不同位置处基桩桩侧和桩端的承载机理；根据不同开挖规模、卸荷深度和桩间距等条件下有限元数值模拟结果，揭示开挖规模、卸荷深度和群桩布置模式等因素对群桩桩间相互作用的影响。

（4）建立考虑开挖引起的土体回弹和强度、应力状态变化等因素的桩侧和桩端荷载传递模型，建立增层开挖条件下单桩承载特性理论计算方法。考虑到群桩中各基桩的相互影响和群桩间加筋遮帘效应，提出开挖卸荷影响下的群桩中各基桩双曲线荷载传递函数，结合荷载传递法提出评价增层开挖后在役桩基承载特性的分析方法。

（5）考虑群桩中各基桩相互作用和群桩间加筋和遮帘效应，获得群桩中各基桩双曲线荷载传递函数。采用 ABAQUS 有限元软件提供的用户子程序 FRIC 作为二次开发平台，将建立的桩侧和桩端荷载传递模型引入 ABAQUS 接触对计算中，实现桩-土接触界面计算的二次开发。研究不同布桩模式下群桩基础的承载特性，分析不同桩长、不同桩径和不同桩间距等不同布桩模式下边桩、角桩和中心桩的受力性状，提出非均匀布桩模式下群桩基础承载特性的分析方法。

第2章　增层开挖前在役桩承载特性时间效应简化计算方法

2.1　概述

既有建筑地下增层施工前，桩基往往已工作一段时间，其承载力特性有别于刚施工完成时的桩基；桩基承载力随时间推移一般会有不同程度的增加，即桩承载力具有时效性。国内外学者[7,40-47]针对桩基承载力的时间效应进行了相关研究，将桩基竖向承载力时效性机理归纳为：(1) 桩周土体触变效应[44]。施工引起的桩周土体触变性会造成桩基承载力随时间缓慢增加。(2) 桩周土体固结的时间效应[45]。桩施工完成后，土体中孔隙水压力逐渐消散，桩土间有效应力随之增长，造成桩周土体产生再固结效应，引起桩侧摩阻力增加。(3) 桩周土体和桩-土界面的蠕变效应[46]。桩周土体的黏弹性特性引起的土体次固结效应可能会造成桩基承载力随着时间的增长而降低。(4) 桩周土壳形成的时间效应[47]。随着时间推移，施工时桩周形成的一层重塑土层或泥浆壳可能会形成强度高于原状土的硬壳，在一定程度上可提高桩基的承载力。

对于黏土中的桩基，施工会导致桩周土体产生较高的孔隙水压力。桩施工完成后土体中孔隙水压力消散和有效应力增长，是造成桩基承载力随时间推移而增长的主要原因。对于砂土中的桩基，施工时产生的超孔隙水压力可较快消散；砂土中桩基承载力的时间效应通常可以认为是由土体蠕变效应导致的。对于挤土桩，施工扰动程度很大，时间效应可归因于桩周土体随时间增加而产生的径向应力重分布[6]。桩侧径向有效应力和桩侧摩阻力逐渐增加，直至达到稳定的应力分布状态。对于非挤土桩，成桩过程中桩孔经历了成孔卸荷回弹收缩、混凝土灌入受荷挤压扩张等过程。陈兰云等[10]将钻孔灌注桩的成桩过程分为了3个状态：(1) 主动加载状态，钻孔过程中形成自由面，导致孔壁土体向孔中心变形；(2) 主动加载转折状态，混凝土灌入过程中孔内压力增大，形成主动向被动加载的转折点；(3) 被动加载状态，混凝土灌注量达到一定程度时，混凝土会对孔壁产生挤压作用。因此，不同类型土层及施工方式对桩基承载特性的时间效应有较大影响。

本章在已有单桩极限承载力实测数据的基础上提出了归一化后的双曲线型荷载-沉降模型，明确了模型中各参数的取值方法。同时，在国内外桩基承载特性时效特征实测数据的基础上，对桩基承载特性时效性问题进行了归类分析，研究了不同休止期后不同类型土层中单桩承载力随时间的增长规律，并对单桩承载力及承载刚度变化趋势进行了拟合分析。基于双曲线型荷载-沉降模型，提出了考虑时间效应的单桩承载特性简化计算方法。通过分析群桩现场静载试验实测数据，获得了群桩承载刚度效率系数的拟合关系式。基于等代墩基法建立了考虑时间效应的群桩承载特性简化计算方法。

2.2 桩基荷载-沉降关系

明确单桩的荷载-沉降关系，对估算给定荷载下单桩的沉降或极限承载力具有重要意义。因此，有必要建立一种简单实用的单桩荷载-沉降曲线评价方法。搜集了国内外桩基承载力试验数据，根据单桩荷载试验结果研究单桩的荷载-沉降规律。按土质情况和施工方法将搜集的数据分为四大类：(1) 非黏性土中的挤土桩 (D-NC)；(2) 非黏性土中的非挤土桩 (ND-NC)；(3) 黏性土中的挤土桩 (D-C)；(4) 黏性土中的非挤土桩 (ND-C)。其中 D-NC 包括 15 组试验，ND-NC 包括 28 组试验，D-C 包括 13 组试验，ND-C 包括 17 组试验，总计 73 组 (表 2-1～表 2-4)。

目前根据荷载-沉降曲线估算单桩极限承载力的常用方法主要有 10%D (D 为桩直径) 判别准则、Davisson 判别准则[48] 和 Ng 判别准则[49]。10%D 准则认为桩顶沉降达到 0.1 倍桩径时对应的桩顶荷载为单桩极限承载力。Davisson 判别准则需先计算计算各级荷载下桩身的弹性压缩量 ($S_E=PL/EA$，其中 P 为施加荷载，L 为桩长，E 为桩身材料弹性模量，A 为桩身截面面积)，并构建一条弹性压缩线，然后通过将弹性线偏移 3.8mm 加 $D/120$ 的距离来构造 Davisson 判别准则线，Davisson 判别准则线与荷载-沉降曲线的交点即为单桩极限承载力值。Ng 等提出的单桩极限承载力估算方法是一种相对保守的半经验分析方法，形式与 Davisson 判别准则类似，区别在于其初始基准线的斜率是弹性压缩线的一半，偏移距离为 0.045D；判别准则线与荷载-沉降曲线的交点即为该判别准则对应的极限承载力。以图 2-1 为例说明三种准则的取值方式及差异。

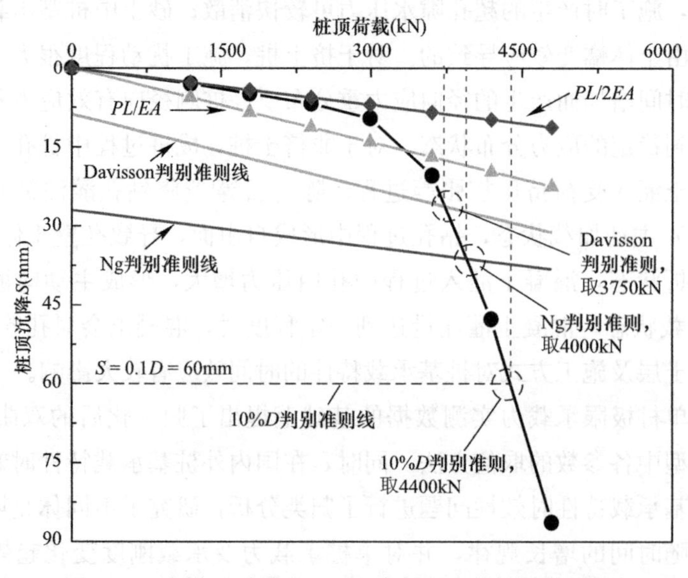

图 2-1 不同方法确定的 D-NC 案例 7 中单桩极限承载力

由图 2-1 可知，采用 10%*D* 判别准则，Davisson 判别准则和 Ng 判别准则确定的单桩极限承载力分别为 4400kN、3750kN 和 4000kN。采用 10%*D* 判别准则确定的单桩极限承载力大于 Davisson 判别准则和 Ng 判别准则确定的单桩极限承载力。

目前，10%*D* 判别准则常用于估算单桩的极限承载力。对于非破坏试桩试验，由于沉降量较小，10%*D* 判别准则不适用。对于工作荷载下的试验，可采用 Chin 外推法和 10%*D* 判别破坏准则相结合的方法（即"Chin-10%*D* 方法"）来估算单桩的极限承载力[50]。

Chin-10%*D* 判别方法的主要步骤为：(1) 根据 Chin 的方法采用双曲线函数［式 (2-1)］拟合荷载-沉降数据点；(2) 根据拟合结果外推完整的单桩荷载-沉降曲线；(3) 确定外推荷载-沉降曲线和 10%*D* 沉降线交叉处的单桩极限承载力。以 D-C 数据库案例 13 为例，Chin-10%*D* 判别方法估算的单桩极限承载力 Q_u 见图 2-2。

$$Q=\frac{S}{a+bS} \tag{2-1}$$

式中，a 和 b 是荷载-沉降曲线的拟合参数。

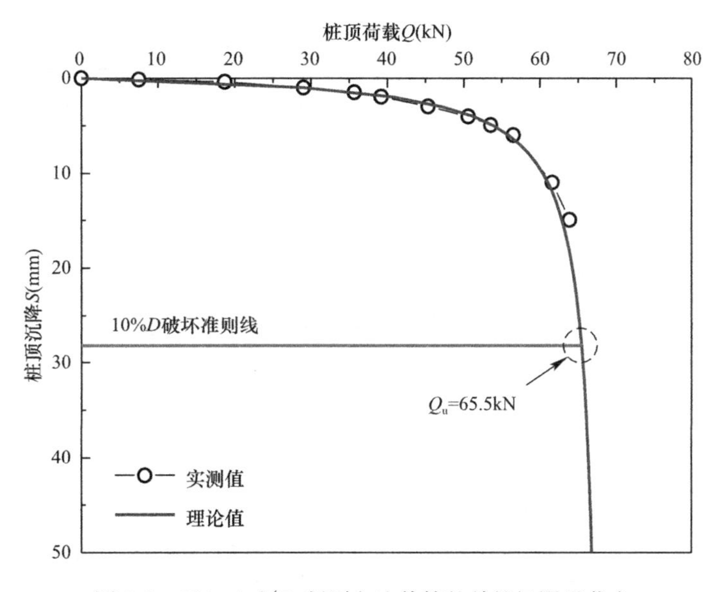

图 2-2　Chin-10%*D* 判别方法估算的单桩极限承载力

根据上述方法，推算了数据库中相关案例的单桩极限承载力，见表 2-1～表 2-4。

非黏性土中挤土桩的现场载荷试验数据 (D-NC)　　　　表 2-1

序号	文献来源	桩型	桩径或等效桩径 D(m)	入土桩长 L(m)	单桩极限承载力 Q_u(kN)	模型参数反算值	
						A	B
1	Dithinde 等[51]	预制桩	0.406	6.5	1800	1.692	0.75
2		预制桩	0.406	7.8	2400	2.732	0.70
3		H 型钢桩	0.305	25	6000	7.652	0.24
4		H 型钢桩	0.305	25.3	4800	1.066	0.80
5		H 型钢桩	0.305	27	5220	2.157	0.64

续表

序号	文献来源	桩型	桩径或等效桩径 D(m)	入土桩长 L(m)	单桩极限承载力 Q_u(kN)	模型参数反算值	
						A	B
6	Yang 等[52]	开口混凝土桩	0.6	33	2000	0.506	0.90
7		开口混凝土桩	0.6	39.8	4400	1.187	0.86
8		开口混凝土桩	0.5	39.8	4450	1.566	0.79
9		开口混凝土桩	0.6	29.3	4900	1.010	0.90
10		开口混凝土桩	0.8	29.2	5270	1.375	0.88
11	Naesgaard 等[53]	闭口钢桩	0.61	45	3750	2.437	0.80
12	Holscher[54]	闭口混凝土桩	0.35	10	1150	0.603	0.92
13	Yang 等[55]	开口钢桩	0.324	42.7	3350	3.096	0.73
14		开口混凝土桩	0.5	9	3135	0.782	0.89
15		开口混凝土桩	0.5	7.5	3135	0.235	0.65

非黏性土中非挤土桩的现场载荷试验数据（ND-NC） **表 2-2**

序号	文献来源	桩型	桩径或等效桩径 D(m)	入土桩长 L(m)	单桩极限承载力 Q_u(kN)	模型参数反算值	
						A	B
1	Dithinde 等[51]	钻孔灌注桩	0.43	8	1375	0.014	0.99
2		钻孔灌注桩	0.52	16.5	5600	0.752	0.86
3		钻孔灌注桩	0.43	11.5	1250	0.174	0.94
4		钻孔灌注桩	0.45	9	1500	0.462	0.80
5		CFA 桩	0.36	7.8	1050	2.217	0.61
6		CFA 桩	0.4	9.5	1357	0.350	0.89
7		CFA 桩	0.4	9.5	1380	0.363	0.92
8		CFA 桩	0.4	8	1050	0.200	0.92
9		CFA 桩	0.4	9.5	1225	0.493	0.84
10		CFA 桩	0.4	9	840	0.925	0.72
11	Mestat 和 Berthelon[56]	钻孔灌注桩	0.7	0.7	515	3.019	0.72
12		钻孔灌注桩	1	1	942	3.203	1.19
13		钻孔灌注桩	1	1	889	2.139	0.81
14		钻孔灌注桩	1	1	862	2.039	0.87
15		钻孔灌注桩	1	1	800	1.586	0.96
16		钻孔灌注桩	1	1	582	1.383	0.87
17		钻孔灌注桩	1	1	500	1.748	0.85
18		钻孔灌注桩	1	1	662	2.458	0.73
19		钻孔灌注桩	1	1	700	2.517	0.77
20		钻孔灌注桩	1	1	893	2.282	0.80
21		钻孔灌注桩	1	1	1042	3.145	0.73
22		钻孔灌注桩	1	1	860	2.284	0.86
23		钻孔灌注桩	1	1	929	1.989	0.93
24		钻孔灌注桩	1	1	788	3.172	0.70
25		钻孔灌注桩	0.7	0.7	386	3.178	0.69
26		钻孔灌注桩	1	1	1066	2.716	0.85
27		钻孔灌注桩	0.7	0.7	585	2.505	0.88

续表

序号	文献来源	桩型	桩径或等效桩径 D(m)	入土桩长 L(m)	单桩极限承载力 Q_u(kN)	模型参数反算值	
						A	B
28	Viana da Fonseca 和 Santos[57]	CFA	0.6	6	1100	0.168	1.04

为降低场地差异、施工方式、几何尺寸等因素对单桩荷载-沉降曲线形式的影响，Dithinde 等[31]对 174 组单桩实测荷载-沉降曲线进行了归一化处理（图 2-3）。其中，单桩荷载 Q 通过单桩极限荷载 Q_u 进行归一化处理，沉降 S 通过桩径 D 进行归一化处理，结果见图 2-3。

归一化后的单桩荷载-沉降（Q-S）近似呈双曲线关系，其数学表达式为：

$$\frac{Q}{Q_u}=\frac{\frac{S}{D}}{A+B\frac{S}{D}} \tag{2-2}$$

式中，Q/Q_u 为归一化桩顶荷载；S/D 为归一化桩顶沉降；A 与 B 为模型拟合参数，其物理意义分别为双曲线初始斜率和渐进值的倒数。

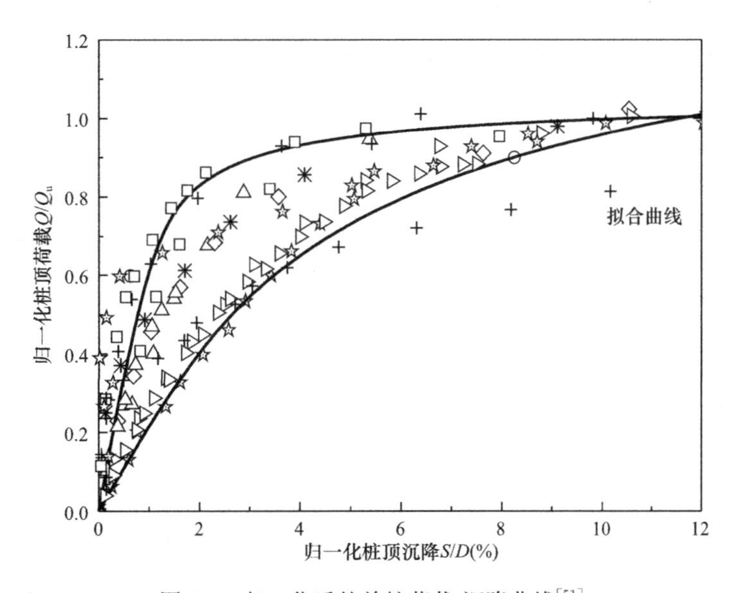

图 2-3　归一化后的单桩荷载-沉降曲线[51]

基于搜集的单桩实测荷载-沉降关系反分析获得了参数 A 与 B 值，计算结果如表 2-1～表 2-4 所示。

黏性土中挤土桩的现场载荷试验数据（D-C）　　**表 2-3**

序号	文献来源	桩型	桩径或等效桩径 D(m)	入土桩长 L(m)	单桩极限承载力 Q_u(kN)	模型参数反算值	
						A	B
1	Dithinde 等[51]	钢管桩	0.56	29.3	6080	0.977	0.61
2*	Indraratna 等[58]	混凝土管桩	0.4	8	100	0.021	1.00
3*		混凝土管桩	0.4	12	130	0.011	1.00

续表

序号	文献来源	桩型	桩径或等效桩径 D(m)	入土桩长 L(m)	单桩极限承载力 Q_u(kN)	模型参数反算值	
						A	B
4*	Indraratna 等[58]	混凝土管桩	0.4	16	210	0.450	1.00
5*		混凝土管桩	0.4	20	400	2.070	0.98
6	Brown 和 Powell[59]	预制混凝土桩	0.275	10	1050	0.619	0.86
7	Chow[60]	开口钢管桩	0.762	40	5520	1.435	0.78
8		开口钢管桩	0.762	33	14750	0.724	0.87
9		开口钢管桩	0.762	31	15850	1.001	0.86
10	Karlsrud 等[16]	闭口钢管桩	0.219	10	580	3.017	0.69
11		闭口钢管桩	0.219	30	485	3.675	0.63
12*	O'Neill 和 Raines[61]	闭口钢管桩	0.274	13.1	1180	1.383	0.86
13*	McCabe[62]	预制混凝土桩	0.282	6	65.5	0.462	0.96

注 *单桩极限承载力采用 Chin-10%D 判别方法确定。

黏性土中非挤土桩的现场载荷试验数据（ND-C）[51] **表 2-4**

序号	桩型	桩径或等效桩径 D(m)	入土桩长 L(m)	单桩极限承载力 Q_u(kN)	模型参数反算值	
					A	B
1	钻孔灌注桩	0.6	9	4800	0.080	0.96
2	钻孔灌注桩	0.6	11.5	4100	0.478	0.82
3	钻孔灌注桩	0.75	21.8	7100	0.473	0.71
4	钻孔灌注桩	0.35	17.3	760	0.014	0.99
5	钻孔灌注桩	0.61	6.5	2300	0.557	0.80
6	钻孔灌注桩	0.6	6.5	3100	0.827	0.84
7	钻孔灌注桩	0.61	9	2650	0.869	0.72
8	钻孔灌注桩	0.61	7	1800	0.177	0.90
9	CFA 桩	0.75	13	3700	0.407	0.80
10	CFA 桩	0.35	5	1700	0.729	0.76
11	CFA 桩	0.5	6	1900	0.570	0.76
12	CFA 桩	0.6	6	520	0.442	0.62
13	CFA 桩	0.45	6	1175	0.182	0.94
14	CFA 桩	0.3	6	1080	0.397	0.86
15	CFA 桩	0.6	9.6	3500	0.487	0.80
16	CFA 桩	0.4	8.7	1240	0.205	0.93
17	CFA 桩	0.35	8.7	825	0.503	0.84

为研究双曲线拟合参数的不确定性，对表 2-1～表 2-4 中双曲线拟合参数的反算值进行了数据统计，包括最大值、最小值、平均值、标准差和变异系数，计算结果见表 2-5。

数据库中变量的数据统计 **表 2-5**

模型参数	类别	样本量	最大值	最小值	平均值	标准差	变异系数
A	D-NC	15	7.65	0.24	1.87	1.81	0.96
	ND-NC	28	3.20	0.01	1.70	1.10	0.65

续表

模型参数	类别	样本量	最大值	最小值	平均值	标准差	变异系数
A	D-C	13	3.68	0.01	1.22	1.11	0.91
	ND-C	17	0.87	0.01	0.44	0.24	0.56
B	D-NC	15	0.92	0.24	0.76	0.17	0.22
	ND-NC	28	1.19	0.61	0.85	0.12	0.14
	D-C	13	1.00	0.61	0.85	0.14	0.16
	ND-C	17	0.99	0.62	0.83	0.10	0.12

由表 2-5 可知，不同土层和不同施工方式下模型参数 A 的变异系数普遍较大，最大值可取至 7.65，最小值可取至 0.01，说明参数 A 的离散性较强，在估算其值时无法通过经验方法确定。D-NC 和 D-C 的变异系数明显大于 ND-NC 和 ND-C，考虑到 D-NC 和 D-C 的数据来源于多个场地，说明场地差异对参数 A 的取值存在较大影响。相比于参数 A，参数 B 在不同土层以及不同施工方式下的变异系数较小，在缺乏现场实测资料时，可假定 B 值为 0.85。

桩顶荷载 Q 可表示为：

$$Q=\frac{S}{\dfrac{1}{k_{p0}}+\dfrac{1}{Q_c}S} \tag{2-3}$$

式中，k_{p0} 为初始承载刚度，其倒数值记为 a；Q_c 为桩顶沉降无限大时对应的桩顶荷载，其倒数值记为 b。

参数 A 和 B 与参数 a 和 b 存在如下关系，即：

$$\begin{cases}A=\dfrac{aQ_u}{D}\\B=bQ_u\end{cases} \tag{2-4}$$

故归一化 Q-S 模型的模型参数取值为：

$$\begin{cases}A=\dfrac{Q_u}{k_{p0}D}\\B=\dfrac{Q_u}{Q_c}\end{cases} \tag{2-5}$$

单桩初始承载刚度 k_{p0} 等于单桩桩侧初始承载刚度 k_{s0}，其值可表示为[47]：

$$k_{p0}=k_{s0}=\frac{G_0}{r_0\ln(r_m/r_0)} \tag{2-6}$$

式中，r_0 为桩身半径；G_0 为桩周土的剪切模量；r_m 为桩影响半径，其值可计算为 $r_m=2.5\rho(1-\nu_s)L$，L 为桩长，ν_s 为桩侧土的泊松比，ρ 为桩周土的不均匀系数，对于均质土 $\rho=1$，对于成层土 $\rho=\dfrac{\sum_{k=1}^{m}G_{sk}L_k}{G_{sm}L}$，$m$ 为土层总层数；G_{sk} 为第 k 层土中的剪切模量；G_{sm} 为土层中剪切模量的最大值；L_k 为第 k 层土的厚度。

若缺少桩周土剪切模量数据，桩侧初始承载刚度 k_{s0} 也可根据无量纲柔度系数 M_s 与桩土界面剪切强度 τ_{su} 的经验关系确定，即：

$$M_s = \frac{\tau_{su}}{k_{s0} D} \tag{2-7}$$

Reese[63]根据实测的桩侧阻力及桩身位移关系，明确了黏土和砂土中单桩的 M_s 取值范围，即 $M_s = 0.001 \sim 0.005$。Fleming[64]根据实测数据确定 M_s 的取值范围为 0.001～0.004。Castelli 等[65]根据 12 根桩的现场静载试验结果反推分析获得了 M_s 值，结果为当桩侧极限摩阻力大于 50kPa 时，M_s 可取 0.001～0.002；当桩侧极限摩阻力小于 50kPa 时，M_s 可取 0.002～0.005。由上述研究可知，当桩侧极限摩阻力大于 50kPa 时，M_s 可取 0.001～0.002；当桩侧极限摩阻力小于 50kPa 时，M_s 可取 0.002～0.004。需要注意的是，采用式（2-7）计算时，τ_{su} 与 $k_{s0}D$ 的单位均应取为 MPa。

2.3 单桩承载特性的时间效应

2.3.1 砂土中单桩承载特性的时间效应

搜集了国内外砂土中单桩承载力时间效应的 160 个现场实测数据，见表 2-6。为直观表示砂土中单桩承载力随时间的变化趋势，将 t 时间下的单桩承载力 Q_t 用 $Q_0(t=1\text{d})$ 进行归一化处理，并绘制于时间对数 $\lg(t)$ 坐标系下，见图 2-4。由于 Karlsrud 等[16]所报道的实测数据缺乏 $t=1\text{d}$ 时的桩基承载力，用 Karlsrud 等[16]所提出的最佳拟合公式反算 $Q_0(t=1\text{d})$。

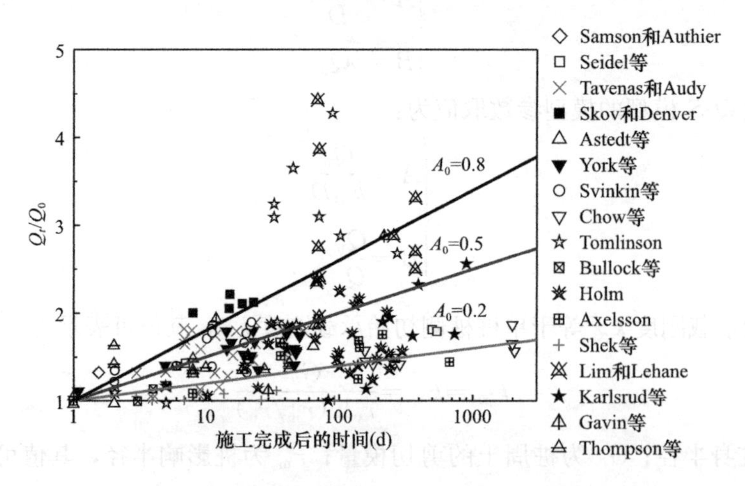

图 2-4　不同时间条件下砂土中单桩承载力

由图 2-4 可知，砂土中单桩施工完成后，桩承载力随时间推移显著增加，且增加趋势可用对数函数表示。施工完成后 100d，承载力最多可增加近 4.5 倍。

施工完成 t 后砂土中单桩极限承载力可近似表示为：

$$Q_t = Q_0[1 + A_0 \lg(t)] \tag{2-8}$$

式中，Q_0 为于参考时间 $t=t_0$ 测得的参考承载力；t 为施工完成后的时间，单位为 d；A_0 为单桩极限承载力随时间对数的变化速率，其值可近似取 0.2～0.8，无现场实测数据反算的情况下，可近似取 0.5。

砂土中单桩承载力时效性统计数据的相关情况　　表 2-6

序号	文献来源	桩型	测试场地	等效桩径 D(m)	桩长 L(m)	测试方式	最大休止期（d）	数据点（个）
1*	Tavenas 和 Audy[41]	混凝土六边形桩	St Charles River，Quebec City，Canada	0.32	11	静载	56	26
2	Samson 和 Authier[66]	H 型钢桩	Jasper，Canada	—	14	动载及静载	51	2
3	Seidel 等[67]	锥底混凝土方桩	Barwon Bridge，Australia	0.508	14.7	动载及静载	535	3
4*	Skov 和 Denver[13]	混凝土方桩	MBB，Hamburg	0.395	8.75	动载及静载	23	6
5	Jardine 等[15]	混凝土方桩	Orsa，Sweden	0.265～0.305	—	动载及静载	300	4
6*	York 等[68]	木质及钢质管桩	JFK Int. Airport，USA	0.200～0.355	20	动载及静载	224	16
7	Svinkin 等[69]	混凝土方桩	Alabama，USA	0.516～1.032	21.5	动载及静载	23	14
8	Chow 等[46]	钢管桩	Dunkirk，France	0.324	11～22	静载及动载	2089	8
9*	Tomlinson[70]	混凝土方桩	Jamuna Bridge，Bangladesh	0.762	78	—	270	12
10	Bullock 等[71]	混凝土方桩	Buckman Bridge (BKM)，Florida，USA	0.516	9.16	动载及静载	268	3
11	Bullock 等[72]	混凝土方桩	Vilano Bridge East（VLE），Florida，USA	0.516	10.68	动载及静载	77	3
12	Axelsson[7]	方形预应力混凝土桩	Stockholm	0.265	19.1	动载	143	11
13	Shek 等[73]	H 型钢桩	Hong Kong	—	56～58	动载	95	7
14	Thompson 等[74]	预应力预制混凝土方桩	Mississippi	0.516～0.860	8～32	静载及动载	85	19
15*	Gavin 等[42]	开口钢管桩	Blessington，Ireland	0.34	7	静载	220	4
16*#	Karlsrud 等[16]	开口钢管桩	Larvik，Ryggkollen	0.4～0.5	15～20.1	静载	720	10
17*	Lim 和 Lehane[17]	开口钢管桩	Shenton Park，Perth，Australia	0.089～0.114	2.5～4	静载	68～376	10
		闭口钢管桩		0.089	2.5～4		69～375	4

注：* 代表初载试验；
Q_0 由 Karlsrud 等提出的拟合公式[16]反算求得。

实际上，单桩承载力不可能随时间无限增长。将 t 时刻单桩承载力 Q_t 用施工完成100d时单桩承载力 $Q_0(t=100\text{d})$ 进行归一化处理并绘制于 lg(t) 坐标系下，如图 2-5 所示。

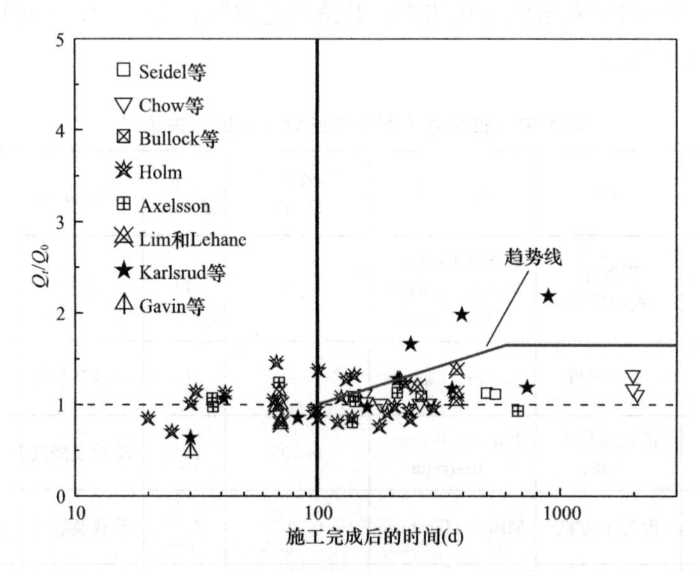

图 2-5　施工完成 100d 时砂土中单桩承载力时间效应（$t_0=100\text{d}$）

由图 2-5 可知，施工完成约 600d 后单桩承载力逐渐趋于稳定，稳定时的增加幅度 Q_t/Q_0（$t=100\text{d}$）约为 1.64。

不同时间条件下砂土中单桩承载力变化趋势可近似表示为：

$$\begin{cases} Q_t=Q_{t=100\text{d}}[1+0.23\lg(t)] & 100<t\leqslant 600 \\ Q_t=1.64Q_{t=100\text{d}} & t>600 \end{cases} \tag{2-9}$$

结合式（2-8），砂土中单桩承载力时效性的经验公式为：

$$\begin{cases} Q_t=Q_{t=1\text{d}}[1+0.5\lg(t)] & t\leqslant 100 \\ Q_t=Q_{t=100\text{d}}[1+0.23\lg(t)] & 100<t\leqslant 600 \\ Q_t=1.64Q_{t=100\text{d}} & t>600 \end{cases} \tag{2-10}$$

2.3.2　黏土中单桩承载特性的时间效应

搜集了国内外黏土中单桩承载力时间效应的 112 个现场实测数据，见表 2-7。为直观表示黏土中单桩承载力随时间的变化趋势，将 t 时刻的单桩承载力 Q_t 用 Q_0（Q_0 是施工完成后测量的承载力，即 $t=0.1\text{d}$）进行归一化处理并绘制于 lg(t) 坐标系下，见图 2-6。

由图 2-6 可知，施工完成后黏土中单桩承载力随时间延长显著增加，且增长幅度较大。大多数单桩承载力在短期内（大约 30d）增长迅速，之后增加趋势趋于平缓。然而，由于土体性质不同和施工所引起的土体扰动程度的差别，各组数据间仍存在明显的差别。黏土中单桩极限承载力随时间的变化速率 A_0 值可近似取 0.2～1.0，无现场实测数据反算情况下，可近似取 0.6。

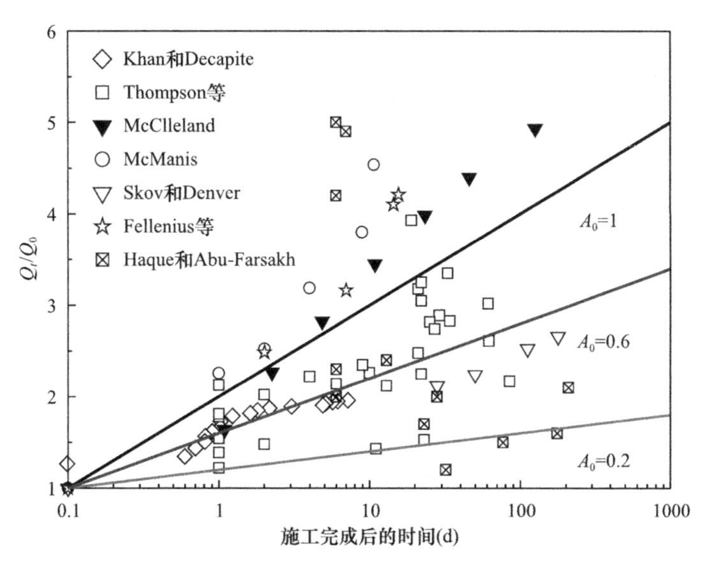

图 2-6　不同时间条件下黏土中单桩承载力

黏土中单桩承载力时效性统计数据的相关情况　　　　**表 2-7**

序号	文献来源	桩型	测试场地	等效桩径 D(m)	桩长 L(m)	测试方式	最大休止期（d）	数据点（个）
1	Flaate[75]	木桩	Nitsund Bridge，Norway	0.33～0.37	11.7～13.7	静载	634	8
2	Konard 和 Roy[76]	闭口钢管桩	Saint Alban，Quebec，Canada	0.22	7.6	静载	710	4
3	McManis 等[77]	预应力混凝土方桩及圆桩	1-310，New Orleans，Louisiana	0.91～2.134	25.6	静载和动载	98	8
4	Skov 和 Denver[13]	预制混凝土方桩	Alborg，Denmark	0.282	19～21	静载和动载	100	5
5	Fellenius 等[78]	H 型钢桩	Jones Island Project，Milwaukee，Wisconsin	—	33.53～47.55	静载和动载	79	5
6	Haque 和 Abu-Farsakh[79]	预应力混凝土桩	Bayou Zourie 等四个场地	0.458～0.860	16.8～64	静载和动载	208	12
7	Khan 和 Decapite[80]	钢管桩	Ohio	1～1.42	4.57～39.93	动载	7	19
8	Thompson 等[74]	预应力预制混凝土方桩	Mississippi	0.516～0.860	8～32	静载及动载	85	31
9	Karlsrud 等[16]	钢管桩	Stjørdal，Onsøy；Cowden，UK；Femern，Germany	0.45～0.5	10～25	静载	720	20

将 t 时间时单桩承载力 Q_t 用施工完成 100d 时单桩承载力 Q_0（t=100d）进行归一化处理并绘制于 lg(t) 坐标系下，如图 2-7 所示。

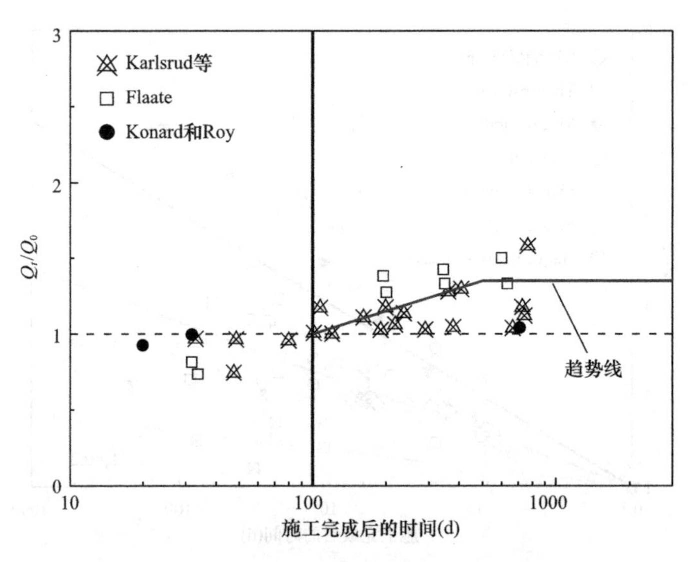

图 2-7　施工完成 100d 后黏土中单桩承载力时间效应（t_0=100d）

由图 2-7 可知，施工完成约 500d 后单桩承载力逐渐趋于稳定，稳定时的增加幅度 Q_t/Q_0（t=100d）约为 1.35。

不同时间条件下黏土中单桩承载力变化趋势可近似表示为：

$$\begin{cases} Q_t = Q_{t=100\mathrm{d}}[1+0.13\lg(t)] & 100 < t \leqslant 500 \\ Q_t = 1.35Q_{t=100\mathrm{d}} & t > 500 \end{cases} \tag{2-11}$$

黏土中单桩承载力时效性的经验公式为：

$$\begin{cases} Q_t = Q_{t=0.1\mathrm{d}}[1+0.6(1+\lg(t))] & t \leqslant 100 \\ Q_t = Q_{t=100\mathrm{d}}[1+0.13\lg(t)] & 100 < t \leqslant 500 \\ Q_t = 1.35Q_{t=100\mathrm{d}} & t > 500 \end{cases} \tag{2-12}$$

2.3.3　单桩初始承载刚度随时间的变化

为明确桩基初始承载刚度随时间的变化，选取部分研究的单桩荷载-沉降时效性曲线进行分析。采用式（2-1）对实测曲线进行拟合，反算获得了单桩的初始承载刚度，见表 2-8。

不同时间条件下单桩的初始承载刚度　　表 2-8

序号	文献来源	桩型	测试场地	桩径 D(m)	桩长 L(m)	休止期 t(d)	模型参数反算值* a	模型参数反算值* b	R^2
1	Chow 等[46]	开口钢管桩	Dunkirk, France	0.324	11	183	0.00187	0.002451	0.99
2						289	0.00187	0.002203	0.98
3						1981	0.00187	0.001196	0.98
4	Jardine 等[15]	开口钢管桩	Dunkirk, France	0.457	18.9～19.4	9	0.00190	0.000619	0.97
5						81	0.00197	0.000340	0.99
6						235	0.00212	0.00024	0.99

续表

序号	文献来源	桩型	测试场地	桩径 D(m)	桩长 L(m)	休止期 t(d)	模型参数反算值*		R^2
							a	b	
7	Lim 和 Lehane[17]	闭口钢管桩	Shenton Park, Perth, Australia	0.089	2.5	2	0.00230	0.002772	0.98
8						12	0.00253	0.001425	0.99
9						219	0.00265	0.000841	0.98

注：* 模型参数是在 Q(kN)-S(mm) 单位制下求算得出的。

由表 2-8 可知，单桩初始承载刚度几乎不随时间变化，该结论与 Gavin 等[42]的研究成果一致。因此，在计算归一化双曲线 Q-S 模型参数 A 时可不用考虑其时间效应。

2.4　增层开挖前单桩荷载-沉降时间效应曲线预测方法

根据本章提出的归一化双曲线型荷载-沉降模型，可得到增层开挖前时间 t 时的单桩荷载-沉降曲线，具体计算流程如下：

(1) 确定施工完成时的单桩承载力 Q_0，可采用不考虑时间效应的单桩承载力计算方法得到，也可通过现场试桩实测结果获得。

(2) 采用如下方法确定单桩初始承载刚度 k_{p0}：①采用式（2-6），由桩侧土的初始剪切模量计算获得；②采用式（2-7），由桩侧摩阻力计算获得；③通过现场试桩实测结果反算获得。

(3) 确定桩施工完成时间 t。

(4) 根据场地土层条件由式（2-10）或式（2-12）确定 t 时间时的单桩承载力 Q_t。

(5) 根据计算得到的单桩承载力和初始承载刚度，根据式（2-5）计算时间 t 时的归一化双曲线型荷载-沉降模型的模型参数 A 和 B。

(6) 获得时间 t 时单桩归一化荷载-沉降曲线，并确定增层开挖前的在役单桩荷载-沉降曲线。

2.5　增层开挖前群桩荷载-沉降时间效应曲线预测方法

群桩承载特性时效性受到基桩间的相互作用影响。为简化计算，可采用等代墩法[81]近似估算群桩荷载-沉降曲线，见图 2-8。

等代墩的直径 D_{eq} 可近似用式（2-13）计算，即：

$$D_{eq}=\frac{2\sqrt{A_g}}{\pi} \tag{2-13}$$

式中，A_g 为群桩基础整体平面面积，其值可由式（2-14）计算。

$$A_g=nA_p+A_{soil} \tag{2-14}$$

式中，A_p 为单根桩的横截面积；n 为群桩中基桩数量；A_{soil} 为桩周土的面积。

对于方形布置的群桩，A_g 可由式（2-15）计算获得。

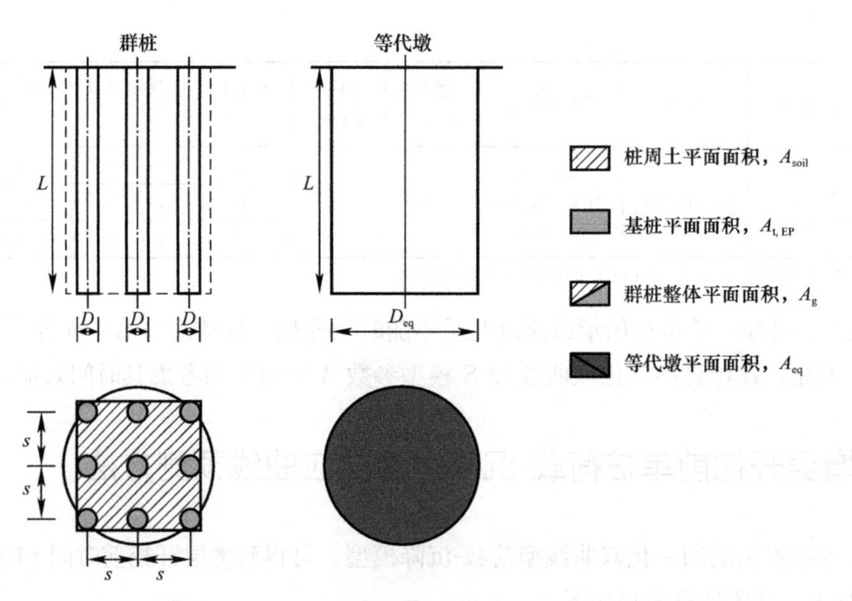

图 2-8　等代墩法计算群桩荷载-沉降关系的示意图

$$A_g=[(\sqrt{n}-1)s+D]^2 \tag{2-15}$$

式中，s 为桩间距；D 为单桩桩径。

等代墩法的有效性取决于群桩基础的纵横比 R。Clancy 等[82]研究结果表明，等代墩法适用于 R 小于 4 的情况。纵横比 R 可由式（2-16）计算获得。

$$R=\frac{(\sqrt{n-1})s+D}{L} \tag{2-16}$$

由于群桩效应，等代墩的初始承载刚度小于单桩。为考虑群桩效应，可由式（2-17）计算获得等代墩的初始承载刚度 k_{eq}。

$$k_{eq}=\eta_g(nk_p) \tag{2-17}$$

式中，k_p 为单桩的初始承载刚度；η_g 为群桩刚度效率系数，可由式（2-18）计算获得。

$$\eta_g=\left(\frac{D}{D_{eq}}\right)^{\omega} \tag{2-18}$$

对于带刚性承台的群桩基础，η_g 值等于荷载 Q 作用下的单桩沉降值与荷载 nQ 作用下的群桩沉降值的比值。根据理论方法与现场试验数据的比较[83]，经验系数 ω 值可取 0.3～0.5。

根据单桩和群桩现场荷载试验的数据（表 2-9）反算获得了 η_g 值的经验公式。即：

$$\eta_g=\left(\frac{D_{eq}}{D}\right)^{0.66}/n \tag{2-19}$$

η_g 反算值　　　　**表 2-9**

序号	文献来源	土质情况	桩数 n	桩长 L(m)	桩径 D(mm)	间径比 s/D	等代墩直径 D_{eq}(m)	η_g 反算值
1	Thorburn 等[84]	粉质黏土	55	27	282	7.1	16.7	0.15
2			97	27	282	7.1	22.2	0.24

续表

序号	文献来源	土质情况	桩数 n	桩长 L(m)	桩径 D(mm)	间径比 s/D	等代墩直径 D_{eq}(m)	η_g 反算值
3	Brand 等[85]	海相黏土	4	6	150	2.5	0.59	0.6
4			4	6	150	4	0.93	1.0
5	Koizumi 和 Ito[86]	粉质黏土	9	5.55	300	3	2.4	0.42
6	O'Neill 等[87]	硬黏土	4	13.1	273	3	1.2	0.78
7			9	13.1	273	3	2.2	0.62
8	Briaud 等[88]	中密砂	5	9.15	273	3	1.5	0.6
9	McCabe 和 Lehane[89]	黏质粉土	5	6	282	2.6	1.0	0.48

群桩刚度效率系数的计算值与实测值见图 2-9。

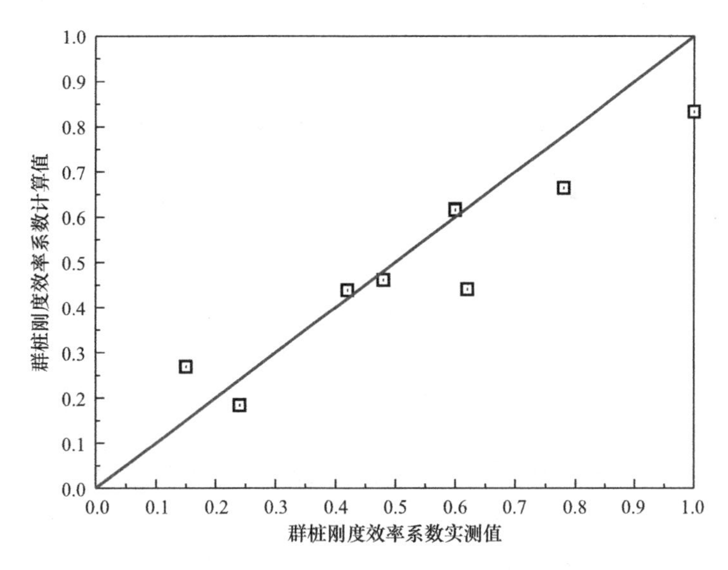

图 2-9　群桩刚度效率系数 η_g 的计算值与实测值

由图 2-9 可知，式（2-19）可较好地估算群桩效应对群桩刚度的削减作用。

根据施工完成时的单桩承载力 Q_0 与修正后的初始承载刚度 k_{p0}，可由 2.4 节的计算方法获得群桩荷载-沉降时间效应曲线。需要说明的是，采用等代墩法计算获得的群桩沉降是平均群桩沉降。

2.6　算例分析

【算例 2.6-1】

该算例来源于 Jardine 等[15]在法国敦刻尔克一处密砂场地开展的打入桩现场试验。试验包括三根开口钢管桩 R1、R6 和 R2，其外径 $D=0.457$m，入土深度分别为 19.31m、18.9m 和 18.85m。三根桩分别在施工完成后 9d、81d 和 235d 进行破坏试验。R1 桩的实测荷载-沉降曲线将用于反算 $t=1$d 时的单桩承载力及初始承载刚度 Q_0，以此为基础预测

R6 桩和 R2 桩的荷载-沉降曲线。根据 R1 桩的荷载-沉降曲线，该地层中单桩的初始承载刚度为 520kN/mm，单桩极限承载力为 1470kN。由式（2-10）可知，Q_0 的值为 1000kN，而休止期为 81d 的 R6 桩和休止期为 235d 的 R2 桩的单桩极限承载力估算结果分别为 2000kN 和 3100kN。根据式（2-5），R1 桩、R6 桩和 R2 桩的归一化双曲线 Q-S 模型参数 A 分别为 0.00619、0.00842 和 0.01304。参数 B 统一取为 0.85。

单桩桩顶荷载-沉降曲线随时间变化的实测值与计算值见图 2-10。

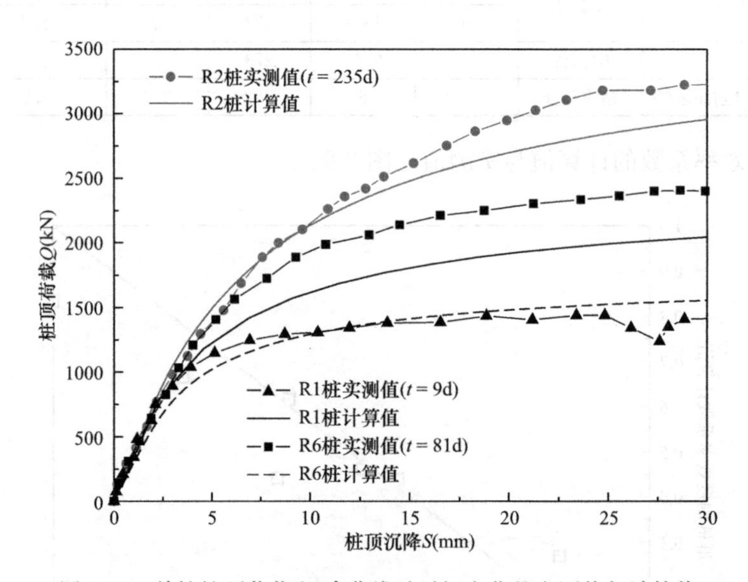

图 2-10 单桩桩顶荷载-沉降曲线随时间变化的实测值与计算值

由图 2-10 可知，归一化双曲线模型可较好地描述单桩的桩顶荷载-沉降行为，尤其是对于桩顶沉降较小的情况，模型预测结果较为准确。桩顶沉降较大时，模型预测值相对于实测值偏小，这主要是由于提出的单桩时效性承载力公式的经验性，场地差异也是导致承载力被低估的潜在因素之一。

【算例 2.6-2】

该算例来自于 McCabe[62] 在北爱尔兰贝尔法斯特湾开展的一系列现场打入单桩和群桩的抗拔载荷试验。试验单桩和组成群桩的单桩几何尺寸相同；群桩由五根单桩组成，中心桩周围布置有四个中心距相同的角桩。基桩为等效直径 $D_{eq}=0.282$m 的预制方形混凝土桩，桩间距 s/D_{eq} 为 2.8。群桩等代墩直径 D_{eq} 约为 1.0m。试验场地土质主要为 Belfast 淤泥质黏土，根据原位十字板剪切试验可知桩周土体的不排水强度 s_u 约为 20kPa±2kPa。单桩在施工完成后 99d 进行试验，群桩在施工完成后 378d 进行试验。

总应力法（即 α 法）可用于估算桩的短期承载力。即：

$$Q_s=\alpha_u s_u \pi DL \tag{2-20}$$

式中，α_u 为桩土界面强度与土体强度的比值，该比值通常小于 1，根据 Hight 等[90]得出的黏土地层中单桩现场实测数据，α_u 值可取 0.35。

需要说明的是，上述方法适用于竖向受压桩。已有研究表明，当桩身产生抗拔力时，由于相反的加载路径，径向应力会被削弱，同一场地中抗拔桩的极限侧阻小于抗压桩的极限侧阻。Zhang 等[91]通过分析现场实测结果发现，不同土层中竖向抗拔桩的极限侧阻约为竖向抗压桩极限侧阻的 0.7 倍。因此，计算竖向抗拔桩极限侧阻时需在式（2-20）的基础上乘以 0.7，故施工完成后的基桩单位侧摩阻力为 4.9kPa。单桩的施工完成后的极限承载力计算为 26kN，根据等代墩计算得到的群桩极限承载力为 92kN。根据式（2-20），施工完成后 99d 的单桩极限承载力预测值为 73kN，施工完成后 378d 的群桩极限承载力预测值为 345kN。

由于单位桩侧摩阻力小于 50kPa，式（2-7）中的 M_s 取 0.003，根据式（2-7）可得单桩承载刚度为 31.42kN/mm。由式（2-18）可得 η_g 值为 0.46，群桩的承载刚度为 72.27kN/mm。单桩归一化双曲线模型参数 A，B 分别计算为 0.00821 与 0.85，群桩归一化双曲线模型参数 A，B 分别计算为 0.00477 与 0.85。图 2-11 和图 2-12 分别为施工完成后若干天单桩和群桩桩顶荷载-沉降曲线的实测值与计算值。

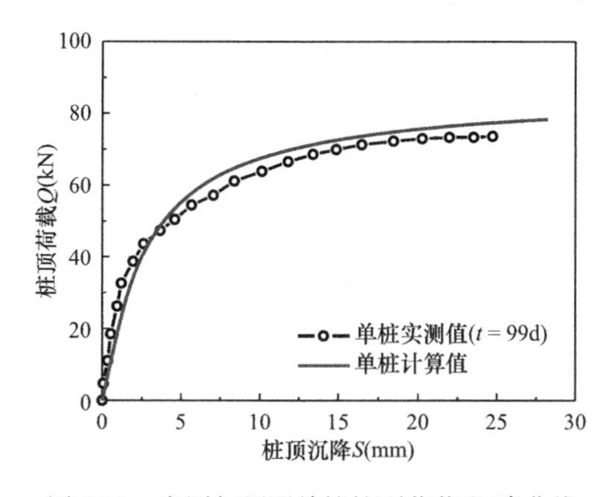

图 2-11　实测与预测单桩桩顶荷载-沉降曲线

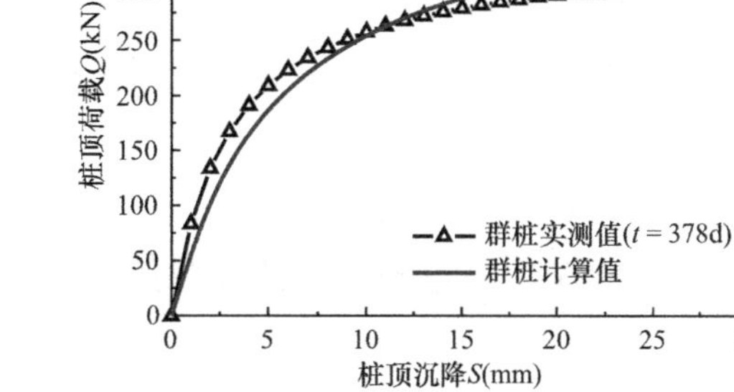

图 2-12　实测与预测群桩桩顶荷载-沉降曲线

由图 2-11 和图 2-12 可知，本章所提出的计算方法可很好地预测单桩及群桩桩顶荷载-沉降关系的时间效应特性。

第3章　增层开挖前在役单桩沉降时间效应计算方法

3.1　概述

竖向荷载作用下单桩沉降的时间效应与桩周土体的流变特性有关。为建立成层土中在役单桩沉降时间效应的计算方法，本章基于土体三维 Merchant 分数阶黏弹性模型，采用相应性原理和拉普拉斯变换方法，根据桩周土体平衡方程考虑桩的加筋作用影响，在拉普拉斯域内基于控制方程求解时变荷载作用下均质土中单桩沉降时间效应的半解析解，利用数值拉普拉斯逆变换方法（包括 GWR 算法、FT 算法和 Crump 算法），在时域内求解沉降时间效应的半解析解。在均质土中单桩沉降时间效应计算方法的基础上，引入桩侧和桩端土体不均匀系数，考虑土体成层性对单桩沉降时间效应的影响，建立成层土中单桩沉降时间效应的计算方法。

3.2　分数阶黏弹性模型介绍

在 Lebesgue 积分区间（$0,x$）中，Riemann-Liourville 定义的分数阶导数为[92-95]：

$$D^{\xi}[f(x)]=\frac{\mathrm{d}f^{\xi}(x)}{x^{\xi}}=\frac{1}{\Gamma(1-\xi)}\frac{\mathrm{d}^{n}}{\mathrm{d}x^{n}}\int_{0}^{x}\frac{f(u)}{(x-u)^{n-\xi-1}}\mathrm{d}u\quad(\mathrm{Re}\xi>0,x>0)\tag{3-1}$$

式中，$f(x)$ 为求导函数；ξ 为分数阶且满足 $\xi>0$ 和 $n-1\leqslant\xi<n$；n 为整数；u 是实变量；$\Gamma(\cdot)$ 为 Gamma 函数，其定义为：

$$\Gamma(\xi)=\int_{0}^{\infty}\mathrm{e}^{-x}x^{\xi-1}\mathrm{d}x\quad(\mathrm{Re}\xi>0,\ x>0)\tag{3-2}$$

Koeller[96] 采用 Abel 阻尼元件来描述材料的黏弹性行为。Abel 阻尼元件的本构关系为：

$$\tau(t)=\lambda D^{\alpha}\gamma(t)\quad(0\leqslant\alpha\leqslant1)\tag{3-3}$$

式中，$\tau(t)$ 和 $\gamma(t)$ 分别为时间 t 时的剪应力和剪应变；α 为分数阶，$\lambda=G^{1-\alpha}\eta^{\alpha}$，$G$ 和 η 分别为材料的剪切模量和黏滞系数。实际上，当 $\alpha=0$ 时，Abel 阻尼元件退化为线弹性固体；当 $\alpha=1$ 时，Abel 阻尼元件退化为理想牛顿流体；当 $0<\alpha<1$ 时，该元件可表示分数阶黏弹性体。因此，Abel 阻尼元件可用来模拟材料介于固体和液体间的黏弹性行为。

传统 Merchant 黏弹性模型能体现瞬时变形和延时变形特性，在实际工程中得到了广泛的应用。分数阶 Merchant 黏弹性模型由一个 Hooke 弹簧元件并联一个 Abel 阻尼元件，然后整体串联一个 Hooke 弹簧元件组成（图 3-1），其本构关系可表示为：

$$\begin{cases}\tau_{e}=G_1\gamma_{e}\\ \tau_{ev}=G_2\gamma_{ev}+\lambda D^{\alpha}\gamma_{ev}\\ \tau=\tau_{e}=\tau_{ev}\\ \gamma=\gamma_{e}+\gamma_{ev}\end{cases}\tag{3-4}$$

式中，下标 e 和 ev 分别表示瞬时弹性体和延时黏弹性体；G_1 和 G_2 分别表示两个 Hooke 弹簧的剪切模量。

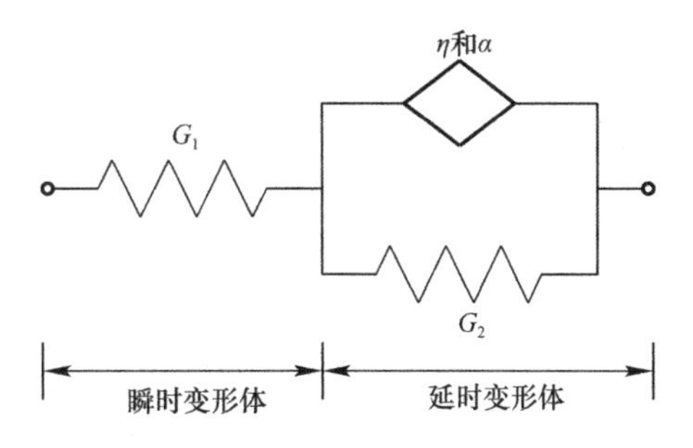

图 3-1　一维分数阶 Merchant 黏弹性模型图解

求解式（3-4）中的方程组，可得一维分数阶 Merchant 黏弹性本构方程，即：

$$\tau+\frac{\lambda}{G_1+G_2}D^{\alpha}\tau=\frac{G_1G_2}{G_1+G_2}\gamma+\frac{\lambda G_1}{G_1+G_2}D^{\alpha}\gamma\tag{3-5}$$

为将上述一维分数阶 Merchant 黏弹性本构方程推广至三维情况，对地基土作如下假设：(1) 无限土体用分数阶黏弹性模型模拟其力学性质；(2) 地基土体是连续、均匀和各向同性的；(3) 三维模型的球应力张量只引起体积变化，偏应力张量只引起形状畸变；(4) 球应力张量与球应变张量呈弹性关系，偏应力张量与偏应变张量呈分数阶黏弹性关系。Merchant 黏弹性本构方程三维表达形式为：

$$\begin{cases}P_1\boldsymbol{S}_{ij}=Q_1\boldsymbol{e}_{ij}\\ P_2\boldsymbol{\sigma}_{kk}=Q_2\boldsymbol{\varepsilon}_{kk}\end{cases}\tag{3-6}$$

式中，P_1、P_2、Q_1 和 Q_2 为微分算子，分别为 $P_1=\sum\limits_{k=0}^{m}p'_kD^k$、$P_2=\sum\limits_{k=0}^{m}p''_kD^k$、$Q_1=\sum\limits_{k=0}^{m}q'_kD^k$ 和 $Q_2=\sum\limits_{k=0}^{m}q''_kD^k$，$p'_k$、$q'_k$、$p''_k$ 和 q''_k 由材料模型决定的常数；$\boldsymbol{S}_{ij}$、$\boldsymbol{e}_{ij}$、$\boldsymbol{\sigma}_{kk}$ 和 $\boldsymbol{\varepsilon}_{kk}$ 分别为偏应力张量、偏应变张量、球应力张量和球应变张量。

联立式（3-5）和式（3-6），可得三维分数阶 Merchant 黏弹性本构方程，即：

$$\begin{cases}(G_1+G_2)\boldsymbol{S}_{ij}+\lambda D^{\alpha}\boldsymbol{S}_{ij}=2G_1G_2\boldsymbol{e}_{ij}+2\lambda G_1D^{\alpha}\boldsymbol{e}_{ij}\\ \boldsymbol{\sigma}_{kk}=3K\boldsymbol{\varepsilon}_{kk}\end{cases}\tag{3-7}$$

式中，G_1 和 G_2 分别为三维模型的剪切模量；K 为三维模型的体积模量；$\lambda=G_2{}^{1-\alpha}\eta^{\alpha}$，$\eta$ 和 α 分别为三维模型的黏滞系数和阶数。

3.3　均质土中单桩沉降时间效应的半解析解

已有研究表明[97-101]，桩周土体变形可理想化为同心圆柱体的剪切变形。桩的存在会对土体产生加筋作用[102]，受荷时桩周土体剪应力增量将远大于其垂直方向的应力增量，其主要位移将沿桩侧竖直方向，即桩周土体剪应力与距桩轴径向距离成反比。深度 z 处桩土界面处竖向位移 $w(z)$ 可表示为：

$$w(z)=\frac{\tau(z)r_0}{G}\ln(r_m/r_0) \tag{3-8}$$

式中，$\tau(z)$ 为桩侧深度 z 处的摩阻力；G 为土体的剪切模量；r_0 为桩身半径；r_m 为最大影响半径，即桩中心到可忽略剪应力位置的径向距离（图 3-2），均质土中桩的最大影响半径为[99]：

$$r_m=2.5L(1-\mu) \tag{3-9}$$

式中，L 为桩长；μ 为桩周土体的泊松比。

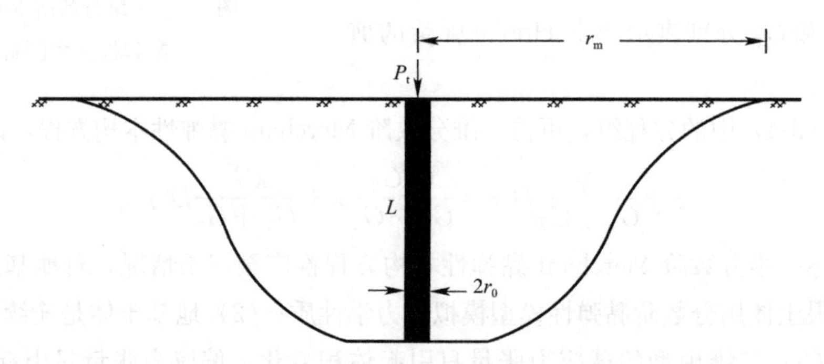

图 3-2　均质土中单桩最大影响半径示意图

将式（3-8）代入式（3-9）中，深度 z 处桩土界面处竖向位移 $w(z)$ 可表示为：

$$w(z)=\frac{\tau(z)r_0}{G}\ln[2.5L(1-\mu)/r_0] \tag{3-10}$$

桩端位移 w_b 可表示为[99]：

$$w_b=\frac{P_b(1-\mu)}{4r_0G} \tag{3-11}$$

式中，P_b 为桩端阻力。

根据对应性原理[103-104]，可利用拉普拉斯变换将弹性问题转变为黏弹性问题。对式（3-10）和式（3-11）进行拉普拉斯变换，可得：

$$\overline{w}(z,s)=\frac{r_0\ln\{2.5L[1-\overline{\mu}(s)]/r_0\}}{\overline{G}(s)}\overline{\tau}(z,s) \tag{3-12}$$

$$\overline{w}_b(s)=\frac{A\overline{P}_b(s)}{4r_0} \tag{3-13}$$

式中，符号—表示在拉普拉斯域的形式；A 可按下式取值：

$$A=\frac{1-\overline{\mu}(s)}{\overline{G}(s)}=\frac{(b^at_c^as^a+a+1)[3(b^at_c^as^a+a+1)+4c(b^at_c^as^a+1)]}{2G_1(b^at_c^as^a+1)[3(b^at_c^as^a+a+1)+c(b^at_c^as^a+1)]} \tag{3-14}$$

式中，无量纲参数 $a=G_1/G_2$；无量纲参数 $b=\eta/(G_2t_c)$，其中 t_c 表示时变荷载的特征时间；无量纲参数 $c=G_1/K$。

对式（3-6）中的方程组进行拉普拉斯变换，可得：

$$\begin{cases}\overline{P}_1(s)\overline{\boldsymbol{S}}_{ij}=\overline{Q}_1(s)\overline{\boldsymbol{e}}_{ij}\\ \overline{P}_2(s)\overline{\boldsymbol{\sigma}}_{kk}=\overline{Q}_2(s)\overline{\boldsymbol{\varepsilon}}_{kk}\end{cases} \tag{3-15}$$

式中，$\overline{P}_1(s)$、$\overline{P}_2(s)$、$\overline{Q}_1(s)$ 和 $\overline{Q}_2(s)$ 为拉普拉斯算子，分别为 $\overline{P}_1(s)=\sum_{k=0}^{m}p'_k s^k$，$\overline{P}_2(s)=\sum_{k=0}^{m}p''_k s^k$，$\overline{Q}_1(s)=\sum_{k=0}^{m}q'_k s^k$ 和 $\overline{Q}_2(s)=\sum_{k=0}^{m}q''_k s^k$。

联立式（3-7）和式（3-15），可得 $\overline{P}_1(s)$、$\overline{P}_2(s)$、$\overline{Q}_1(s)$ 和 $\overline{Q}_2(s)$ 的表达式。即：

$$\begin{cases}\overline{P}_1(s)=G_1+G_2+\lambda s^\alpha\\ \overline{Q}_1(s)=2G_1(G_2+\lambda s^\alpha)\\ \overline{P}_2(s)=1\\ \overline{Q}_2(s)=3K\end{cases} \tag{3-16}$$

根据对应性原理，可分别得到泊松比和剪切模量在拉普拉斯域内的表达式。即：

$$\overline{\mu}(s)=\frac{\overline{P}_1(s)\overline{Q}_2(s)-\overline{P}_2(s)\overline{Q}_1(s)}{2\overline{P}_1(s)\overline{Q}_2(s)+\overline{P}_2(s)\overline{Q}_1(s)} \tag{3-17}$$

$$\overline{G}(s)=\frac{\overline{Q}_1(s)}{2\overline{P}_1(s)} \tag{3-18}$$

将式（3-16）分别代入式（3-17）和式（3-18），可得：

$$\overline{\mu}(s)=\frac{3K(G_1+G_2+\lambda s^\alpha)-2G_1(G_2+\lambda s^\alpha)}{6K(G_1+G_2+\lambda s^\alpha)+2G_1(G_2+\lambda s^\alpha)} \tag{3-19}$$

$$\overline{G}(s)=\frac{G_1(G_2+\lambda s^\alpha)}{G_1+G_2+\lambda s^\alpha} \tag{3-20}$$

为减少单位尺度引起的误差，将整个推导过程无量纲化，首先将三维分数阶 Merchant 黏弹性本构方程式（3-7）改写为：

$$\begin{cases}(a+1)\boldsymbol{S}_{ij}+(bt_c)^\alpha D^\alpha\boldsymbol{S}_{ij}=2G_1(\boldsymbol{e}_{ij}+b^\alpha t_c^\alpha D^\alpha\boldsymbol{e}_{ij})\\ \boldsymbol{\sigma}_{kk}=3K\boldsymbol{\varepsilon}_{kk}\end{cases} \tag{3-21}$$

$\overline{\mu}(s)$ 和 $\overline{G}(s)$ 的表达式为：

$$\overline{\mu}(s)=\frac{3(b^\alpha t_c^\alpha s^\alpha+a+1)-2c(b^\alpha t_c^\alpha s^\alpha+1)}{6(b^\alpha t_c^\alpha s^\alpha+a+1)+2c(b^\alpha t_c^\alpha s^\alpha+1)} \tag{3-22}$$

$$\overline{G}(s)=\frac{G_1(b^\alpha t_c^\alpha s^\alpha+1)}{b^\alpha t_c^\alpha s^\alpha+a+1} \tag{3-23}$$

当桩顶受到竖向持续荷载作用时，其荷载传递微分方程可表示为（假设桩轴处于弹性状态）：

$$\frac{\partial w(z,t)}{\partial z}=-\frac{P(z,t)}{\pi r_0^2 E_p} \tag{3-24}$$

$$\frac{\partial P(z,t)}{\partial z}=-2\pi r_0\tau(z,t) \tag{3-25}$$

式中，$w(z,t)$、$P(z,t)$ 和 $\tau(z,t)$ 分别为深度 z 处时间 t 时桩-土界面处局部的位移、桩轴力和剪切摩阻力；E_p 为桩身弹性模量。

对式（3-24）微分，并代入式（3-25）中，可得：

$$\frac{\partial^2 w(z,t)}{\partial z^2}=\frac{2}{r_0 E_p}\tau(z,t) \tag{3-26}$$

对式（3-24）和式（3-26）分别进行拉普拉斯变换，可得：

$$\frac{\partial \overline{w}(z,s)}{\partial z}=-\frac{\overline{P}(z,s)}{\pi r_0^2 E_p} \tag{3-27}$$

$$\frac{\partial^2 \overline{w}(z,s)}{\partial z^2}=\frac{2\overline{\tau}(z,s)}{r_0 E_p} \tag{3-28}$$

将式（3-12）代入式（3-26），可得：

$$\frac{\partial^2 \overline{w}(z,s)}{\partial z^2}-\frac{2\overline{G}(s)}{r_0^2 E_p \ln\{2.5L[1-\overline{\mu}(s)]/r_0\}}\overline{w}(z,s)=0 \tag{3-29}$$

式（3-29）的通解为：

$$\overline{w}(z,s)=C_1 e^{Bz}+C_2 e^{-Bz} \tag{3-30}$$

式中，C_1 和 C_2 表示关于 z 的积分常数；B 的表达式为：

$$\begin{aligned} B&=\frac{1}{r_0}\sqrt{\frac{2\overline{G}(s)}{E_p \ln\{2.5L[1-\overline{\mu}(s)]/r_0\}}} \\ &=\frac{1}{r_0}\sqrt{\frac{2d(b^\alpha t_c^\alpha s^\alpha+1)}{(b^\alpha t_c^\alpha s^\alpha+a+1)\ln\left\{\frac{5\kappa[3(b^\alpha t_c^\alpha s^\alpha+a+1)+4c(b^\alpha t_c^\alpha s^\alpha+1)]}{4[3(b^\alpha t_c^\alpha s^\alpha+a+1)+c(b^\alpha t_c^\alpha s^\alpha+1)]}\right\}}} \end{aligned} \tag{3-31}$$

式中，无量纲参数 $d=G_1/E_p$；无量纲参数（长径比）$\kappa=L/r_0$。

根据单桩受力边界条件可确定积分常数 C_1 和 C_2，桩端边界条件为：

$$w(z,t)|_{z=L}=w_b(t) \tag{3-32}$$

$$\frac{\partial w(z,t)}{\partial z}|_{z=L}=-\frac{P_b(t)}{\pi r_0^2 E_p} \tag{3-33}$$

对式（3-32）和式（3-33）分别进行拉普拉斯变换，可得：

$$\overline{w}(z,s)|_{z=L}=\overline{w}_b(s) \tag{3-34}$$

$$\frac{\partial \overline{w}(z,s)}{\partial z}|_{z=L}=-\frac{\overline{P}_b(s)}{\pi r_0^2 E_p} \tag{3-35}$$

联合式（3-13）、式（3-30）、式（3-34）和式（3-35），可得积分常数 C_1 和 C_2 的表达式。即：

$$\begin{cases} C_1 = \dfrac{\overline{w}_{\mathrm{b}}(s)}{2e^{BL}}\left(1 - \dfrac{4}{\pi ABr_0E_{\mathrm{p}}}\right) \\ C_2 = \dfrac{e^{BL}\overline{w}_{\mathrm{b}}(s)}{2}\left(1 + \dfrac{4}{\pi ABr_0E_{\mathrm{p}}}\right) \end{cases} \tag{3-36}$$

将式（3-36）代入式（3-30），可得：

$$\overline{w}(z,s) = \left\{\cosh[B(L-z)] + \frac{4\sinh[B(L-z)]}{\pi ABr_0E_{\mathrm{p}}}\right\}\overline{w}_{\mathrm{b}}(s) \tag{3-37}$$

联合式（3-27）和式（3-37），可得：

$$\overline{P}(z,s) = -\pi r_0^2E_{\mathrm{p}}\frac{\partial\overline{w}(z,s)}{\partial z} = r_0\left\{\pi Br_0E_{\mathrm{p}}\sinh[B(L-z)] + \frac{4\cosh[B(L-z)]}{A}\right\}\overline{w}_{\mathrm{b}}(s) \tag{3-38}$$

联合式（3-37）和式（3-38），可得：

$$\overline{w}(z,s) = \frac{\pi ABr_0E_{\mathrm{p}} + 4\tanh[B(L-z)]}{\pi Br_0^2E_{\mathrm{p}}\{\pi ABr_0E_{\mathrm{p}}\tanh[B(L-z)] + 4\}}\overline{P}(z,s) \tag{3-39}$$

当 $z=0$ 时，根据式（3-39）可得拉普拉斯域内的桩顶沉降。即：

$$\overline{w}_{\mathrm{t}}(s) = \frac{\pi ABr_0E_{\mathrm{p}} + 4\tanh(BL)}{\pi Br_0^2E_{\mathrm{p}}[\pi ABr_0E_{\mathrm{p}}\tanh(BL) + 4]}\overline{P}_{\mathrm{t}}(s) \tag{3-40}$$

取无量纲参数 $\phi = P_{\mathrm{t}}/P_{\mathrm{tmax}}$，并定义为标准化荷载，其中 P_{tmax} 表示桩顶受荷时的最大荷载。将式（3-14）和式（3-31）代入式（3-40），可得：

$$\frac{r_0E_{\mathrm{p}}\overline{w}_{\mathrm{t}}(s)}{P_{\mathrm{tmax}}} = \frac{\pi MN + 4d\tanh(\kappa N)}{\pi N[\pi MN\tanh(\kappa N) + 4d]}\overline{\phi}(s) \tag{3-41}$$

式中，

$$M = \frac{(b^\alpha t_{\mathrm{c}}^\alpha s^\alpha + a + 1)[3(b^\alpha t_{\mathrm{c}}^\alpha s^\alpha + a + 1) + 4c(b^\alpha t_{\mathrm{c}}^\alpha s^\alpha + 1)]}{2(b^\alpha t_{\mathrm{c}}^\alpha s^\alpha + 1)[3(b^\alpha t_{\mathrm{c}}^\alpha s^\alpha + a + 1) + c(b^\alpha t_{\mathrm{c}}^\alpha s^\alpha + 1)]} \tag{3-42}$$

$$N = \sqrt{\frac{2d(b^\alpha t_{\mathrm{c}}^\alpha s^\alpha + 1)}{(b^\alpha t_{\mathrm{c}}^\alpha s^\alpha + a + 1)\ln\left\{\dfrac{5\kappa[3(b^\alpha t_{\mathrm{c}}^\alpha s^\alpha + a + 1) + 4c(b^\alpha t_{\mathrm{c}}^\alpha s^\alpha + 1)]}{4[3(b^\alpha t_{\mathrm{c}}^\alpha s^\alpha + a + 1) + c(b^\alpha t_{\mathrm{c}}^\alpha s^\alpha + 1)]}\right\}}} \tag{3-43}$$

式（3-41）为计算均质土中单桩沉降时间效应的拉普拉斯域解，即均质土中单桩沉降时间效应的半解析解。采用数值算法（见附录）对式（3-41）进行拉普拉斯逆变换，即可获得所需的结果。上述拉普拉斯逆变换方法可采用 Matlab 软件计算。

3.4　均质土中单桩沉降时间效应计算方法的验证

【算例 3.4-1】

Randolph 和 Wroth[99] 利用一系列无量纲参数 d（$1/d=1.0\times10^5$、1.0×10^4、3.0×10^3、1.0×10^3 和 3.0×10^2）和两个不同长径比 κ（$\kappa=40$ 和 80）对荷载沉降比 $P_{\mathrm{t}}/(r_0G_1w_{\mathrm{t}})$ 计算值进行了对比验证。为验证上述半解析解的可靠性，取与上述方法相一致的参数进行

对比，其中 G_2 趋近于无穷大，$a=0$；$\eta=0$，$b=0$；$\mu=0.4$，$c=3(1-2\mu)/(2+2\mu)$，$c=3/14$；$\alpha=0$；$\phi=1$。本算例的半解析解计算结果与 Randolph 和 Wroth 的计算结果[99]见表 3-1。

本算例的半解析解计算结果与 Randolph 和 Wroth 的计算结果[99]　　表 3-1

l/d	κ	$P_t/(r_0G_1w_t)$		
		数值方法[99]	Randolph 和 Wroth[99]	半解析解
1.0×10^5	40	67.8	68.0	67.8
1.0×10^4	40	65.7	66.0	66.0
3.0×10^3	40	61.3	61.6	61.6
1.0×10^3	40	52.0	52.3	52.3
3.0×10^2	40	36.8	36.0	36.0
1.0×10^5	80	112.7	111.5	110.5
1.0×10^4	80	102.2	101.6	101.6
3.0×10^3	80	85.2	84.9	84.9
1.0×10^3	80	61.6	60.4	60.4
3.0×10^2	80	38.0	35.0	35.0

由表 3-1 可知，除 $l/d=1.0\times10^5$ 时本章半解析解计算值与 Randolph 和 Wroth 方法计算值有微小差别外（最大相对误差在 8%以内），其他组的本章半解析解计算值与 Randolph 和 Wroth 方法计算值几乎相同（最大相对误差在 1%以内）。综上，本章半解析解计算结果是准确且可靠的。

【算例 3.4-2】

Guo[105] 基于非线性黏弹性桩侧和桩端荷载传递模型，研究了恒荷载和斜坡荷载作用下的单桩沉降，并与试验数据进行了对比验证。不同无量纲参数 a（$a=1.0$ 和 5.0）和分数阶 α（$\alpha=0.6$、0.8 和 1.0）条件下沉降影响系数 $(r_0G_1w_t)/P_t$ 的计算结果见图 3-3。

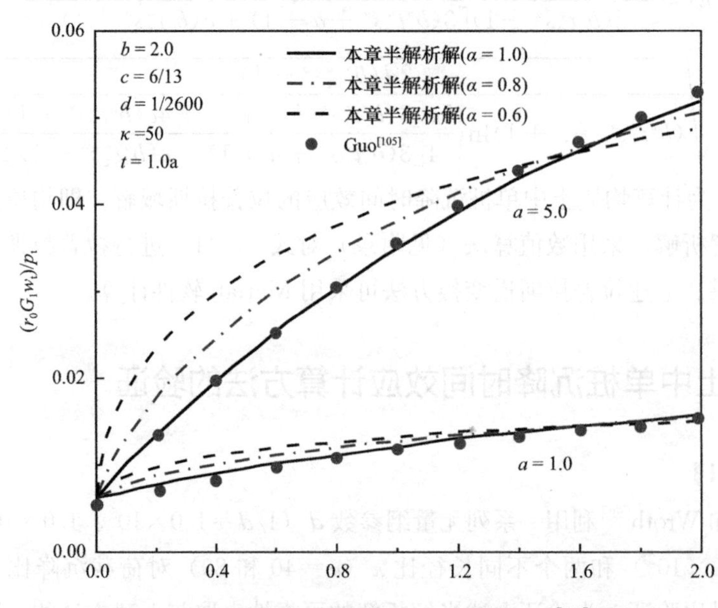

图 3-3　本章半解析解计算值与 Guo 计算结果[105]对比

计算中参数取值统一为：$t_c=1.0\text{a}$；$b=2.0$；$c=6/13$（$\mu=0.3$）；$d=1/2600$；$\kappa=50$；$\phi=1.0$。引入时间无量纲参数 $T=t/t_c$ 表示时间系数。本章半解析解计算值与 Guo 计算结果[105]的对比见图 3-3。

由图 3-3 可知，当 $\alpha=1.0$ 时，本章方法计算结果与 Guo 方法的计算结果较一致；当 $\alpha<1.0$ 时，用分数阶模型得到的计算结果在第一阶段略大于 Guo 方法的计算结果，在第二阶段略小于 Guo[105]方法的计算结果。

3.5　均质土中单桩沉降时间效应的参数分析

均质土中单桩沉降时间效应的半解析解适用于任意随时间变化加载的情况。实际工程中，考虑建筑建设期荷载逐渐增加和运营期恒定加载的情形，选取三种典型加载方式（恒定加载、斜坡加载和渐进加载）进行参数分析（图 3-4）。

$$\text{恒定加载：}\phi=1,\ T\geqslant 0 \tag{3-44}$$

$$\text{斜坡加载：}\phi=\begin{cases}T, & 0\leqslant T<1\\ 1, & T\geqslant 1\end{cases} \tag{3-45}$$

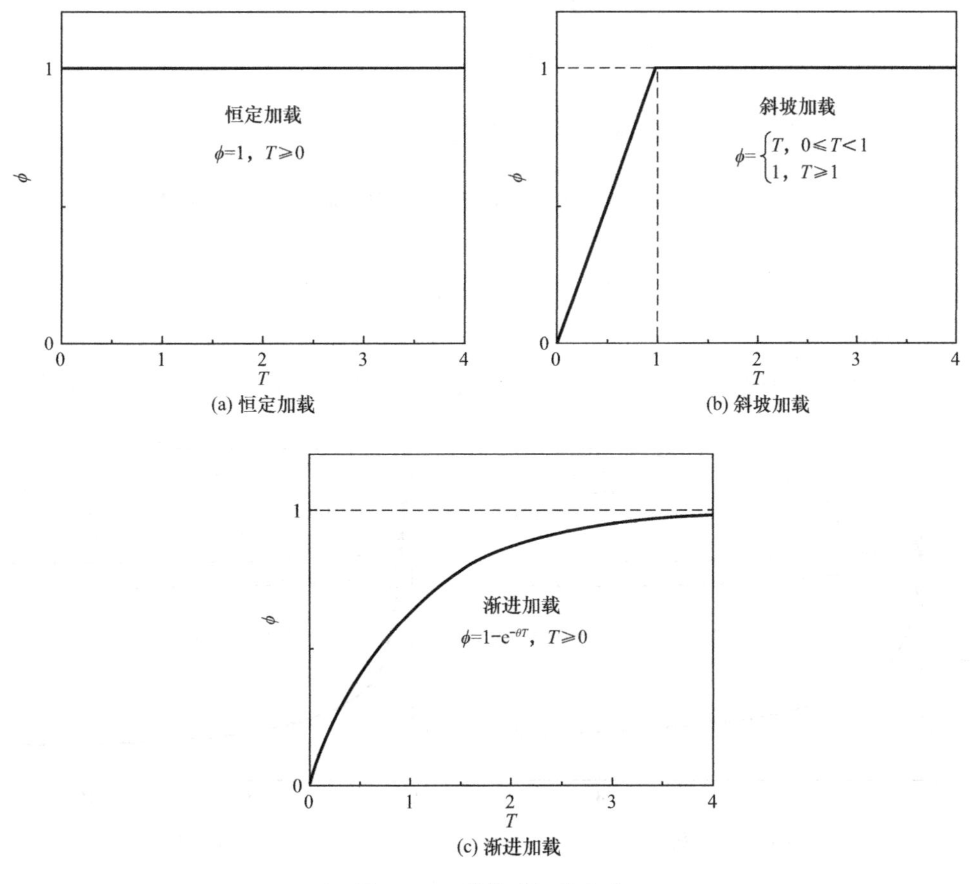

(a) 恒定加载　(b) 斜坡加载　(c) 渐进加载

图 3-4　三种典型加载方式

$$渐进加载：\phi=1-e^{-\theta T}，T\geqslant 0 \tag{3-46}$$

单桩沉降时间效应主要受六个无量纲参数［$a=G_1/G_2$、$b=\eta/(G_2t_c)$、$c=G_1/K$、$d=G_1/E_p$、$\kappa=L/r_0$ 和 α］的影响。上述六个无量纲参数对无量纲沉降影响的相关分析如下。

对于恒定加载方式，取特征时间 $t_c=1.0$a。对式（3-44）进行拉普拉斯变换，可得：

$$\overline{\phi}(s)=\frac{1}{s} \tag{3-47}$$

将式（3-47）代入式（3-41），使用拉普拉斯数值逆变换方法可得到所需结果。

对于斜坡加载方式，取特征时间 $t_c=t_1=0.5$a。当 $0\leqslant t<t_1$ 时，$T<1.0$，表示处于建设期；当 $t\geqslant t_1$ 时，$T\geqslant 1.0$，表示处于正常运营期。对式（3-45）进行拉普拉斯变换，可得：

$$\overline{\phi}(s)=\frac{1}{t_1s^2}(1-e^{-t_1s}) \tag{3-48}$$

将式（3-48）代入式（3-41），使用拉普拉斯数值逆变换方法可得到所需结果。

对于渐进加载方式，取特征时间 $t_c=0.5$a，$\theta=1.0$，其中 θ 表示渐进加载方式的荷载影响参数，根据具体加载情况而定。对式（3-46）进行拉普拉斯变换，可得：

$$\overline{\phi}(s)=\frac{\theta}{s(s+\theta)} \tag{3-49}$$

将式（3-49）代入式（3-41），使用拉普拉斯数值逆变换方法可得到所需结果。

3.5.1 参数 a 对均质土中单桩沉降时间效应的影响

为分析参数 $a=G_1/G_2$ 对单桩沉降时间效应的影响，将其他 5 个参数取定值，即 $b=1.0$、$c=0.4$、$d=1.0\times10^{-3}$、$\kappa=50$ 和 $\alpha=0.6$，参数 a 取 0.5、1.0、2.0 和 4.0 分别代入式（3-41）进行计算。参数 a 取值不同时恒定加载、斜坡加载和渐进加载方式下单桩沉降时间效应计算结果见图 3-5。

由图 3-5 可知，任意时刻无量纲沉降随参数 a 的增大而增大，且参数 a 对沉降速率的

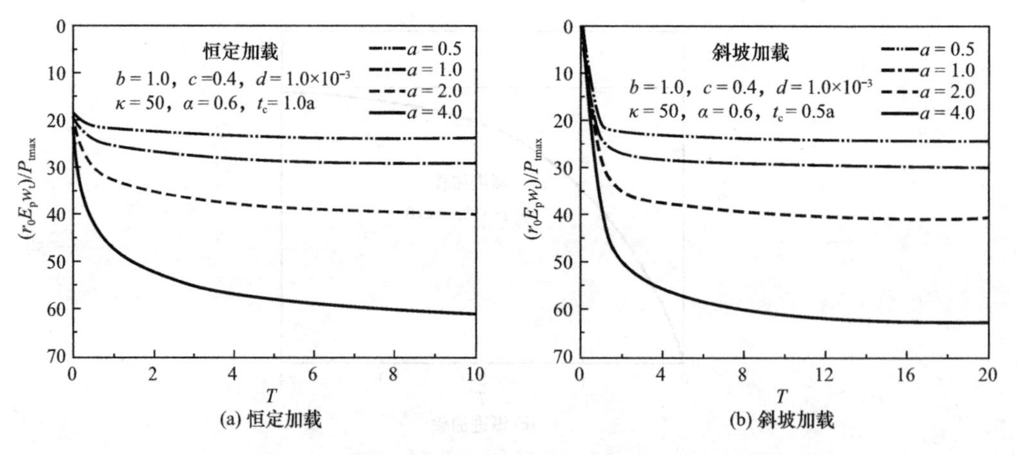

图 3-5 参数 a 对单桩沉降时间效应的影响（一）

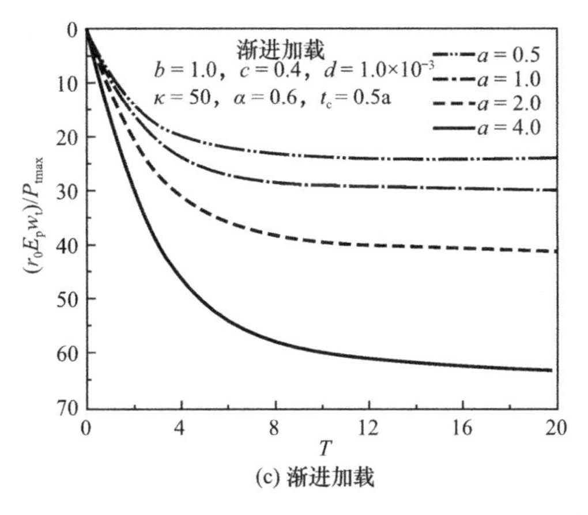

(c) 渐进加载

图 3-5　参数 a 对单桩沉降时间效应的影响（二）

影响较明显。根据桩周土的本构关系可知，剪切模量 G_2 作为模型的延时变形体参数之一，控制着土体的延时变形能力；而剪切模量 G_1 作为模型的瞬时变形体参数，控制着土体的初时变形能力。计算时参数 d 的取值是固定的，消除了剪切模量 G_1 对单桩沉降的影响。因此，参数 a 的大小影响单桩无量纲沉降的极限值。由图 3-6（b）可知，在线性加载期间，沉降几乎随时间线性发展，这与土的延时变形能力还未充分发挥有关。总体来说，加载方式影响单桩沉降时间效应。

3.5.2　参数 b 对均质土中单桩沉降时间效应的影响

为分析参数 $b=\eta/(G_2t_c)$ 对单桩沉降时间效应的影响，将其他 5 个参数取定值，即 $a=1.0$、$c=0.4$、$d=1.0\times10^{-3}$、$\kappa=50$ 和 $\alpha=0.6$，参数 b 取 0.1、1.0、10、1.0×10^2 和 1.0×10^3 分别代入式（3-41）进行计算。参数 b 取值不同时恒定加载、斜坡加载和渐进加载方式下单桩沉降时间效应计算结果见图 3-6。

由图 3-6 可知，任意时刻无量纲沉降随参数 b 的增大而减小，且参数 b 对沉降速率影

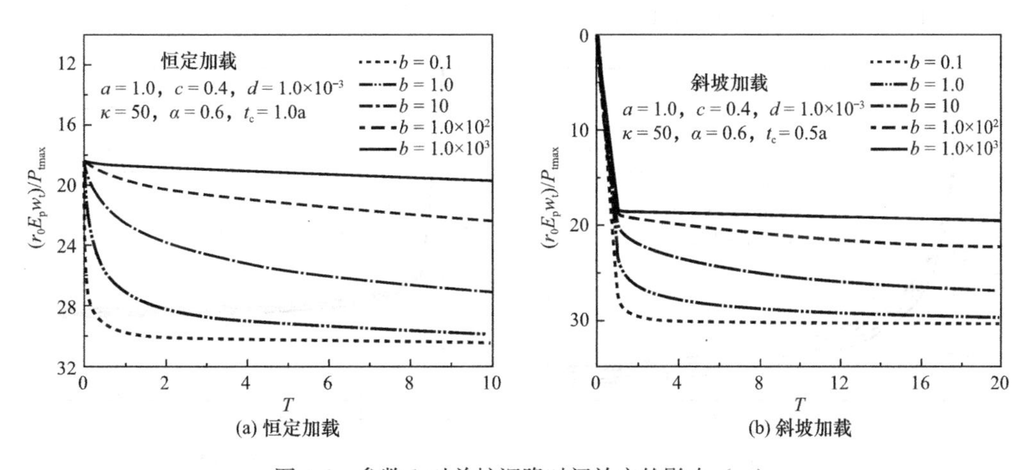

(a) 恒定加载　　(b) 斜坡加载

图 3-6　参数 b 对单桩沉降时间效应的影响（一）

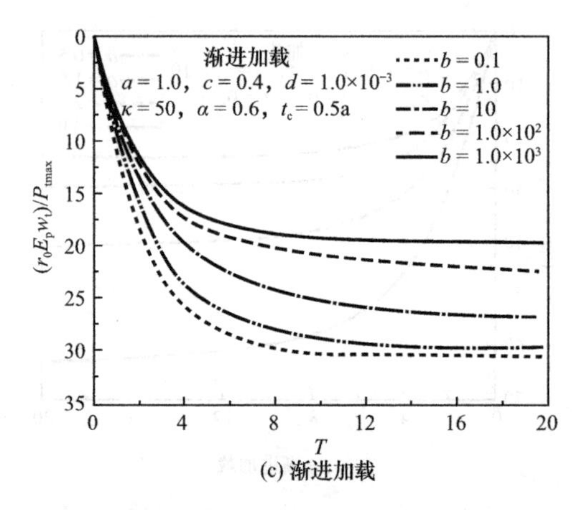

(c) 渐进加载

图 3-6 参数 b 对单桩沉降时间效应的影响（二）

响较显著。根据桩周土体的本构关系可知，黏滞系数 η 作为模型的延时变形体参数之一，控制着土体延时变形速率。计算时参数 a 取值是固定的，消除了剪切模量 G_2 对沉降的影响。因此，参数 b 的大小影响单桩无量纲沉降速率，参数 b 值越大，单桩沉降越早达到稳定状态。

3.5.3 参数 c 对均质土中单桩沉降时间效应的影响

为分析参数 $c=G_1/K$ 对单桩沉降时间效应的影响，将其他 5 个参数取定值，即 $a=1.0$、$b=1.0$、$d=1.0\times10^{-3}$、$\kappa=50$ 和 $\alpha=0.6$，参数 c 取 0.2、0.3、0.4 和 0.5 分别代入式（3-41）进行计算。参数 c 取值不同时恒定加载、斜坡加载和渐进加载方式下单桩沉降时间效应计算结果见图 3-7。

由图 3-7 可知，任意时刻无量纲沉降随参数 c 的增大而减小，且参数 c 对单桩沉降影响很小。参数 c 是土体泊松比 μ 的单值函数，土体泊松比取值为 0～0.5，则 c 值取为 0～1.5。因此，实际计算时可忽略参数 c 取值变化对结果的影响，将其作常数处理，这与 Booker 和 Poulos[106]、Mishra 和 Patra[107-108]的研究结果一致。

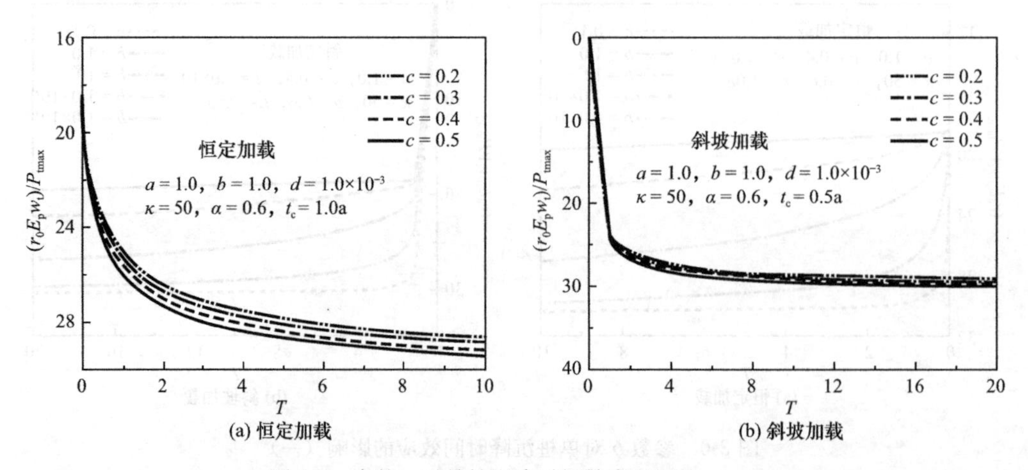

(a) 恒定加载 (b) 斜坡加载

图 3-7 参数 c 对单桩沉降时间效应的影响（一）

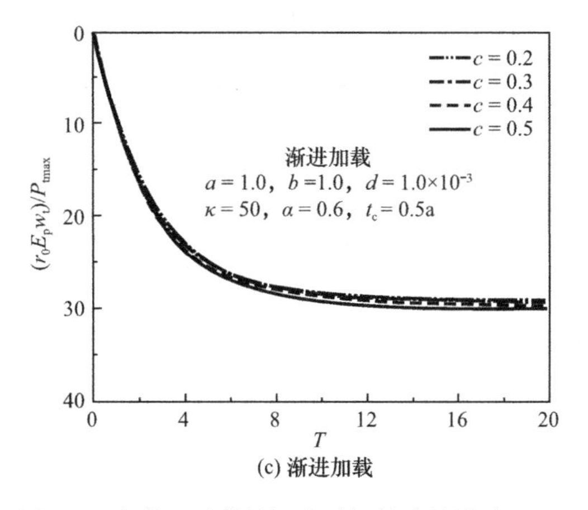

(c) 渐进加载

图 3-7　参数 c 对单桩沉降时间效应的影响（二）

3.5.4　参数 d 对均质土中单桩沉降时间效应的影响

为分析参数 $d=G_1/E_p$ 对单桩沉降时间效应的影响，将其他 5 个参数取定值，即 $a=1.0$、$b=1.0$、$c=0.4$、$\kappa=50$ 和 $\alpha=0.6$，参数 d 取 1.0×10^{-3}、5.0×10^{-3}、1.0×10^{-2} 和 2.0×10^{-2} 分别代入式（3-41）进行计算。参数 d 取值不同时恒定加载、斜坡加载和渐进加载方式下单桩沉降时间效应计算结果见图 3-8。

由图 3-8 可知，任意时刻无量纲沉降随参数 d 的增大而减小，且参数 d 对初始沉降影响较大，参数 d 越大，单桩初始沉降越小。根据桩周土体的本构关系可知，剪切模量 G_1 作为模型的初始变形体参数，控制着土体初始变形能力。参数 d 影响单桩无量纲沉降的初始值，进而影响单桩沉降极限值。

3.5.5　参数 κ 对均质土中单桩沉降时间效应的影响

为分析参数 $\kappa=L/r_0$ 对单桩沉降时间效应的影响，将其他 5 个参数取定值：$a=1.0$、

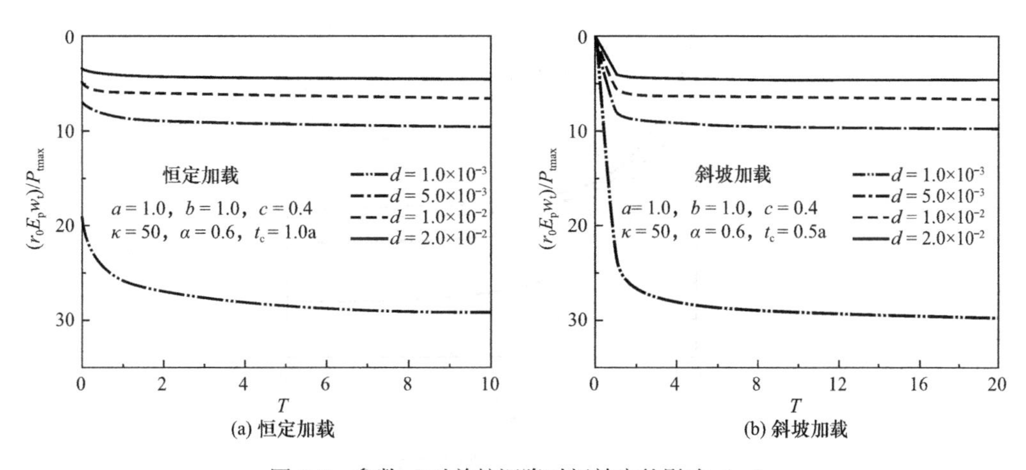

图 3-8　参数 d 对单桩沉降时间效应的影响（一）

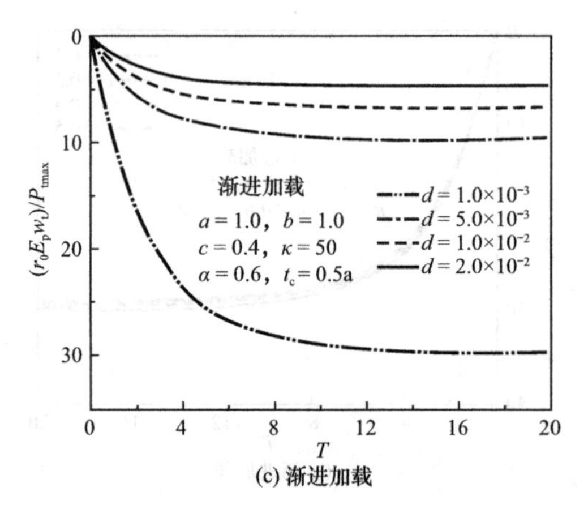

(c) 渐进加载

图 3-8　参数 d 对单桩沉降时间效应的影响（二）

$b=1.0$、$c=0.4$、$d=1.0\times10^{-3}$ 和 $\alpha=0.6$，参数 κ 取 30、50、70 和 90 分别代入式（3-41）进行计算。参数 κ 取值不同时恒定加载、斜坡加载和渐进加载方式下单桩沉降时间效应计算结果见图 3-9。

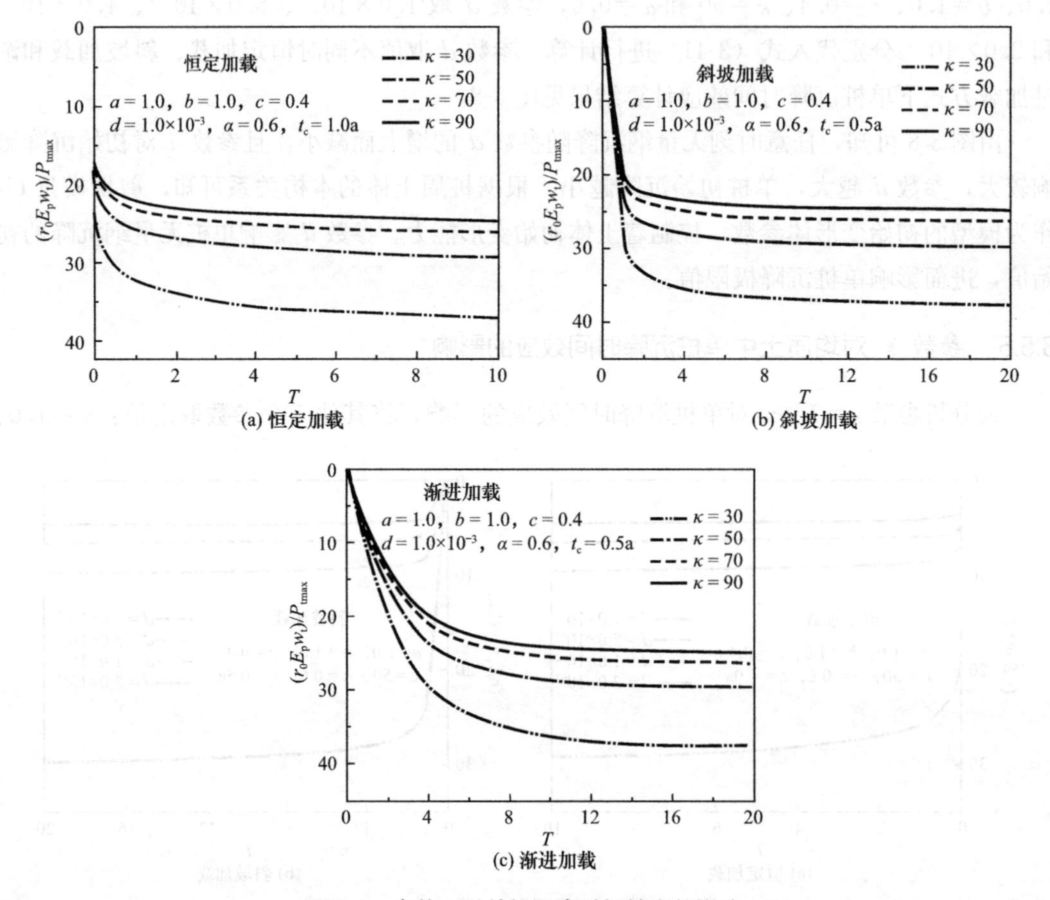

(c) 渐进加载

图 3-9　参数 κ 对单桩沉降时间效应的影响

由图 3-9 可知，任意时刻无量纲沉降随参数 κ 的增大而减小，表明越细长的桩，其沉降值越小。

3.5.6　参数 α 对均质土中单桩沉降时间效应的影响

为分析参数 α 对单桩沉降时间效应的影响，将其他 5 个参数取定值，即 $a=1.0$、$b=1.0$、$c=0.4$、$d=1.0\times10^{-3}$ 和 $\kappa=50$，参数 α 取 0.2、0.4、0.6、0.8 和 1.0 分别代入式（3-41）进行计算。参数 α 取值不同时恒定加载、斜坡加载和渐进加载方式下单桩沉降时间效应计算结果见图 3-10。

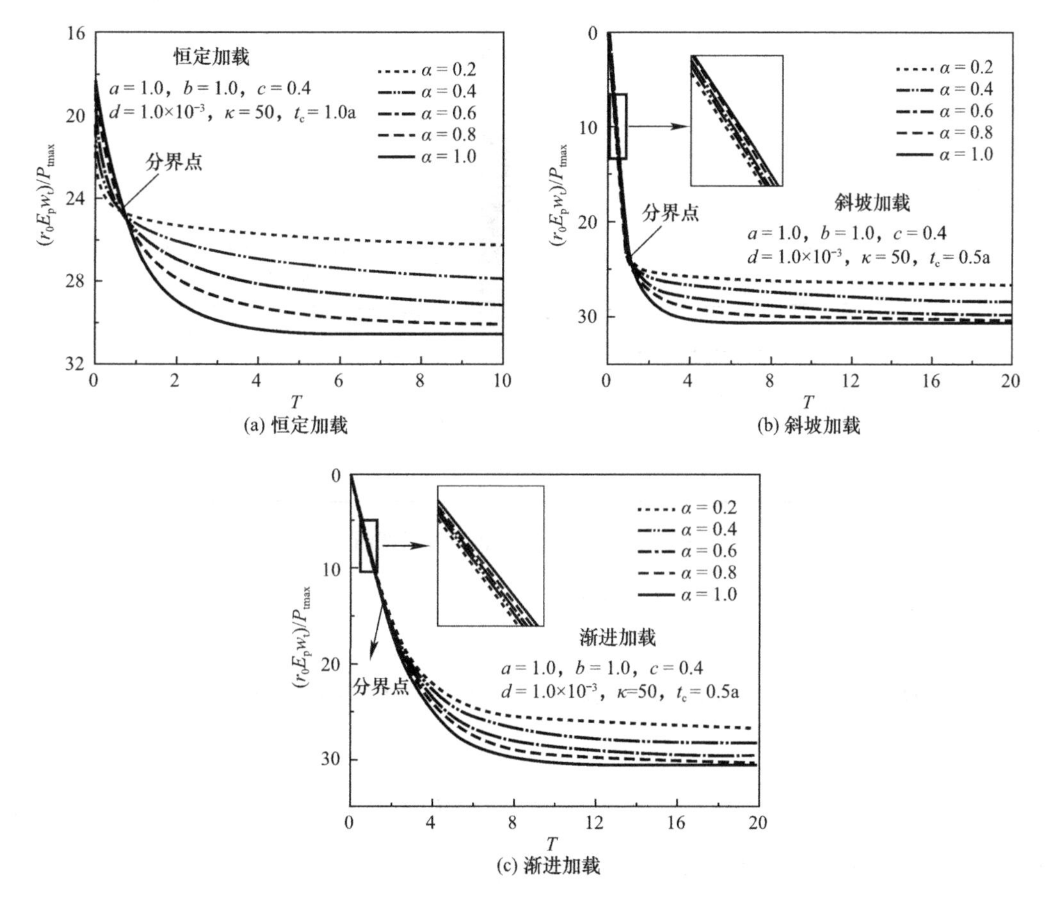

图 3-10　参数 α 对单桩沉降时间效应的影响

由图 3-10 可知，参数 α 对沉降速率影响较大。单桩沉降发展按时间可分为两个阶段（两阶段的分界点见图 3-10），第一阶段无量纲沉降随参数 α 的增大而减小，第二阶段无量纲沉降随参数 α 的增大而增大。图 3-10 中的交叉现象是由 Abel 阻尼元件导致的，这也是分数阶模型比传统模型能更准确模拟材料流变特性的原因。如前所述，当 $\alpha=1$ 时，Abel 阻尼元件代表牛顿流体；当 $\alpha=0$ 时，Abel 阻尼元件代表弹性体。因此，当 α 取值较小时，剪切模量 G_2 主要支配其力学性质，即第一阶段沉降较大，第二阶段沉降发展缓慢；当 α 取值较大时，黏滞系数 η 主要支配其力学性质，即第一阶段沉降值较小，第二阶段沉降发展较快。

3.6 成层土中单桩沉降时间效应半解析解的推导

假设桩侧有 N_1 层土体（图 3-11），引入桩侧土层不均匀系数 ρ_s 修正土体不均匀对最大影响半径的影响[109]；假设桩端下有 N_2 层土体，引入桩端土层不均匀系数 ρ_b 修正土体不均匀对桩端阻力与其沉降间关系的影响。

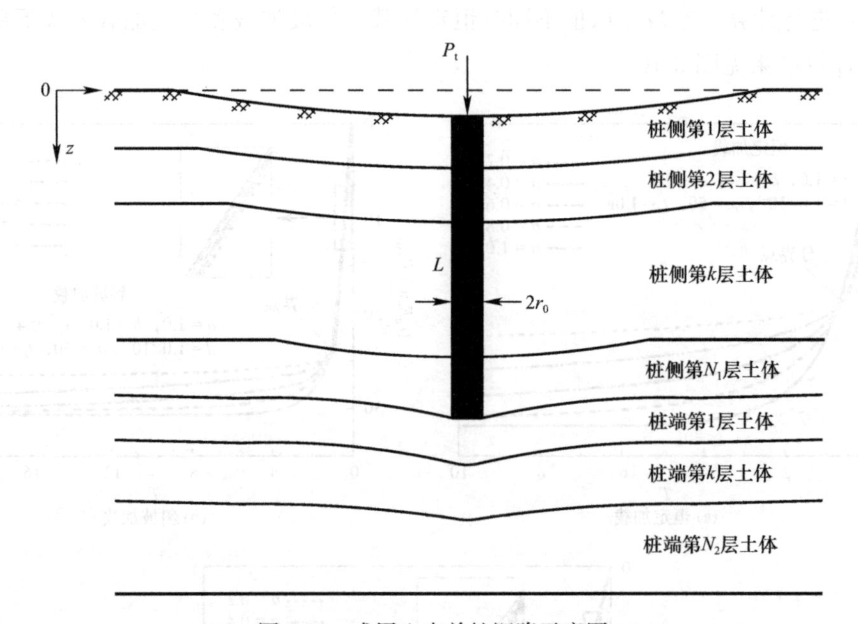

图 3-11　成层土中单桩沉降示意图

桩侧第 k 层土体的最大影响半径可表示为[109]：

$$r_{m,k}=2.5L\rho_s(1-\mu_{s,k}) \tag{3-50}$$

式中，$\mu_{s,k}$ 为桩侧第 k 层土体的泊松比；ρ_s 为成层土中桩侧土层不均匀系数，其值可用式（3-51）计算。

$$\rho_s=\frac{1}{G_{s,m}L}\sum_{k=1}^{N_1}G_{s,k}L_{s,k} \tag{3-51}$$

式中，$G_{s,m}$ 表示桩侧 N_1 层土体中最大剪切模量；$G_{s,k}$ 表示桩侧第 k 层土体的剪切模量；$L_{s,k}$ 表示桩侧第 k 层土体的厚度。为简化计算，桩侧土层不均匀系数均用土体极限剪切模量计算，因此不均匀系数与加载时间无关。

成层土体中的桩端沉降 w_b 可表示为：

$$w_b=\frac{P_b\rho_b(1-\mu_{b,1})}{4r_0G_{b,1}} \tag{3-52}$$

式中，$\mu_{b,1}$ 表示桩端第 1 层土体的泊松比；$G_{b,1}$ 表示桩端第 1 层土体的剪切模量；ρ_b 表示修正的桩端土层不均匀系数，定义为：

$$\rho_b=\frac{1}{G_{b,m}L_b}\sum_{k=1}^{N_2}G_{b,k}L_{b,k} \tag{3-53}$$

式中，$G_{b,m}$ 表示桩端 N_2 层土体中最大剪切模量；L_b 表示桩端计算土体的总厚度；$G_{b,k}$ 表示桩端第 k 层土体的剪切模量；$L_{b,k}$ 表示桩端第 k 层土体的厚度。为简化计算，桩端土层不均匀系数均用土体极限剪切模量计算，因此不均匀系数与加载时间无关。

桩侧第 k 层土体处的位移与桩侧阻力间的关系可表示为：

$$w_k(z)=\frac{\tau_k(z)r_0}{G_{s,k}}\ln[2.5L\rho_s(1-\mu_{s,k})/r_0] \tag{3-54}$$

对式（3-54）进行拉普拉斯变换，可得：

$$\overline{w}_k(z,s)=\frac{r_0\ln\{2.5L\rho_s[1-\overline{\mu}_{s,k}(s)]/r_0\}}{\overline{G}_{s,k}(s)}\overline{\tau}_k(z,s) \tag{3-55}$$

对式（3-52）进行拉普拉斯变换，可得：

$$\overline{w}_b(s)=\frac{A_{b,1}\overline{P}_b(s)}{4r_0}\rho_b \tag{3-56}$$

积分常数 $C_{k,1}$ 和 $C_{k,2}$ 为：

$$\begin{cases}C_{k,1}=\dfrac{\overline{w}_b(s)}{2e^{B_kL}}\left(1-\dfrac{4}{\pi\rho_bA_{b,1}B_kr_0E_p}\right)\\ C_{k,2}=\dfrac{e^{B_kL}\overline{w}_b(s)}{2}\left(1+\dfrac{4}{\pi\rho_bA_{b,1}B_kr_0E_p}\right)\end{cases} \tag{3-57}$$

则式（3-55）可改写为：

$$\overline{w}_k(z,s)=\left\{\cosh[B_k(L-z)]+\frac{4\sinh[B_k(L-z)]}{\pi\rho_bA_{b,1}B_kr_0E_p}\right\}\overline{w}_b(s) \tag{3-58}$$

式中，

$$A_k=\frac{(b_k^{\alpha_k}t_c^{\alpha_k}s^{\alpha_k}+a_k+1)[3(b_k^{\alpha_k}t_c^{\alpha_k}s^{\alpha_k}+a_k+1)+4c_k(b_k^{\alpha_k}t_c^{\alpha_k}s^{\alpha_k}+1)]}{2G_{1,k}(b_k^{\alpha_k}t_c^{\alpha_k}s^{\alpha_k}+1)[3(b_k^{\alpha_k}t_c^{\alpha_k}s^{\alpha_k}+a_k+1)+c_k(b_k^{\alpha_k}t_c^{\alpha_k}s^{\alpha_k}+1)]} \tag{3-59}$$

$$B_k=\frac{1}{r_0}\sqrt{\frac{2d_k(b_k^{\alpha_k}t_c^{\alpha_k}s^{\alpha_k}+1)}{(b_k^{\alpha_k}t_c^{\alpha_k}s^{\alpha_k}+a_k+1)\ln\left\{\dfrac{5\rho_s\kappa[3(b_k^{\alpha_k}t_c^{\alpha_k}s^{\alpha_k}+a_k+1)+4c_k(b_k^{\alpha_k}t_c^{\alpha_k}s^{\alpha_k}+1)]}{4[3(b_k^{\alpha_k}t_c^{\alpha_k}s^{\alpha_k}+a_k+1)+c_k(b_k^{\alpha_k}t_c^{\alpha_k}s^{\alpha_k}+1)]}\right\}}} \tag{3-60}$$

式中，$a_k=G_{1,k}/G_{2,k}$、$b_k=\eta_k/(G_{2,k}\cdot t_c)$、$c_k=G_{1,k}/K_k$、$d_k=G_{1,k}/E_p$ 和 α_k 分别表示第 k 层土体（桩侧或桩端土体均适用）的模型参数；$A_{b,1}$ 表示桩端下第 1 层土体的参数。

根据式（3-58）可知：

$$\begin{aligned}\overline{P}_k(z,s)&=-\pi r_0^2E_p\frac{\partial\overline{w}_k(z,s)}{\partial z}\\&=r_0\left\{\pi B_kr_0E_p\sinh[B_k(L-z)]+\frac{4\cosh[B_k(L-z)]}{\rho_bA_{b,1}}\right\}\overline{w}_b(s)\end{aligned} \tag{3-61}$$

联合式（3-58）和式（3-61），可得拉普拉斯域内桩侧第 k 层土体处单桩沉降与桩轴力间的关系。即：

$$\overline{w}_k(z,s)=\frac{\pi\rho_{\rm b}A_{\rm b,1}B_k r_0 E_{\rm p}+4\tanh[B_k(L-z)]}{\pi B_k r_0^2 E_{\rm p}\{\pi\rho_{\rm b}A_{\rm b,1}B_k r_0 E_{\rm p}\tanh[B_k(L-z)]+4\}}\overline{P}_k(z,s) \tag{3-62}$$

根据式（3-62）可知，当 $z=0$ 时（在桩侧第 1 层土体内），可得拉普拉斯域内桩顶沉降计算公式。即：

$$\overline{w}_{\rm t}(s)=\frac{\pi\rho_{\rm b}A_{\rm b,1}B_1 r_0 E_{\rm p}+4\tanh(B_1 L)}{\pi B_1 r_0^2 E_{\rm p}[\pi\rho_{\rm b}A_{\rm b,1}B_1 r_0 E_{\rm p}\tanh(B_1 L)+4]}\overline{P}_{\rm t}(s) \tag{3-63}$$

式中，B_1 表示桩侧第 1 层土体中的参数情况。令无量纲参数 $\phi=P_{\rm t}/P_{\rm tmax}$ 表示标准化荷载，其中 $P_{\rm tmax}$ 表示桩顶受荷时的最大荷载。可得：

$$\frac{r_0 E_{\rm p}\overline{w}_{\rm t}(s)}{P_{\rm tmax}}=\frac{\pi\rho_{\rm b}M_{\rm b,1}N_1+4d_1\tanh(\kappa N_1)}{\pi N_1[\pi\rho_{\rm b}M_{\rm b,1}N_1\tanh(\kappa N_1)+4d_1]}\overline{\phi}(s) \tag{3-64}$$

式中，

$$M_{\rm b,1}=\frac{(b_{\rm b,1}^{\alpha_{\rm b,1}}t_{\rm c}^{\alpha_{\rm b,1}}s^{\alpha_{\rm b,1}}+a_{\rm b,1}+1)[3(b_{\rm b,1}^{\alpha_{\rm b,1}}t_{\rm c}^{\alpha_{\rm b,1}}s^{\alpha_{\rm b,1}}+a_{\rm b,1}+1)+4c_{\rm b,1}(b_{\rm b,1}^{\alpha_{\rm b,1}}t_{\rm c}^{\alpha_{\rm b,1}}s^{\alpha_{\rm b,1}}+1)]}{2(b_{\rm b,1}^{\alpha_{\rm b,1}}t_{\rm c}^{\alpha_{\rm b,1}}s^{\alpha_{\rm b,1}}+1)[3(b_{\rm b,1}^{\alpha_{\rm b,1}}t_{\rm c}^{\alpha_{\rm b,1}}s^{\alpha_{\rm b,1}}+a_{\rm b,1}+1)+c_{\rm b,1}(b_{\rm b,1}^{\alpha_{\rm b,1}}t_{\rm c}^{\alpha_{\rm b,1}}s^{\alpha_{\rm b,1}}+1)]} \tag{3-65}$$

$$N_1=\sqrt{\frac{2d_1(b_1^{\alpha_1}t_{\rm c}^{\alpha_1}s^{\alpha_1}+1)}{(b_1^{\alpha_1}t_{\rm c}^{\alpha_1}s^{\alpha_1}+a_1+1)\ln\left\{\dfrac{5\rho_{\rm s}\kappa[3(b_1^{\alpha_1}t_{\rm c}^{\alpha_1}s^{\alpha_1}+a_1+1)+4c_1(b_1^{\alpha_1}t_{\rm c}^{\alpha_1}s^{\alpha_1}+1)]}{4[3(b_1^{\alpha_1}t_{\rm c}^{\alpha_1}s^{\alpha_1}+a_1+1)+c_1(b_1^{\alpha_1}t_{\rm c}^{\alpha_1}s^{\alpha_1}+1)]}\right\}}} \tag{3-66}$$

式中，$M_{\rm b,1}$ 表示桩端下第 1 层土体的参数；N_1 表示桩侧第 1 层土体的参数。

式（3-64）即为成层土中单桩沉降时间效应的拉普拉斯域解，即成层土中单桩沉降时间效应半解析解。采用数值算法（见附录）对式（3-64）进行拉普拉斯逆变换，就可得到所需的结果。上述拉普拉斯逆变换方法可采用 Matlab 软件计算。

3.7 成层土中单桩沉降时间效应计算方法的验证

【算例 3.7-1】

斜坡加载方式下成层土和均质土计算结果对比的情况见图 3-12，其中桩侧土体不均匀系数 $\rho_{\rm s}=1.0$，桩端土体不均匀系数 $\rho_{\rm b}=1.0$，均匀土体计算参数为：$a=1.0$ 和 5.0、$b=10$、$c=0.5$、$d=1.0\times10^{-3}$、$\alpha=0.5$ 和 0.8，其他参数 $\kappa=100$、$t_{\rm c}=1.0$a。

由图 3-12 可知，在不同的 a 值与 α 值下，经过退化处理后成层土中半解析解的计算结果与均质土中半解析解的计算结果高度吻合，表明成层土中半解析解的正确性。

【算例 3.7-2】

本算例依据 Feng 等[110]在多层软土中进行的钻孔灌注单桩静载试验和相关计算案例。试验场地土层分布及土层参数见表 3-2。试验单桩长为 63.5m，直径为 1m，桩身弹性模量为 32GPa。静载试验中分 11 级加载至最大 5450kN，一级加载 920kN，后续每级递增 460kN，加载时间总共持续 34.5h。试验场地土层分布及土层参数见表 3-2。

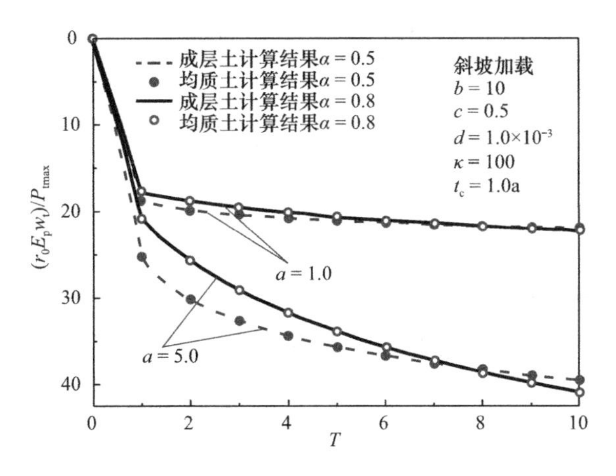

图 3-12　成层土中半解析解与均质土中半解析解计算结果对比

试验场地土层分布及土层参数　　表 3-2

土层	深度（m）	Burgers 模型参数			
		G_M(MPa)	G_K(MPa)	η_M(MPa·d)	η_K(MPa·d)
软淤泥层	0～23.4	7.9	6.5	1068	2.9
粉质土层	23.4～32.5	15.1	18.0	1798	5.1
粉质土层	32.5～65.5	22.5	19.4	2872	7.6

根据表 3-2 中的土层参数可确定桩侧土体不均匀系数 $\rho_s=0.85$，桩端土体不均匀系数 $\rho_b=1.0$。考虑到 Burgers 模型与 Merchant 模型比较类似，土体参数统一取为：$a_1=1.2$、$b_1=0.065$、$d_1=2.5\times10^{-4}$、$\alpha_1=1.0$、$a_{b,1}=1.2$、$b_{b,1}=1.0$、$d_{b,1}=7.0\times10^{-4}$、$\alpha_{b,1}=1.0$；已知参数 c_1 和 $c_{b,1}$ 对计算结果影响不大，因此取 $c_1=0.2$、$c_{b,1}=0.2$；其他参数：$\kappa=127$、$t_c=1.0$d。将相关参数代入式（3-64），获得 120min 时的单桩荷载-沉降曲线，见图 3-13。

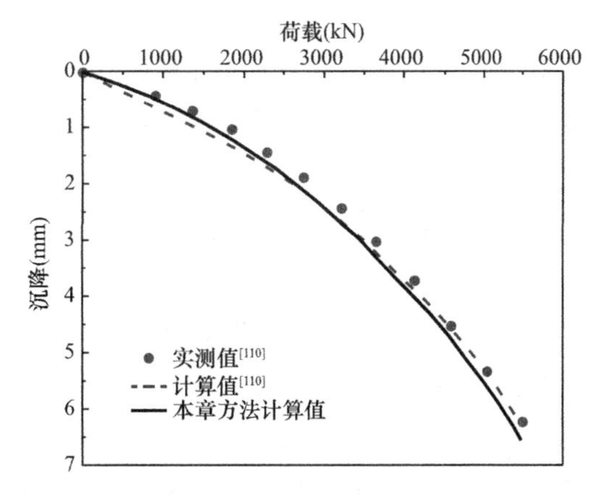

图 3-13　加载 120min 时单桩荷载-沉降曲线对比结果

由图 3-13 可知，本章成层土中单桩沉降时间效应计算值与 Feng 等[110]所得的实测值和计算值吻合较好，相对误差在 8%以内。

【算例 3.7-3】

本算例依据王东栋和孙钧[111]开展的桥梁桩基长期沉降的数值计算案例。单桩计算参数为：桩长 40m，直径 2m，桩身弹性模量 20GPa，泊松比 0.167。桩顶作用竖向持续荷载 100kN。桩周土体物理力学参数见表 3-3。

桩周土体物理力学参数　　表 3-3

土层	深度（m）	Merchant 模型参数		
		E_H(kPa)	E_K(kPa)	η(MPa・min)
黏土与砂质粉土和细砂土层	0～10	5760.678	23332.029	4679.232
细砂土层	10～25	29903.156	121114.442	24109.452
粉质黏土层	25～40	29793.429	120670.023	24200.322
细砂和中（粗）砂土层	＞40	66335.080	268671.851	53882.034

根据土体参数情况可确定桩侧土体不均匀系数 $\rho_s=0.8$，桩端土体不均匀系数 $\rho_b=1.0$。对于 Merchant 模型取土体参数：$a_1=0.25$、$b_1=9.35$、$d_1=1.0\times10^{-4}$、$\alpha_1=1.0$、$a_{b,1}=0.25$、$b_{b,1}=9.35$、$d_{b,1}=1.2\times10^{-3}$、$\alpha_{b,1}=1.0$；已有研究表明，参数 c_1 和 $c_{b,1}$ 取值对计算结果影响不大，因此土体泊松比取 0.4、$c_1=0.21$、$c_{b,1}=0.21$；其他参数：$\kappa=40$、$t_c=1.0$h，将上述参数代入式（3-64）进行计算。王东栋和孙钧得出的理论计算值、有限元法计算值和本章方法计算值见图 3-14。

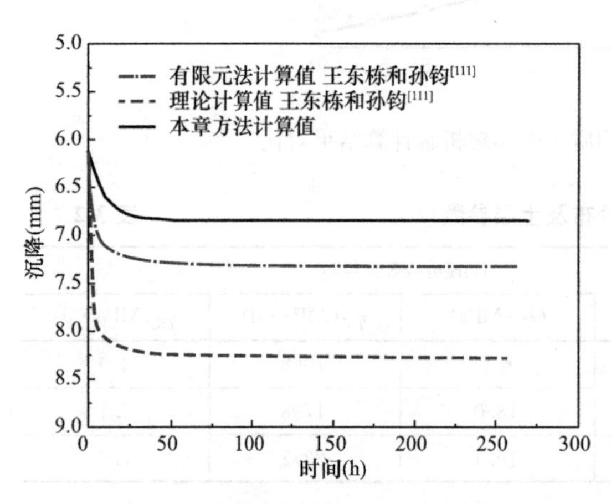

图 3-14　单桩沉降时间效应的计算结果对比

由图 3-14 可知，本章方法计算值比王东栋和孙钧得出的有限元法计算值略小，稳定沉降的相对误差约为 13.7%；本章方法计算值比王东栋和孙钧得出的理论计算值偏小，稳定沉降的相对误差约为 17.0%。

3.8　单桩沉降时间效应半解析解的参数分析

由式（3-64）可知，桩端下第 1 层土体的参数与桩侧第 1 层土体的参数对单桩沉降时间效应影响较明显。土体的成层性对单桩沉降时间效应影响主要通过桩侧和桩端土体不均匀系数体现。鉴于桩端与桩侧土体参数偏多，本节讨论三种典型加载方式（恒定加载、斜坡加载和渐进加载）作用下桩侧和桩端土体不均匀系数对单桩沉降时间效应的影响。对三种典型加载方式均取特征时间为 $t_c=1.0$a。

3.8.1　桩侧土体不均匀系数对单桩沉降时间效应的影响

为分析桩侧土体不均匀系数 ρ_s 对单桩沉降时间效应的影响，将其他参数取定值：$a_1=a_{b,1}=1.0$、$b_1=b_{b,1}=1.0$、$c_1=c_{b,1}=0.4$、$d_1=1.0\times10^{-3}$、$d_{b,1}=2.0\times10^{-3}$、$\alpha_1=0.6$、$\alpha_{b,1}=0.8$、$\kappa=50$、$t_c=1.0$ 年和 $\rho_b=0.8$；桩侧土体不均匀系数 ρ_s 取 0.4、0.6、0.8 和 1.0，分别代入式（3-64）进行计算。恒定加载、斜坡加载和渐进加载方式下桩侧土体不均匀系数 ρ_s 取值不同时单桩沉降时间效应计算结果见图 3-15。

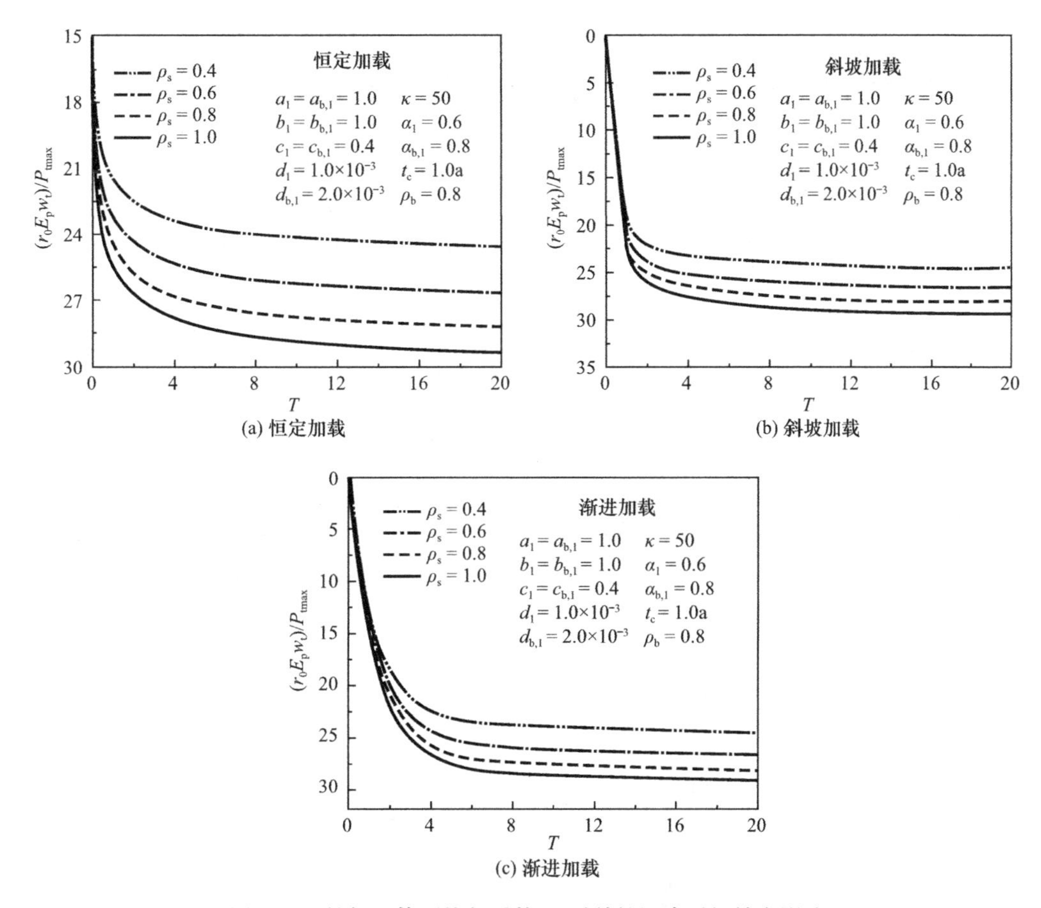

(a) 恒定加载　(b) 斜坡加载　(c) 渐进加载

图 3-15　桩侧土体不均匀系数 ρ_s 对单桩沉降时间效应影响

由图 3-15 可知，任意时刻无量纲沉降随桩侧土体不均匀系数 ρ_s 的增大而增大，且 ρ_s 对极限沉降影响较大。当 $\rho_s=1.0$ 时，桩侧土体为均质的；当 $\rho_s<1.0$ 时，桩侧土体为成层分布，表明桩侧土体的成层分布会减少单桩沉降。实际上，通常情况下桩侧土体模量沿深度方向增大，其变形相对于均质土体较小，导致单桩沉降小。由图 3-15（b）可知，对于斜坡加载方式，在线性加载期间，沉降几乎随时间线性发展，这可能与土的延时变形能力还未充分发挥有关。

3.8.2　桩端土体不均匀系数对单桩沉降时间效应的影响

为分析桩端土体不均匀系数 ρ_b 对单桩沉降时间效应的影响，将其他参数取定值：$a_1=a_{b,1}=1.0$、$b_1=b_{b,1}=1.0$、$c_1=c_{b,1}=0.4$、$d_1=1.0\times10^{-3}$、$d_{b,1}=2.0\times10^{-3}$、$\alpha_1=0.6$、$\alpha_{b,1}=0.8$、$\kappa=50$、$t_c=1.0\mathrm{a}$ 和 $\rho_s=0.8$；桩端土体不均匀系数 ρ_b 取 0.4、0.6、0.8 和 1.0，分别代入式（3-15）进行计算。恒定加载、斜坡加载和渐进加载方式下桩端土体不均匀系数 ρ_b 取值不同时单桩沉降时间效应计算结果如图 3-16 所示。

由图 3-16 可知，任意时刻无量纲沉降随桩端土体不均匀系数 ρ_b 的增大而增大，且 ρ_b 对沉降影响较小。桩端土体成层分布（$\rho_b<1.0$ 时）会减少单桩沉降。桩端土体模量通常沿

深度方向增大，相对于均质土体（$\rho_b=1.0$ 时）其变形小，导致单桩沉降小。由图 3-16（b）可知，对于斜坡加载方式，沉降随时间线性增加，这可能与土体延时变形能力还未充分发挥有关。与桩侧土体不均匀系数对单桩沉降时间效应的影响相比，桩端土体不均匀系数对单桩沉降时间效应影响较小，计算时可将桩端土体看作均质土体处理。

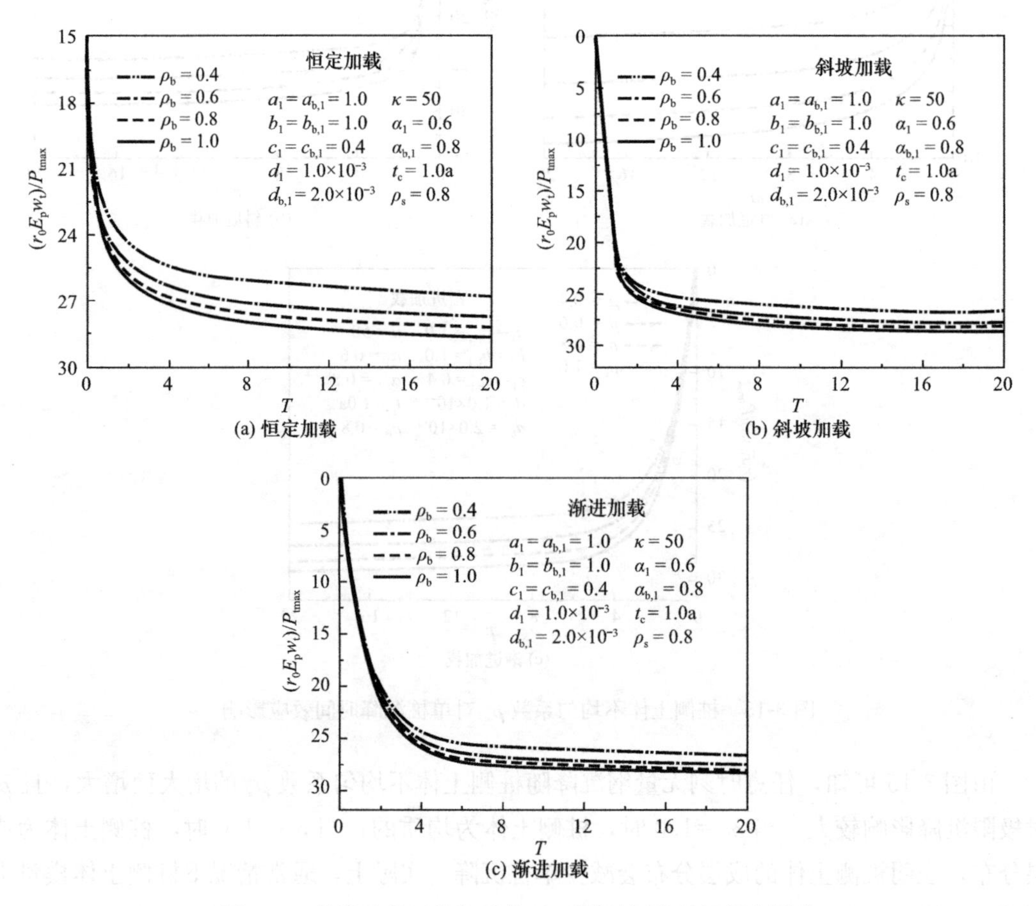

(a) 恒定加载　(b) 斜坡加载　(c) 渐进加载

图 3-16　桩端土体不均匀系数 ρ_b 对单桩沉降时间效应影响

第4章　增层开挖前在役群桩沉降时间效应计算方法

4.1　概述

在均质土中单桩沉降时间效应计算方法的基础上，引入相互作用系数法考虑群桩中桩-桩相互作用，分别得到桩侧和桩端间相互作用系数，建立均质土中群桩沉降时间效应计算方法。为考虑成层土中群桩沉降的时间效应问题，引入桩侧和桩端土体不均匀系数，考虑土体成层性对群桩沉降时间效应的影响，建立了成层土中群桩沉降时间效应计算方法，分析了恒载作用下三种典型群桩分布方式（2×1群桩、2×2群桩和3×1群桩）桩侧和桩端土体不均匀系数对群桩沉降时间效应的影响。

4.2　均质土中群桩沉降时间效应半解析解

目前，常采用相互作用系数法考虑桩-桩相互作用。桩-桩间的相互影响由两部分组成：(1) 桩侧相互影响；(2) 桩端相互影响。桩周土体剪应力与桩轴线径向距离成反比，即桩侧周围竖向位移 w_s 与径向距离 r 呈对数变化关系，可表示为[99]：

$$w_s(r)=\begin{cases}\dfrac{\tau_0 r_0}{G}\ln\left(\dfrac{r_m}{r}\right), & r_0\leqslant r\leqslant r_m\\[2mm] 0, & r>r_m\end{cases}\tag{4-1}$$

式中，τ_0 表示桩侧摩阻力；G 表示土体的剪切模量；r_0 表示桩半径；r_m 为单桩的影响半径。

桩侧相互影响系数 ζ_s 可表示为[112]：

$$\zeta_s=\begin{cases}\dfrac{w_s(r)}{w_s(r_0)}=\dfrac{\ln(r_m)-\ln(r)}{\ln(r_m)-\ln(r_0)}, & r_0\leqslant r\leqslant r_m\\[2mm] 0, & r>r_m\end{cases}\tag{4-2}$$

考虑均质土中两根相同桩的相互作用，桩1沉降为其自身荷载作用下的沉降与桩2引起的桩1沉降之和（图4-1）。相邻桩会对周围土体产生加筋效应，减小土体位移。可引入折减系数 ζ_r[112] 修正桩周土体的位移场，定义为桩2荷载引起的桩1位移 w_2（r）与桩1自身荷载作用下的桩1沉降 w_1（r）的比值，即：

$$\zeta_r=\begin{cases}\dfrac{w_2(r)}{w_1(r_0)}=\dfrac{r_0}{r}\,\dfrac{\ln(r_m)-\ln(r)}{\ln(r_m)-\ln(r_0)}, & r_0\leqslant r\leqslant r_m\\[2mm] 0, & r>r_m\end{cases}\tag{4-3}$$

式中，

$$w_1(r_0)=\frac{\tau_0 r_0}{G}\ln\left(\frac{r_m}{r_0}\right) \tag{4-4}$$

$$w_2(r)=\begin{cases}\dfrac{\tau(r)r_0}{G}\ln\left(\dfrac{r_m}{r}\right), & r_0 \leqslant r \leqslant r_m \\ 0, & r > r_m\end{cases} \tag{4-5}$$

$$\tau(r)r=\tau_0 r_0 \tag{4-6}$$

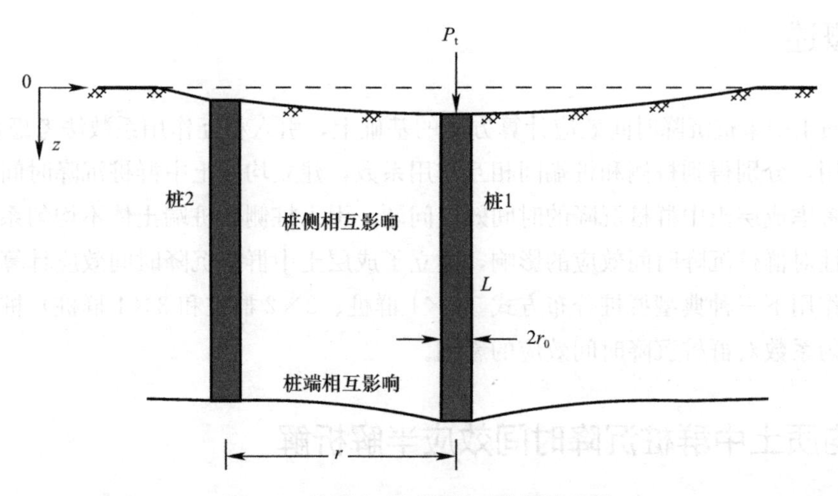

图 4-1　均质土中两桩相互作用示意图

对于分数阶黏弹性模型的土体，其泊松比与时间相关，因此，桩侧相互影响系数 ζ_s 与折减系数 ζ_r 和时间相关。已有研究表明，土体泊松比变化对沉降影响很小，可将其看作常数，将泊松比取定值，故桩侧相互影响系数 ζ_s 与时间无关。

在桩端一定距离处，荷载可等效为集中荷载，桩端土体沉降 $w_b(r)$ 与径向距离 r 成反比。距离桩端 r 处的沉降可表示为[99]：

$$w_b(r)=\frac{P_b(1-\mu)}{2\pi rG} \tag{4-7}$$

桩端沉降 w_b 可表示为[99]：

$$w_b=\frac{P_b(1-\mu)}{4r_0 G} \tag{4-8}$$

桩端相互影响系数 ζ_b 可表示为：

$$\zeta_b=\frac{w_b(r)}{w_b}=\frac{2r_0}{\pi r} \tag{4-9}$$

由式（4-9）可知，桩端相互影响系数 ζ_b 与时间无关，只与径向距离有关。

均质土中桩 1 沉降为其自身荷载导致的沉降与桩 2 受荷引起的桩 1 沉降之和，桩 1 受荷产生的位移由桩侧相互影响（包括加筋效应的折减）和桩端相互影响决定。因此考虑时间效应的桩 1 沉降 $w_{p1}(t)$ 可表示为：

$$w_{p1}(t)=(1+\zeta_s-\zeta_r)w_{p1}^{s}(t)+(1+\zeta_b)w_{p1}^{b}(t) \tag{4-10}$$

式中，$w_{p1}^{s}(t)$ 和 $w_{p1}^{b}(t)$ 分别为考虑时间效应的桩 1 受荷产生的桩身压缩和桩端沉降。

桩 1 和桩 2 间相互影响系数 ζ_{12} 可表示为：

$$\zeta_{12}=\frac{(\zeta_s-\zeta_r)w_{p1}^{s}(t)+\zeta_b w_{p1}^{b}(t)}{w_{p1}^{s}(t)+w_{p1}^{b}(t)} \tag{4-11}$$

在拉普拉斯域内单桩桩顶沉降为：

$$\overline{w}_t(s)=\frac{\pi ABr_0E_p+4\tanh(BL)}{\pi Br_0^2E_p[\pi ABr_0E_p\tanh(BL)+4]}\overline{P}_t(s) \tag{4-12}$$

根据式（3-37）可得：

$$\overline{w}(z,s)=\left\{\cosh[B(L-z)]+\frac{4\sinh[B(L-z)]}{\pi ABr_0E_p}\right\}\overline{w}_b(s) \tag{4-13}$$

当 $z=0$ 时，可得拉普拉斯域内桩顶沉降与桩端沉降的关系。即：

$$\overline{w}_t(s)=\left[\cosh(BL)+\frac{4\sinh(BL)}{\pi ABr_0E_p}\right]\overline{w}_b(s) \tag{4-14}$$

联立式（4-14）和式（3-40）可得拉普拉斯域内单桩桩端沉降 $\overline{w}_b(s)$ 与桩身压缩沉降 $\overline{w}_p(s)$。即：

$$\overline{w}_b(s)=\frac{A}{r_0[\pi ABr_0E_p\sinh(BL)+4\cosh(BL)]}\overline{P}_t(s) \tag{4-15}$$

$$\overline{w}_p(s)=\overline{w}_t(s)-\overline{w}_b(s)=\frac{\pi ABr_0E_p[\cosh(BL)-1]+4\sinh(BL)}{\pi Br_0^2E_p[\pi ABr_0E_p\sinh(BL)+4\cosh(BL)]}\overline{P}_t(s) \tag{4-16}$$

分别对式（4-15）和式（4-16）进行无量纲处理，可得：

$$\frac{r_0E_p\overline{w}_b(s)}{P_{tmax}}=\frac{M}{\pi MN\sinh(\kappa N)+4d\cosh(\kappa N)}\overline{\phi}(s) \tag{4-17}$$

$$\frac{r_0E_p\overline{w}_p(s)}{P_{tmax}}=\frac{\pi MN[\cosh(\kappa N)-1]+4d\sinh(\kappa N)}{\pi N[\pi MN\sinh(\kappa N)+4d\cosh(\kappa N)]}\overline{\phi}(s) \tag{4-18}$$

式中，

$$M=\frac{(b^{\alpha}t_c^{\alpha}s^{\alpha}+a+1)[3(b^{\alpha}t_c^{\alpha}s^{\alpha}+a+1)+4c(b^{\alpha}t_c^{\alpha}s^{\alpha}+1)]}{2(b^{\alpha}t_c^{\alpha}s^{\alpha}+1)[3(b^{\alpha}t_c^{\alpha}s^{\alpha}+a+1)+c(b^{\alpha}t_c^{\alpha}s^{\alpha}+1)]} \tag{4-19}$$

$$N=\sqrt{\frac{2d(b^{\alpha}t_c^{\alpha}s^{\alpha}+1)}{(b^{\alpha}t_c^{\alpha}s^{\alpha}+a+1)\ln\left\{\frac{5\kappa[3(b^{\alpha}t_c^{\alpha}s^{\alpha}+a+1)+4c(b^{\alpha}t_c^{\alpha}s^{\alpha}+1)]}{4[3(b^{\alpha}t_c^{\alpha}s^{\alpha}+a+1)+c(b^{\alpha}t_c^{\alpha}s^{\alpha}+1)]}\right\}}} \tag{4-20}$$

采用数值算法（见附录）分别对式（4-17）和式（4-18）进行拉普拉斯逆变换，可得时域内单桩桩端沉降和桩身压缩沉降，然后将其代入式（4-11），可得在时域内桩 1 和桩 2 间相互影响系数 ζ_{12}。

对于 n 桩群桩，某基桩的沉降时间效应可表示为其自身所受荷载产生的沉降时间效应和邻近桩受荷产生的附加沉降时间效应之和，即：

$$w_{pi}(t)=w_{pi}^{g}(t)+\sum_{\substack{j=1\\ i\neq j}}^{n}\zeta_{ij}w_{pj}^{g}(t) \tag{4-21}$$

式中，$w_{pi}(t)$、$w_{pi}^{g}(t)$、ζ_{ij} 和 $w_{pj}^{g}(t)$ 分别表示基桩 i 的总沉降时间效应、基桩 i 受自身荷载产生的沉降时间效应、基桩 i 与基桩 j 间的相互影响系数和基桩 j 受自身荷载产生的沉降时间效应。对于有承台的群桩而言，应根据承台刚度和承台高低（是否接触地表面）建立有针对性的沉降计算方法。

（1）带刚性高承台的 n 桩群桩

假设群桩中每根单桩的沉降相等，上部荷载全部由基桩承担，可得：

$$\begin{cases} w_{p1}(t)=w_{p2}(t)=\cdots=w_{pi}(t)=\cdots=w_{pn}(t) \\ p_{p1}(t)+p_{p2}(t)+\cdots+p_{pi}(t)+\cdots+p_{pn}(t)=P(t) \end{cases} \tag{4-22}$$

式中，$p_{pi}(t)$ 表示桩 i 承受的时变荷载。

（2）带柔性高承台的 n 桩群桩

假设群桩中每根单桩平均分担上部荷载，可得：

$$p_{pi}(t)=\frac{P(t)}{n} \tag{4-23}$$

（3）带刚性低承台的 n 桩群桩

由于承台下部土体的固结沉降，下部土体可能会与承台脱离，可假设不考虑承台与土、承台与桩、桩与桩间的相互作用。因此，带刚性低承台的 n 群桩沉降时间效应可按带刚性高承台的 n 桩群桩沉降时间效应的计算方法求得。

4.3 均质土中群桩沉降时间效应计算方法的验证

【算例 4.3-1】

本算例依据 Feng 等[113]进行的 3×3 群桩现场试验（图 4-2），单桩桩径 $D=1.0\text{m}$，桩长 $L=63.5\text{m}$，桩体弹性模量 $E_p=30\text{GPa}$，桩行间距为 $4D$，列间距为 $2.65D$。桩端下为粉质黏土，其土体侧压系数 $k_0=0.67$，黏聚力 $c_0=39.9\text{kPa}$，内摩擦角 $\theta_0=15°$。

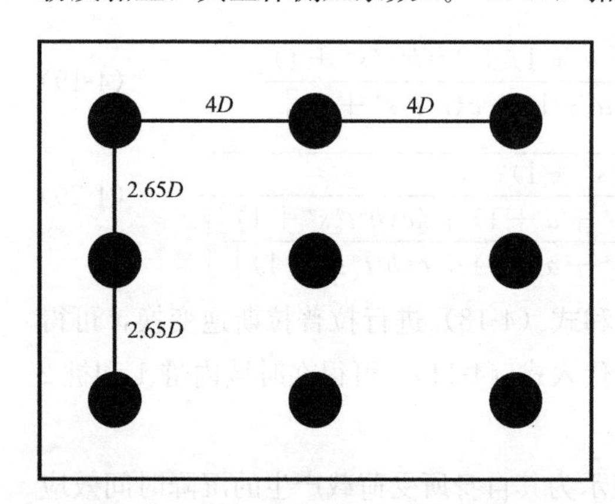

图 4-2　3×3 群桩示意图

Mishra 和 Patra[108] 基于 Mindlin 解和桩间相互影响系数建立了群桩长期沉降计算方法，根据 Feng 等实测的粉质黏土应变-时间曲线，通过非线性拟合方式确定了土体黏弹性模型参数，即 $1/a=0.166$，$b=14.1$，$t_c=1.0\text{min}$。参数 G_1 和 α 通过应变-时间关系式（4-24）拟合获得（图 4-3），即参数 $G_1=1.08\text{kPa}$，$\alpha=0.43$。

$$\gamma(t)=\frac{\tau}{G_1}\left\{1+a\left[1-E_\alpha\left(-\left(\frac{t}{bt_c}\right)^\alpha\right)\right]\right\} \tag{4-24}$$

根据上述拟合方式确定的部分参数，可求得其他参数，即：$c=3/14$（$\mu=0.4$），$d=3.6\times10^{-8}$，$\kappa=127$。本案例中开始施工阶段：0—39d，桩帽分担上部荷载的 0～4.6%，每根桩分摊 0～1149kN；间隔阶段：39—327d，桩帽分担上部荷载的 4.6%，每根桩均摊 1149kN；梁板安装阶段：327—585d，桩帽分担上部荷载的 8.3%，其余每根桩均摊 1957kN。考虑到桩帽的作用，本算例忽略群桩间的差异沉降，用中心桩的沉降等效群桩整体沉降，将相关参数代入本章群桩半解析解中，计算结果见图 4-4。

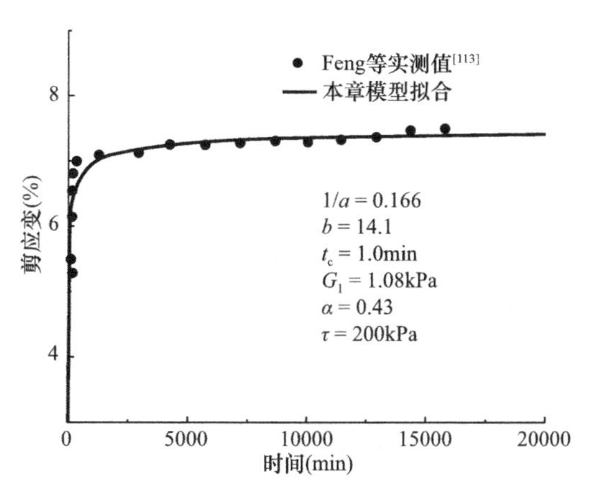

图 4-3　土体模型剪应变-时间拟合曲线

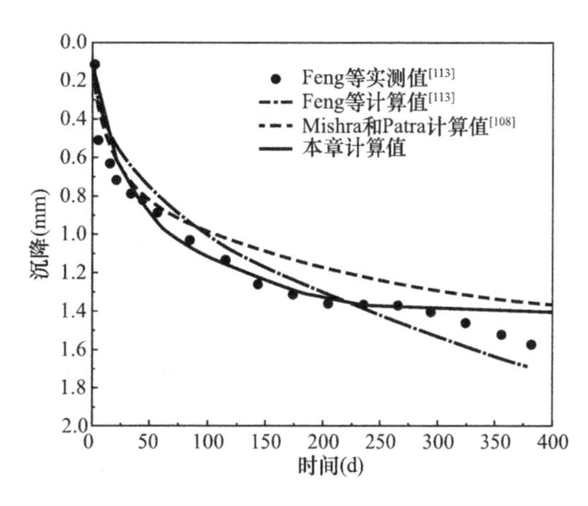

图 4-4　3×3 群桩长期沉降计算结果

由图 4-4 可知，300d 以内本章计算值与实测值较接近，相对误差小于 6%；超过 300d 后本章计算值略小于实测值但误差有增大的趋势，但比 Feng 等得出的计算值及 Mishra 和 Patra 得出的计算值更接近实测值。

4.4　均质土中群桩沉降时间效应的参数分析

时变荷载和土体模型参数对群桩沉降时间效应影响与均质土中单桩的情况一样。此处，重点分析恒定荷载作用下长径比与桩间距对三种典型分布形式（2×1、2×2 和 3×1 群桩，见图 4-5）群桩相互影响系数和沉降时间效应的影响。为简化计算过程，在此不考虑承台的作用。

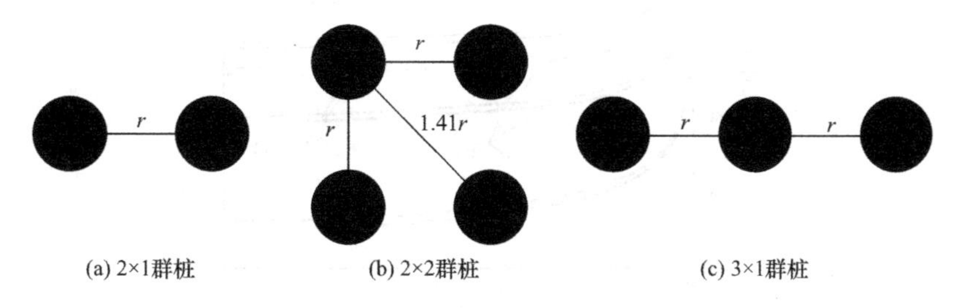

图 4-5　典型群桩分布形式示意图

4.4.1 长径比对均质土中群桩沉降时间效应的影响

为分析长径比对群桩沉降时间效应的影响，首先分析其对群桩相互影响系数的影响。以下参数取定值，即 $a=1.0$、$b=1.0$、$c=0.4$（$\mu=11/34$）、$d=1.0\times10^{-3}$、$\alpha=0.6$、$t_c=1.0a$ 和 $r=8r_0$；长径比 κ 取 30、50、70 和 90，分别代入式（4-10）计算，计算结果见图 4-6。

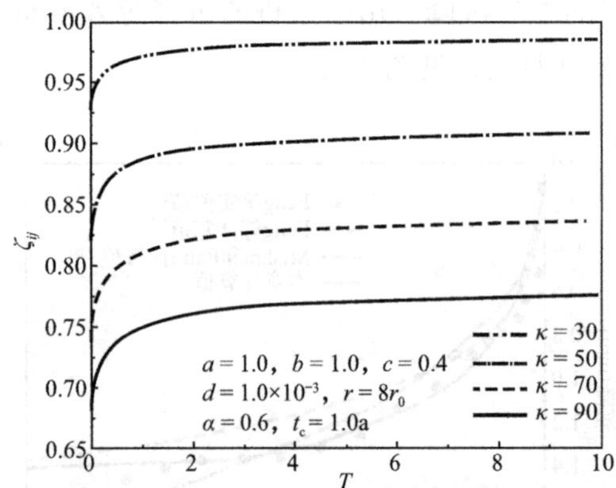

图 4-6 长径比对群桩相互影响系数的影响

由图 4-6 可知，相互影响系数随长径比增大而显著减小，且随时间发展逐渐增大，最终趋近于稳定。表明群桩相互影响系数具有时效性，长径比越小，对邻桩的影响越大，其影响作用不可忽视。

分析长径比对群桩沉降时间效应的影响，以下参数取定值，即：$a=1.0$、$b=1.0$、$c=0.4$（$\mu=11/34$）、$d=1.0\times10^{-3}$、$\alpha=0.6$、$t_c=1.0a$ 和 $r=8r_0$，长径比 κ 取 30、50、70 和 90，分别代入式（4-21）进行计算。长径比 κ 对 2×1 群桩、2×2 群桩和 3×1 群桩沉降时间效应的影响计算结果见图 4-7。

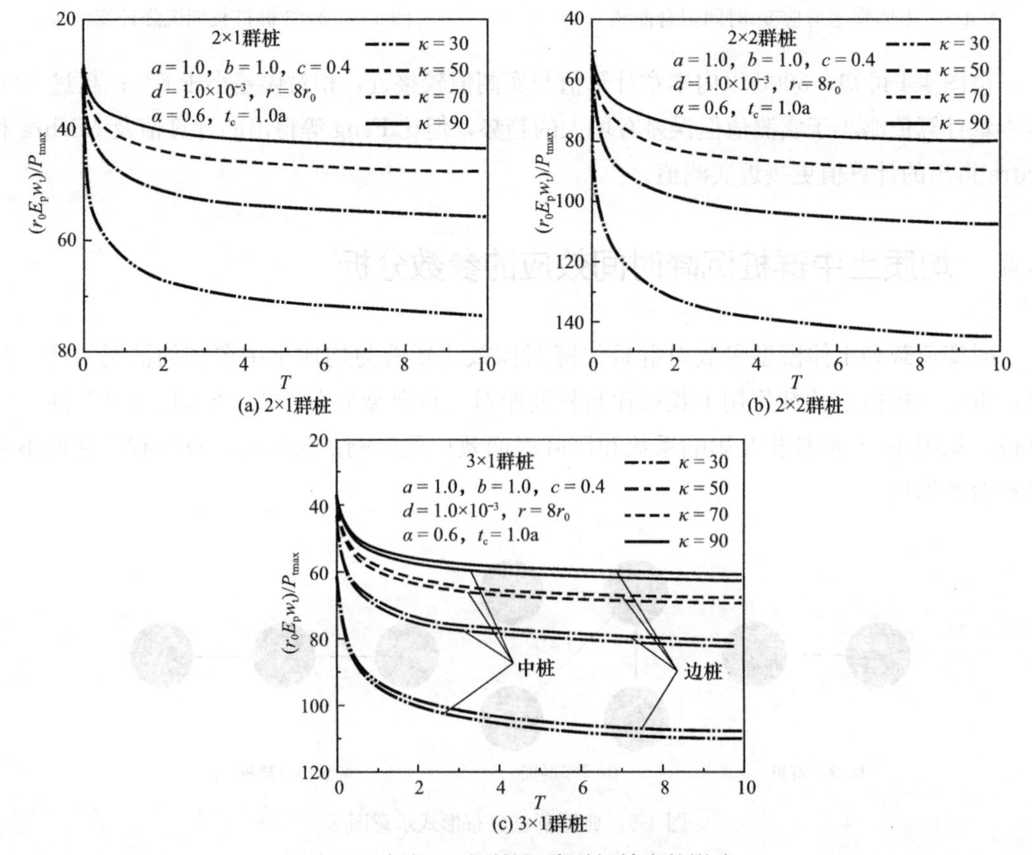

(a) 2×1群桩 (b) 2×2群桩 (c) 3×1群桩

图 4-7 长径比对群桩沉降时间效应的影响

当不考虑承台作用时，2×1群桩和2×2群桩中每根单桩等位置分布，导致其沉降相等；对于3×1群桩，其边桩和中桩沉降不相等。由图4-7可知，在任意时刻，群桩沉降随长径比的增大而减小，且对沉降的幅度影响很大，不可忽视。图4-7（c）表明，中桩沉降要略大于边桩沉降，导致群桩出现差异沉降。

4.4.2　桩间距对均质土中群桩沉降时间效应的影响

为分析桩间距对群桩沉降时间效应的影响，首先分析其对群桩相互影响系数的影响。将以下参数取定值，即：$a=1.0$、$b=1.0$、$c=0.4$（$\mu=11/34$）、$d=1.0\times10^{-3}$、$\kappa=50$、$\alpha=0.6$和$t_c=1.0$a；桩间距r取$4r_0$、$8r_0$、$12r_0$和$16r_0$，分别代入式（4-10）进行计算，计算结果见图4-8。

由图4-8可知，相互影响系数随桩间距的增大而减小，且减小幅度越来越小。实际上，相互影响系数与桩间距有直接联系，桩间距超过影响半径后，桩与桩间的相互作用可忽略不计。

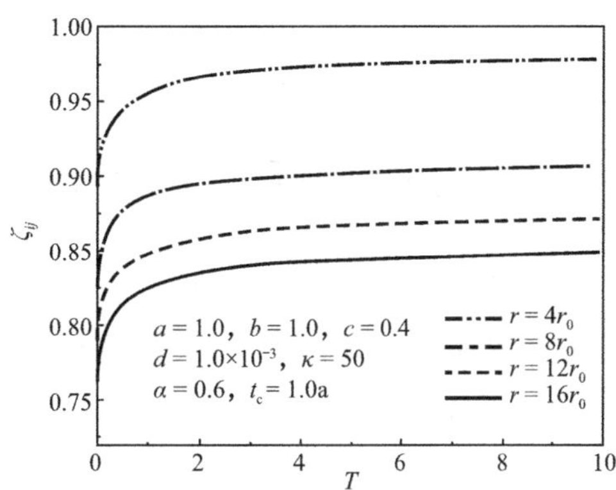

图4-8　桩间距对群桩相互影响系数的影响

分析桩间距对群桩沉降时间效应的影响，以下参数取定值，即：$a=1.0$、$b=1.0$、$c=0.4(\mu=11/34)$、$d=1.0\times10^{-3}$、$\kappa=50$、$\alpha=0.6$和$t_c=1.0$a；桩间距r取$4r_0$、$8r_0$、$12r_0$和$16r_0$，分别代入式（4-21）进行计算。桩间距r对2×1群桩、2×2群桩和3×1群桩沉降时间效应的影响计算结果见图4-9。

由图4-9可知，群桩沉降随桩间距的增大而减小，但对沉降幅度影响较小。中桩沉降要大于边桩沉降。

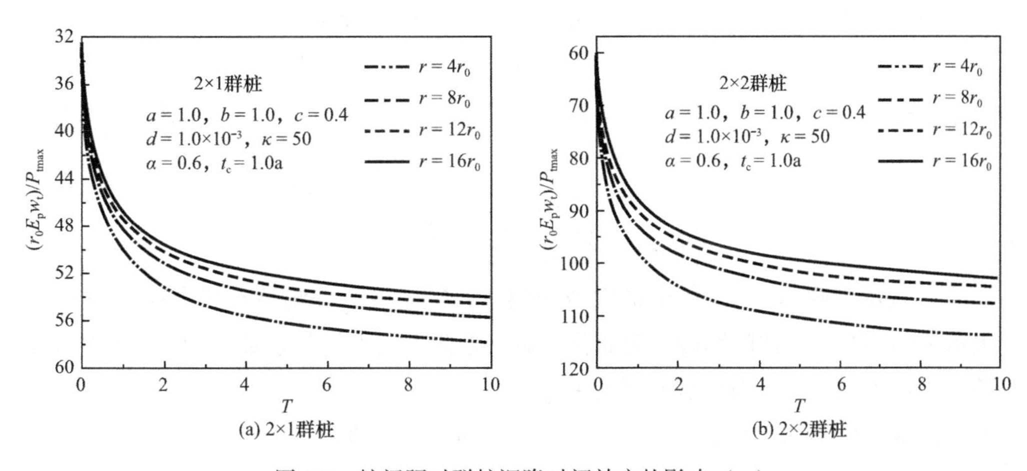

(a) 2×1群桩　(b) 2×2群桩

图4-9　桩间距对群桩沉降时间效应的影响（一）

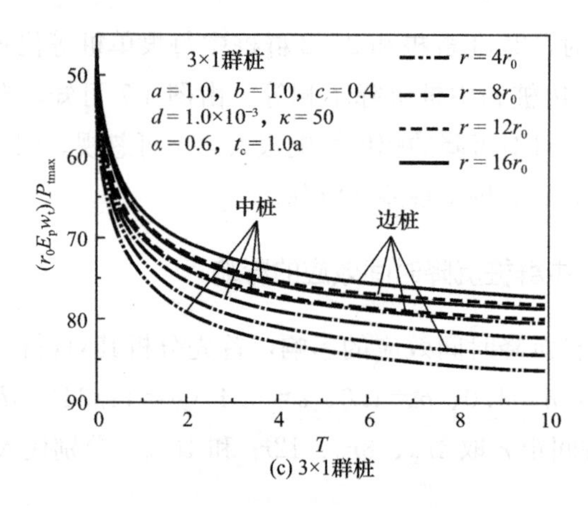

图 4-9 桩间距对群桩沉降时间效应的影响（二）

4.5 成层土中群桩沉降时间效应半解析解

土体成层分布会影响群桩相互影响系数。最大影响半径受桩侧土层不均匀系数影响，群桩桩侧相互影响系数与最大影响半径有关，因此桩侧成层土分布会影响群桩桩侧间的相互作用。由式（4-2）和式（4-3）可知，考虑邻桩加筋效应的桩侧相互影响系数为：

$$\zeta_{\mathrm{sr}}=\zeta_{\mathrm{s}}-\zeta_{\mathrm{r}}=\begin{cases}\left(1-\dfrac{r_0}{r}\right)\dfrac{\ln(r_{\mathrm{m}})-\ln(r)}{\ln(r_{\mathrm{m}})-\ln(r_0)} & r_0\leqslant r\leqslant r_{\mathrm{m}}\\ 0 & r>r_{\mathrm{m}}\end{cases}\tag{4-25}$$

假设桩侧有 N_1 层土体，引入桩侧土层不均匀系数 ρ_{s} 修正土体不均匀对最大影响半径的影响；假设桩端下有 N_2 层土体，引入桩端土层不均匀系数 ρ_{b} 修正土体不均匀对桩端阻力-沉降关系的影响。由前述研究可知，泊松比对桩沉降影响很小，因此桩侧土体的成层性分布对沉降影响很小。在确定桩侧土层不均匀系数 ρ_{s} 时，取桩侧 N_1 层土体的平均泊松比为桩侧泊松比的统一值，成层土体的最大影响半径 r_{m} 可表示为：

$$r_{\mathrm{m}}=2.5L\rho_{\mathrm{s}}(1-\mu_{\mathrm{s,a}})\tag{4-26}$$

式中，$\mu_{\mathrm{s,a}}$ 表示桩侧 N_1 层土体的平均泊松比；ρ_{s} 表示修正的桩侧土层不均匀系数且定义为：

$$\rho_{\mathrm{s}}=\frac{1}{G_{\mathrm{s,m}}L}\sum_{k=1}^{N_1}G_{\mathrm{s},k}L_{\mathrm{s},k}\tag{4-27}$$

式中，$G_{\mathrm{s,m}}$ 表示桩侧 N_1 层土体中最大剪切模量；$G_{\mathrm{s},k}$ 表示桩侧第 k 层土体的剪切模量；$L_{\mathrm{s},k}$ 表示桩侧第 k 层土体的厚度。为简化计算，桩侧土层不均匀系数均用土体极限剪切模量计算，因此不均匀系数与加载时间无关。

引入桩端土层不均匀系数来修正成层土分布的影响，即：

$$w_{\mathrm{b}}(r)=\frac{P_{\mathrm{b}}\rho_{\mathrm{b}}(1-\mu_{\mathrm{b},1})}{2\pi r_0G_{\mathrm{b},1}}\tag{4-28}$$

式中，$\mu_{b,1}$ 表示桩端第 1 层土体的泊松比；$G_{b,1}$ 表示桩端第 1 层土体的剪切模量；ρ_b 表示修正端土层不均匀系数且定义为：

$$\rho_b = \frac{1}{G_{b,m} L_b} \sum_{k=1}^{N_2} G_{b,k} L_{b,k} \tag{4-29}$$

式中，$G_{b,m}$ 表示桩端 N_2 层土体中最大剪切模量；L_b 表示桩端土体的总厚度；$G_{b,k}$ 表示桩端第 k 层土体的剪切模量；$L_{b,k}$ 表示桩端第 k 层土体的厚度。为简化计算，桩端土层不均匀系数均用土体极限剪切模量计算，因此不均匀系数与加载时间无关。

成层土中桩端沉降 w_b 可表示为：

$$w_b = \frac{P_b \rho_b (1 - \mu_{b,1})}{4 r_0 G_{b,1}} \tag{4-30}$$

成层土中桩端相互影响系数 ζ_b 可表示为：

$$\zeta_b = \frac{w_b(r)}{w_b} = \frac{2r_0}{\pi r} \tag{4-31}$$

由式（4-31）可知，成层土中桩端相互影响系数与土体成层性无关，只与径向距离有关。

成层土中桩 1 沉降为其自身受荷导致的沉降与由桩 2 引起的桩 1 沉降之和（图 4-10），桩 1 受荷产生的位移场由桩侧和桩端相互影响决定。因此考虑时间效应的桩 1 桩顶沉降 $w_{p1}(t)$ 可表示为：

$$w_{p1}(t) = (1 + \zeta_{sr}) w_{p1}^{s}(t) + (1 + \zeta_b) w_{p1}^{b}(t) \tag{4-32}$$

式中，$w_{p1}^{s}(t)$ 和 $w_{p1}^{b}(t)$ 分别为考虑时间效应的桩 1 受荷产生的桩身压缩和桩端沉降。

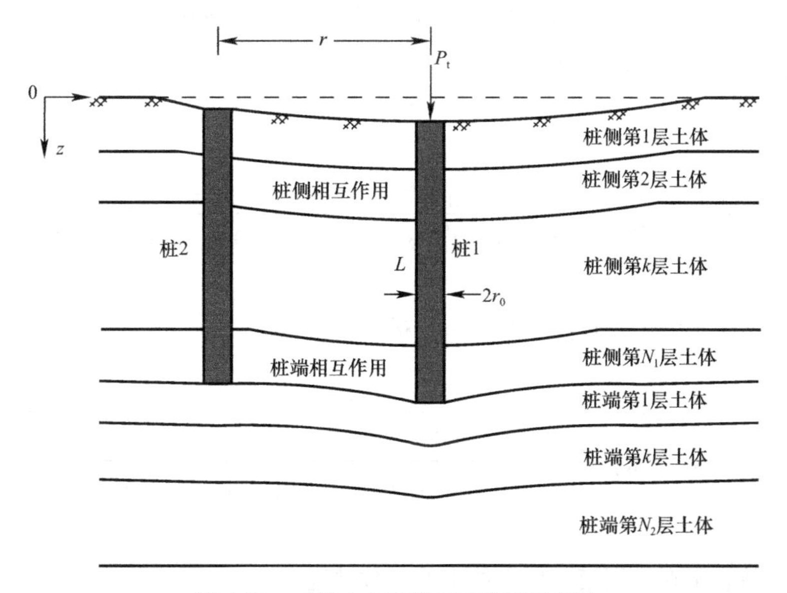

图 4-10　成层土中两桩相互作用示意图

桩 1 和桩 2 间的相互影响系数 ζ_{12} 可表示为：

$$\zeta_{12}=\frac{\zeta_{s1}w_{p1}^{s}(t)+\zeta_{b}w_{p1}^{b}(t)}{w_{p1}^{s}(t)+w_{p1}^{b}(t)} \tag{4-33}$$

根据式（4-15）可知，成层土中在拉普拉斯域内单桩桩顶沉降的表达式为：

$$\overline{w}_{t}(s)=\frac{\pi\rho_{b}A_{b,1}B_{1}r_{0}E_{p}+4\tanh(B_{1}L)}{\pi B_{1}r_{0}^{2}E_{p}[\pi\rho_{b}A_{b,1}B_{1}r_{0}E_{p}\tanh(B_{1}L)+4]}\overline{P}_{t}(s) \tag{4-34}$$

根据式（4-10），有：

$$\overline{w}_{k}(z,s)=\left\{\cosh[B_{k}(L-z)]+\frac{4\sinh[B_{k}(L-z)]}{\pi\rho_{b}A_{b,1}B_{k}r_{0}E_{p}}\right\}\overline{w}_{b}(s) \tag{4-35}$$

当 $z=0$ 时，由式（4-10）可得到拉普拉斯域内桩顶沉降与桩端沉降的关系为：

$$\overline{w}_{t}(s)=\left[\cosh(B_{1}L)+\frac{4\sinh(B_{1}L)}{\pi\rho_{b}A_{b,1}B_{1}r_{0}E_{p}}\right]\overline{w}_{b}(s) \tag{4-36}$$

因此，联立式（4-15）和式（4-36），可得到成层土中拉普拉斯域内单桩桩端沉降 $\overline{w}_{b}(s)$ 与桩身压缩沉降 $\overline{w}_{p}(s)$ 的表达式，即：

$$\overline{w}_{b}(s)=\frac{\rho_{b}A_{b,1}}{r_{0}[\pi\rho_{b}A_{b,1}B_{1}r_{0}E_{p}\sinh(B_{1}L)+4]}\overline{P}_{t}(s) \tag{4-37}$$

$$\overline{w}_{p}(s)=\overline{w}_{t}(s)-\overline{w}_{b}(s)=\frac{\pi\rho_{b}A_{b,1}B_{1}r_{0}E_{p}[\cosh(B_{1}L)-1]+4\sinh(B_{1}L)}{\pi B_{1}r_{0}^{2}E_{p}[\pi\rho_{b}A_{b,1}B_{1}r_{0}E_{p}\sinh(B_{1}L)+4\cosh(B_{1}L)]}\overline{P}_{t}(s) \tag{4-38}$$

分别对式（4-37）和式（4-38）进行无量纲处理，可改写为：

$$\frac{r_{0}E_{p}\overline{w}_{b}(s)}{P_{tmax}}=\frac{\rho_{b}M_{b,1}}{\pi\rho_{b}M_{b,1}N_{1}\sinh(\kappa N_{1})+4d_{1}\cosh(\kappa N_{1})}\overline{\phi}(s) \tag{4-39}$$

$$\frac{r_{0}E_{p}\overline{w}_{p}(s)}{P_{tmax}}=\frac{\pi\rho_{b}M_{b,1}N_{1}[\cosh(\kappa N_{1})-1]+4d_{1}\sinh(\kappa N_{1})}{\pi N_{1}[\pi\rho_{b}M_{b,1}N_{1}\sinh(\kappa N_{1})+4d_{1}\cosh(\kappa N_{1})]}\overline{\phi}(s) \tag{4-40}$$

式中，

$$M_{b,1}=\frac{(b_{b,1}^{\alpha_{b,1}}t_{c}^{\alpha_{b,1}}s^{\alpha_{b,1}}+a_{b,1}+1)[3(b_{b,1}^{\alpha_{b,1}}t_{c}^{\alpha_{b,1}}s^{\alpha_{b,1}}+a_{b,1}+1)+4c_{b,1}(b_{b,1}^{\alpha_{b,1}}t_{c}^{\alpha_{b,1}}s^{\alpha_{b,1}}+1)]}{2(b_{b,1}^{\alpha_{b,1}}t_{c}^{\alpha_{b,1}}s^{\alpha_{b,1}}+1)[3(b_{b,1}^{\alpha_{b,1}}t_{c}^{\alpha_{b,1}}s^{\alpha_{b,1}}+a_{b,1}+1)+c_{b,1}(b_{b,1}^{\alpha_{b,1}}t_{c}^{\alpha_{b,1}}s^{\alpha_{b,1}}+1)]} \tag{4-41}$$

式中各参数表示对应在桩端下第1层土体中参数情况。

$$N_{1}=\sqrt{\frac{2d_{1}(b_{1}^{\alpha_{1}}t_{c}^{\alpha_{1}}s^{\alpha_{1}}+1)}{(b_{1}^{\alpha_{1}}t_{c}^{\alpha_{1}}s^{\alpha_{1}}+a_{1}+1)\ln\left\{\frac{5\rho_{s}\kappa[3(b_{1}^{\alpha_{1}}t_{c}^{\alpha_{1}}s^{\alpha_{1}}+a_{1}+1)+4c_{1}(b_{1}^{\alpha_{1}}t_{c}^{\alpha_{1}}s^{\alpha_{1}}+1)]}{4[3(b_{1}^{\alpha_{1}}t_{c}^{\alpha_{1}}s^{\alpha_{1}}+a_{1}+1)+c_{1}(b_{1}^{\alpha_{1}}t_{c}^{\alpha_{1}}s^{\alpha_{1}}+1)]}\right\}}} \tag{4-42}$$

式中各参数表示在桩侧第1层土体中的参数情况。

采用数值算法（见附录）分别对式（4-39）和式（4-40）进行拉普拉斯逆变换，可获得时域内单桩桩端沉降和桩身压缩沉降，将其代入式（4-33），可得在时域内桩1和桩2间的相互影响系数 ζ_{12}。

对于 n 桩群桩，某基桩的沉降时间效应为其自身所受荷载产生的沉降时间效应和其所有受荷邻桩产生的附加沉降时间效应之和。即：

$$w_{pi}(t)=w_{pi}^{g}(t)+\sum_{\substack{j=1\\ i\neq j}}^{n}\zeta_{ij}w_{pj}^{g}(t) \tag{4-43}$$

式中，$w_{pi}(t)$、$w_{pi}^{g}(t)$、ζ_{ij} 和 $w_{pj}^{g}(t)$ 分别为成层土中基桩 i 的总沉降时间效应、基桩 i 自身受荷产生的沉降时间效应、基桩 i 与基桩 j 间的相互影响系数和基桩 j 自身受荷产生的沉降时间效应。对于有承台的群桩而言，应根据前述方法建立有针对性的群桩沉降时间效应计算方法。

4.6　成层土中群桩沉降时间效应计算方法的验证

【算例 4.6-1】

为验证成层土中群桩沉降时间效应计算方法的合理性，将成层土中群桩沉降时间效应半解析解退化与前述均质土中群桩沉降时间效应半解析解进行对比分析。本算例计算时桩侧土体不均匀系数 $\rho_s=1.0$，桩端土体不均匀系数 $\rho_b=1.0$，均匀土体参数取值为：$a=2.0$、$b=10$、$c=0.5$、$d=1.0\times10^{-3}$、$\alpha=0.5$ 和 0.8，其他参数为 $\kappa=100$、$r=5r_0$ 和 $20r_0$、$t_c=1.0$a。恒定加载方式下 2×2 群桩沉降时间效应计算结果见图 4-11。

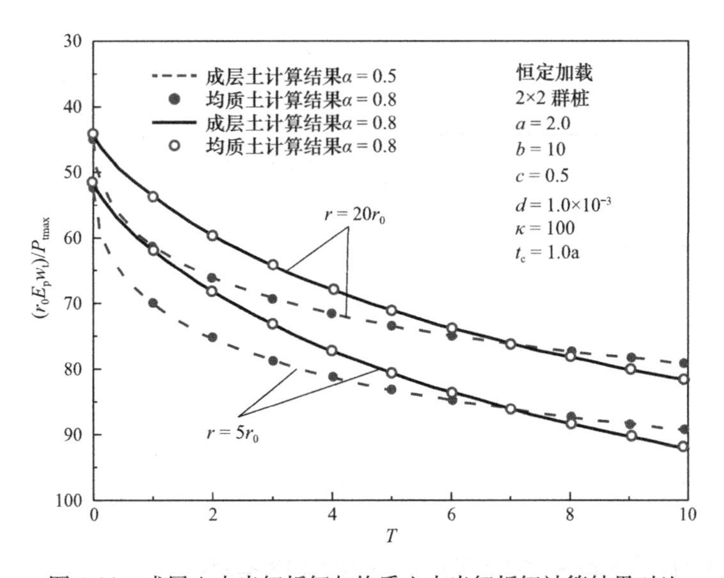

图 4-11　成层土中半解析解与均质土中半解析解计算结果对比

由图 4-11 可知，在不同 α 值与 r 值下，成层土中群桩沉降时间效应半解析解的计算结果与均质土中群桩沉降时间效应半解析解的计算结果吻合较好，反映了成层土中群桩沉降时间效应半解析解的合理性。

【算例 4.6-2】

本算例依据王东栋和孙钧[111]针对群桩基础进行的长期沉降试验。该群桩基础由 46 根长97m、直径2.8m、桩间距7.2m的钻孔灌注桩和几何尺寸为77.4m×32.6m×6.0m的变截面哑铃形混凝土承台组成。混凝土桩弹性模量为30GPa、混凝土承台弹性模量为31.5GPa、混凝土泊松比0.167。桩周土体参数见表4-1，群桩基础竖向加载情况见表4-2。

桩周土体参数 **表4-1**

土层	深度（m）	Merchant模型参数		
		E_H(MPa)	E_K(MPa)	η(MPa·月)
1	0～25	31.7	64.4	105.6
2	25～50	68.8	137.5	229.2
3	50～75	85.7	171.5	285.8
4	>75	90.7	181.4	302.3

群桩基础竖向加载情况 **表4-2**

时间（月）	1～12	13～36	37～48	49～180
荷载（kN）	0～17242.9	17242.9～44008.3	44008.3～47574	47574

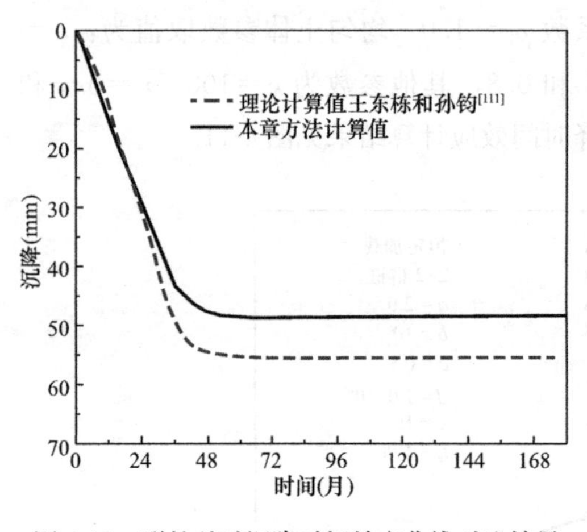

图4-12　群桩基础沉降时间效应曲线对比结果

根据表4-1可确定桩侧土体不均匀系数$\rho_s = 0.75$，桩端土体不均匀系数$\rho_b = 1.0$。Merchant模型中参数取值为：$a_1 = 0.49$、$b_1 = 4.59$、$d_1 = 3.9 \times 10^{-4}$、$\alpha_1 = 1.0$、$a_{b,1} = 0.5$、$b_{b,1} = 4.68$、$d_{b,1} = 1.07 \times 10^{-3}$、$\alpha_{b,1} = 1.0$；参数$c_1$和$c_{b,1}$取值对结果影响不大，因此土体泊松比取0.4，$c_1 = 0.21$、$c_{b,1} = 0.21$；其他参数取值为：$\kappa = 69.3$、$r = 5.14r_0$、$t_c = 1.0$月。群桩基础为刚性承台，假设各基桩沉降保持一致，群桩基础沉降时间效应计算结果见图4-12。

由图4-12可知，在施工建设期（前48个月），本章成层土中群桩沉降时间效应的计算结果与王东栋和孙钧的计算值较一致；在正常工作期（48个月以后），本章成层土中群桩沉降时间效应的计算结果偏小，相对误差约为14%。

4.7　成层土中群桩沉降时间效应的参数分析

成层土体中的群桩，主要通过桩侧和桩端土体不均匀系数来体现土体分层对群桩沉降时间效应影响。因此，主要讨论恒定荷载作用下桩侧和桩端土体不均匀系数对三种典型分布形式群桩（图4-5中2×1、2×2和3×1群桩）相互影响系数及其沉降时间效应的影响。为简化计算，不考虑承台的作用。

4.7.1　桩侧土体不均匀系数对成层土中群桩沉降时间效应的影响

为分析桩侧土体不均匀系数 ρ_s 对群桩相互影响系数的影响，以下参数取定值，即：$a_1=a_{b,1}=1.0$、$b_1=b_{b,1}=1.0$、$c_1=c_{b,1}=0.4$、$d_1=1.0\times10^{-3}$、$d_{b,1}=2.0\times10^{-3}$、$\alpha_1=0.6$、$\alpha_{b,1}=0.8$、$\kappa=50$、$t_c=1.0$a、$r=8r_0$、$\rho_b=0.8$ 和 $\mu_{s,a}=0.4$；桩侧土体不均匀系数 ρ_s 取 0.4、0.6、0.8 和 1.0，分别代入式（4-32）计算，计算结果见图 4-13。

由图 4-13 可知，相互影响系数随桩侧土体不均匀系数增大而明显增大，且随时间发展逐渐增大，最终趋近于稳定。桩侧土体成层分布（$\rho_s<1.0$）会减小群桩相互影响系数，减少桩基的沉降。桩侧土体模量通常沿深度方向增大，相对于均质土体其变形小，导致桩基沉降减小。

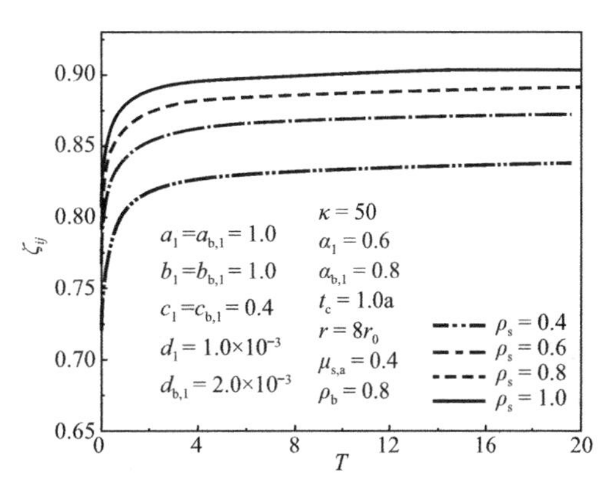

图 4-13　桩侧土体不均匀系数对群桩相互影响系数的影响

分析桩侧土体不均匀系数 ρ_s 对群桩沉降时间效应的影响时，以下参数取定值，即：$a_1=a_{b,1}=1.0$、$b_1=b_{b,1}=1.0$、$c_1=c_{b,1}=0.4$、$d_1=1.0\times10^{-3}$、$d_{b,1}=2.0\times10^{-3}$、$\alpha_1=0.6$、$\alpha_{b,1}=0.8$、$\kappa=50$、$t_c=1.0$a、$r=8r_0$、$\rho_b=0.8$ 和 $\mu_{s,a}=0.4$；桩侧土体不均匀系数 ρ_s 取 0.4、0.6、0.8 和 1.0，分别代入式（4-43）计算。桩侧土体不均匀系数 ρ_s 对 2×1 群桩、2×2 群桩和 3×1 群桩沉降时间效应影响的计算结果见图 4-14。

由图 4-14 可知，群桩沉降随桩侧土体不均匀系数的增大而明显增大，中桩沉降略大于边桩沉降，导致群桩出现差异沉降。

4.7.2　桩端土体不均匀系数对成层土中群桩沉降时间效应的影响

分析桩端土体不均匀系数 ρ_b 对群桩沉降时间效应的影响时，以下参数取定值，即：$a_1=a_{b,1}=1.0$、$b_1=b_{b,1}=1.0$、$c_1=c_{b,1}=0.4$、$d_1=1.0\times10^{-3}$、$d_{b,1}=2.0\times10^{-3}$、$\alpha_1=0.6$、

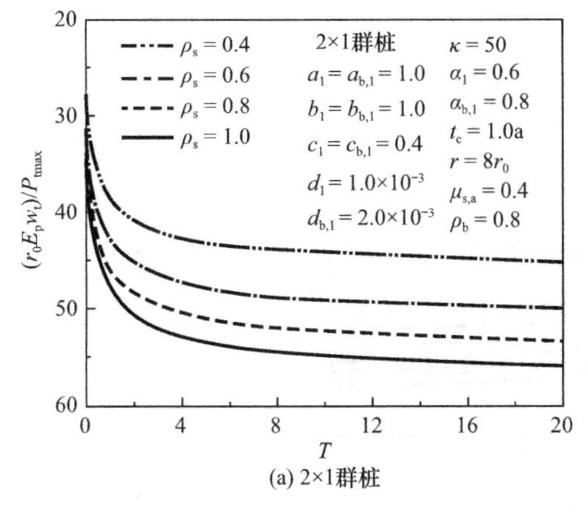

(a) 2×1群桩

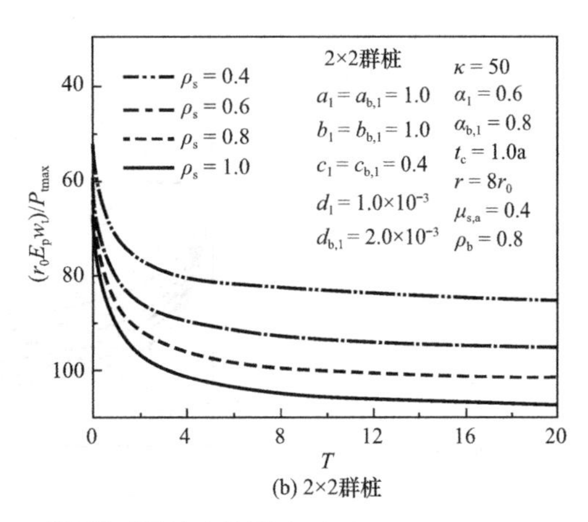

(b) 2×2群桩

图 4-14　桩侧土体不均匀系数 ρ_s 对沉降时间效应的影响（一）

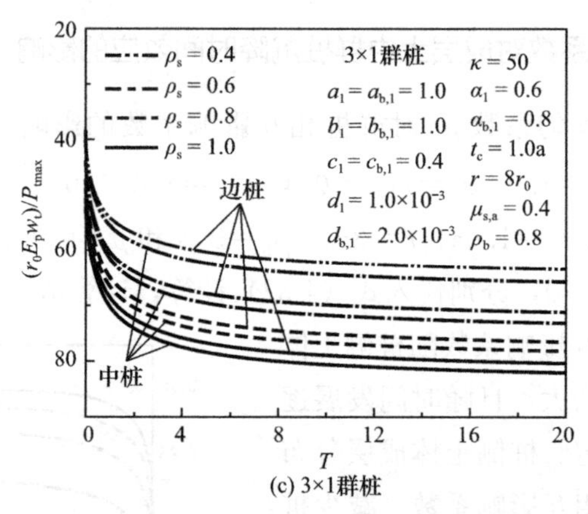

(c) 3×1群桩

图 4-14　桩侧土体不均匀系数 ρ_s 对沉降时间效应的影响（二）

$\alpha_{b,1}$＝0.8、κ＝50、t_c＝1.0a、r＝$8r_0$、ρ_s＝0.8 和 $\mu_{s,a}$＝0.4；桩端土体不均匀系数 ρ_b 取 0.4、0.6、0.8 和 1.0 分别，代入式（4-43）进行计算。桩端土体不均匀系数 ρ_b 对 2×1 群桩、2×2 群桩和 3×1 群桩沉降时间效应影响的计算结果见图 4-15。

由图 4-15 可知，群桩沉降随桩端土体不均匀系数的增大而增大，但对沉降的幅度影响较小。实际计算时可将桩端土体看作均质土体处理。

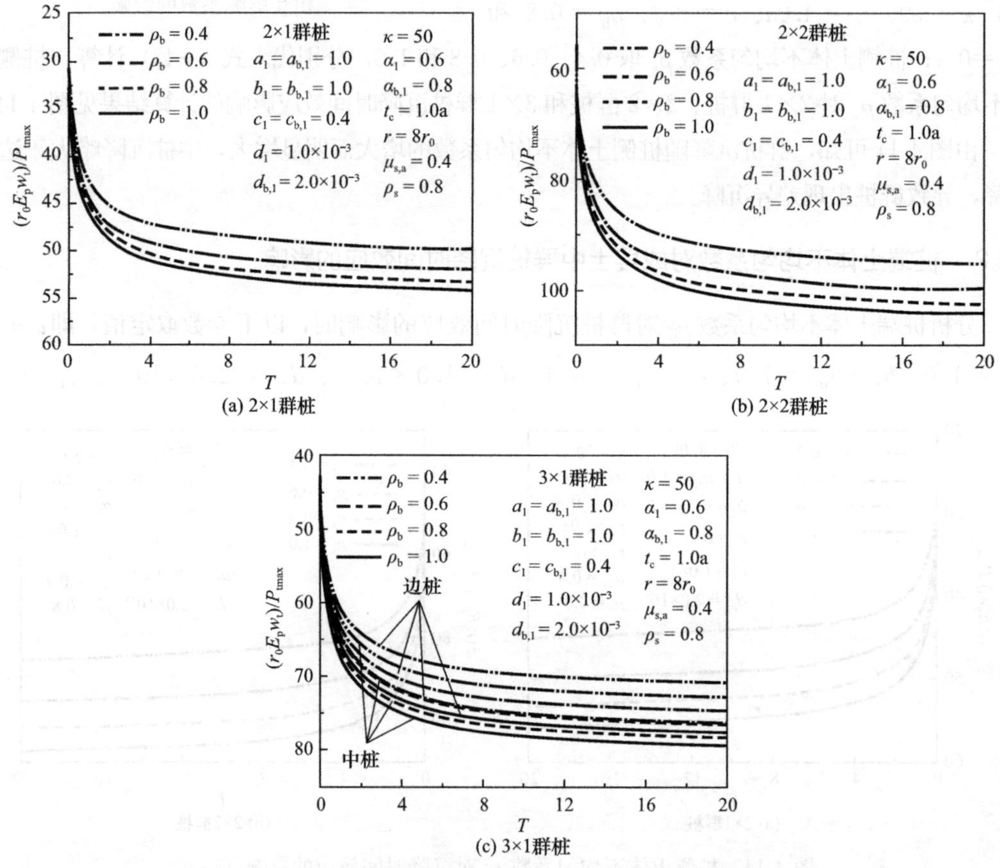

(a) 2×1群桩

(b) 2×2群桩

(c) 3×1群桩

图 4-15　桩端土体不均匀系数 ρ_b 对沉降时间效应影响

第5章　地下增层开挖条件下在役单桩竖向承载特性模型试验研究

5.1　概述

既有建筑地下增层工程中的桩处于服役状态，桩周土体的挖除将削弱桩侧摩阻力（包括开挖段桩侧摩阻力的直接损失和土体围压减小造成的入土桩段侧摩阻力的间接损失），改变既有桩原有受力状态。同时，开挖段土体回弹带来的桩侧负摩阻力和既有桩顶竖向压力联合作用会导致既有桩产生附加沉降。由于既有桩处于服役状态，在桩身布设监测元件几无可能或十分困难，因此既有建筑地下增层工程中在役桩竖向承载特性现场实测数据很少或不够丰富。基于以上原因，本章通过自主研发的大型多功能模型试验开展了地下增层条件下在役单桩竖向承载特性模型试验，研究了地下增层开挖对桩-土界面力学行为的影响，分析了不同等级恒载作用下的桩身轴力分布、桩侧和桩端承载力及沉降特性，揭示了不同影响因素下单桩桩侧摩阻力、桩端阻力、桩-土体系刚度及附加沉降等的变化规律。

5.2　模型试验装置

模型试验中所用试验系统为自主研制的大型多功能模型试验装置，包含模型架（图5-1）、加载设备（图5-2）、监测元件（图5-3、图5-4）和数据采集设备（图5-5）。模型架由高强度合金铸钢构件通过高强度螺栓连接组合而成，整体尺寸为3m×3m×3m，其中试验箱体尺寸为1.5m×1.5m×1.5m，土箱一侧为透明钢化玻璃，以便观察试验土料填筑情况；土箱可通过8个直线轴承在导轨上自由滑动，方便重复填砂和反复试验。

加载设备为SD-5型2路高精度液压加卸载伺服控制系统，由液压泵站、控制柜、油缸（最大加载量程为20t）、千斤顶和油路管路等组成，见图5-2；系统采用液压伺服控制，能够自动控制试验过程，具备保压、压力补偿等功能，可实时显示试验曲线，并自动记录和存储数据。竖向千斤顶通过轴承连接在横梁上，能够自由滑动，可实现不同位置不同方向的加载。

图5-1　试验箱及反力架

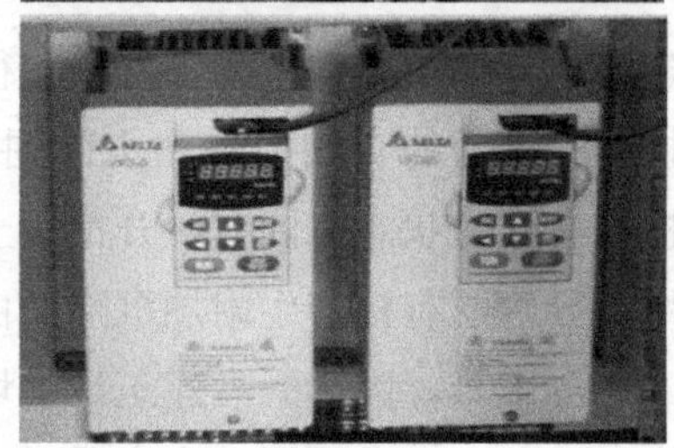

图 5-2　SD-5 型高精度液压加卸载伺服控制系统

监测元件主要包括压力传感器、位移传感器和应变片。桩顶力采用订制的 JTM-SDUt 穿芯型（方便测量桩端位移的丝杆导出）压力传感器进行测量，量程为 20kN，测量精度为 0.1% FS。桩端力采用订制的 JTM-SDUe 微型压力传感器进行测量，传感器直径与桩径大小匹配，量程为 10kN，测量精度为 0.1% FS。为保证量测的精确性，与传感器接触的土体颗粒直径应小于土压力盒直径的 1/20。

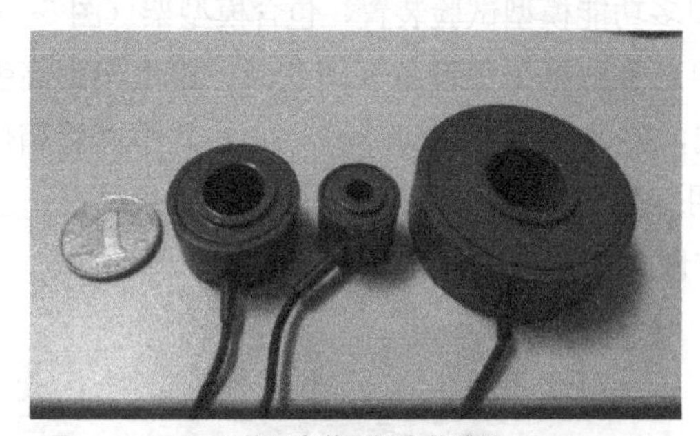

(a) 桩顶穿芯型压力传感器

(b) 桩端微型压力传感器

图 5-3　桩顶和桩端压力传感器

桩顶和桩端位移监测采用米朗科技有限公司生产的 KTR2 自恢复式传感器（图 5-4），有效量程 50mm，两端均有 2mm 缓冲行程，精度为 0.1%FS，允许顶推极限运动速度为 3m/s。

桩身应变测量采用浙江黄岩测试仪器厂生产的 BX120-10AA 型应变片，敏感栅尺寸为 10mm×2mm，基底尺寸为 14.5mm×4.5mm，阻值为 119.7Ω±0.1Ω。应变数据采用 60 测点/模的 DH3816N 静态应变仪进行采集，分辨率为 0.1με，零漂不大于 4με/4h，见图 5-5。

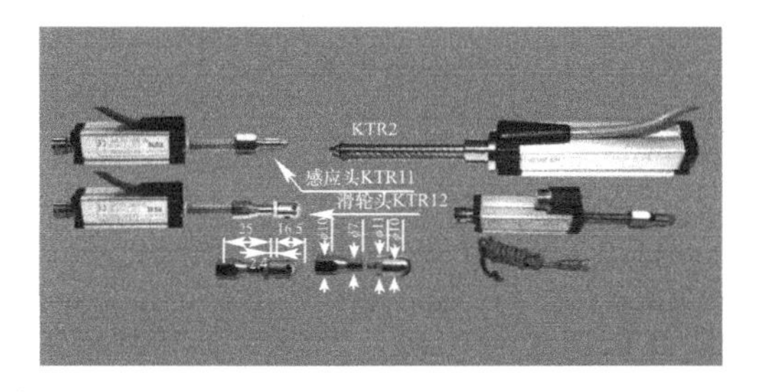

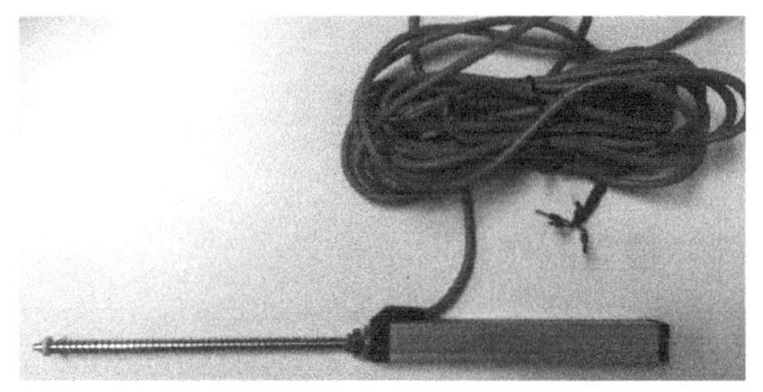

图 5-4　KTR2 自恢复式传感器

图 5-5　桩身应变片和应变数据采集仪

采用自主开发的数据采集与分析系统进行压力及位移数据的采集与分析，可实时绘制桩顶（端）力和对应的位移曲线，见图 5-6。

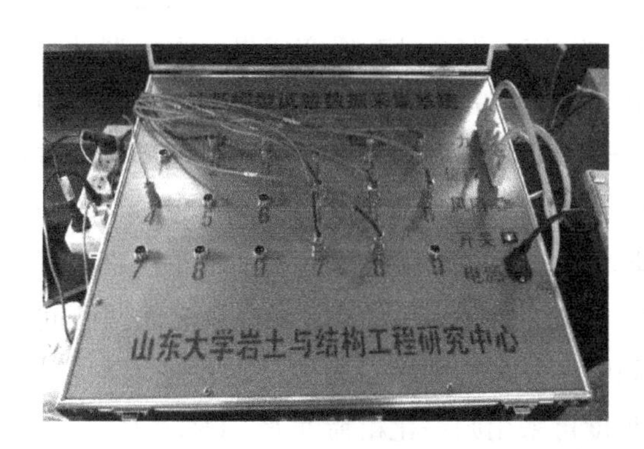

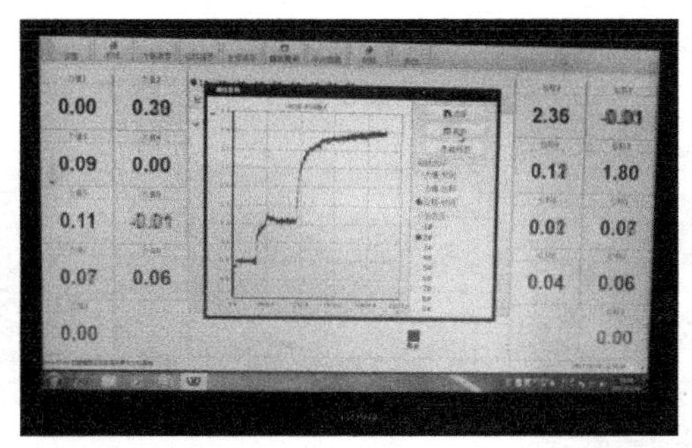

图 5-6　数据采集与分析系统

5.3 模型试验方案

5.3.1 模型制作

试验用到的砂为泰安天颐湖均质粗砂。为防止试验过程中水分蒸发对试验结果的影响，试验砂土使用前风干并过筛（筛孔直径为 1mm），去除杂质和较大颗粒。根据土工试验结果可知，试验中所用砂土平均粒径 D_{50} 为 0.58mm，最大孔隙比 e_{max} 为 1.025，最小孔隙比 e_{min} 为 0.653，相对密度 G_s 为 2.65。三轴压缩试验确定的砂土临界状态摩擦角 φ'_{cv} 为 31.2°。

采用静态落砂法进行分层填土，分 7 层进行落砂，每 200mm 为一层，在模型箱四周内壁由底部往上每 200mm 高度处画刻度线作为参考线。每次填土前需对充满砂土的装砂容器进行称重，计算每次填筑用砂质量，当即将达到预定土样高度时，用刷子将表面刷平，待砂面与刻度线对齐时即停止落砂。根据箱体中填筑砂土高度，可推算出箱体中每次填筑砂土的密实度为 1.44～1.51kg/m^3，模型箱中砂土的平均相对密实度 D_r 约为 61%。

模型桩材料选择时应遵循以下原则：(1) 能够反映桩与桩周土的刚度差异；(2) 能够反映桩-土接触面的粗糙程度；(3) 便于加工。相关研究表明[114-117]，由于模型试验存在边界效应和尺寸效应，模型试验设计时应该适当限制模型箱直径或边长与桩径之比和桩径与土体粒径之比，为消除模型试验边界效应和尺寸效应，综合已有研究成果，本模型试验中试验箱边长设计为 1500mm（即边长与桩径比不小于 50），模型桩径设计为 30mm（即桩径与土体粒径比不小于 50）。模型试验所用砂土平均粒径 D_{50} 为 0.58mm，桩径与土体粒径比为 52。模型桩采用铝管制备，其弹性模量约为 72GPa，外径为 30mm，壁厚为 3mm，桩长为 1m。为模拟桩侧粗糙特性，采用滚花刀对模型桩进行压花处理，压花纹路间距为 2mm，夹角为 60°，深度为 0.3mm（图 5-7）。绝对粗糙度 R_{max} 定义为桩身表面凹凸间的最大距离[118]，取 1.2mm×0.9mm 样品区域内的平均粗糙度作为模型桩的绝对粗糙度，即模型桩绝对粗糙度为 300μm。桩表面粗糙程度可采用归一化粗糙度 R_n（$R_n=R_{max}/D_{50}$）表示，即模型桩粗糙程度为 0.52。

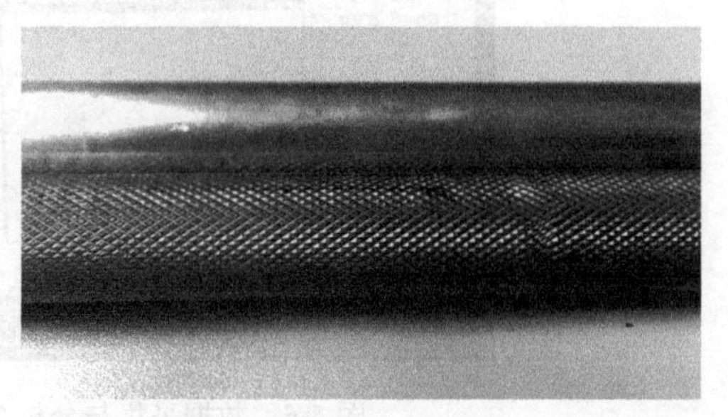

图 5-7　压花处理前后的模型桩

试验的主要目的是明确增层开挖时土体卸荷作用对既有桩竖向承载特性的影响，开挖支护结构设置为木板制成的方形连续墙，模型墙弹性模量约为 10GPa，厚度为 10mm。开挖深度取为 300mm，围护结构高度取为 850mm。为减小围护结构边界效应对在役桩受力性状的影响，围护结构与在役桩间距应考虑受荷桩的影响范围。Robinsky 和 Morrison[119] 认为受荷桩对桩周砂土的影响范围为 $3D \sim 8D$，Cooke[120] 认为影响半径为 $10D$。本试验中将桩的最大影响范围取为 $10D$，即 300mm。因此，围护结构边长取为 600mm（图 5-8）。

采用预先埋入法布置模型桩，模型桩布设时需使用临时固定装置（通过旋进或旋出 6 个顶丝调整桩身位置并起到固定作用）将模型桩预先固定在模型箱内，如图 5-9 所示。

图 5-8　模型围护结构

图 5-9　模型桩临时固定装置

5.3.2　监测方案

为揭示增层开挖条件下既有桩的受力性状，需采集开挖过程中桩顶和桩端荷载与沉降、桩身轴力等监测数据。桩顶和桩端压力及位移监测元件布置方式见图 5-10，即：桩顶荷载采用穿芯型压力传感器进行测量，桩顶堵头穿过环型压力传感器与桩顶接触。桩端荷载采用微型压力传感器进行测量。测量桩顶位移的自恢复式位移传感器安置在模型箱上方横梁上并与桩顶薄壁圆台接触，桩顶薄壁圆台的位移即为桩顶位移。桩端位移测量方法为：桩端压力传感器上布设深度为 10mm、直径为 6mm 的丝孔，丝杆连接在桩端压力传感器丝孔上并延伸至桩顶，丝杆顶部连接不锈钢条，自恢复式位移传感器安置在模型箱上方横梁并与不锈钢条接触，不锈钢条的位移即为桩端位移。

桩身轴力通过布设在桩身不同位置的应变片的量测数据换算获得（图 5-11）。桩身对称设置两排应变片，每排 6 个，各相邻应变片间隔为 160mm。应变片采用高强胶水与桩粘合在一起，外部涂抹一层环氧树脂作为保护层，降低模型桩安装过程对应变片的扰动。应变片测量电路采用半桥布置。与应变片连接的导线采用直径为 0.21mm 的改性聚酯漆包线。

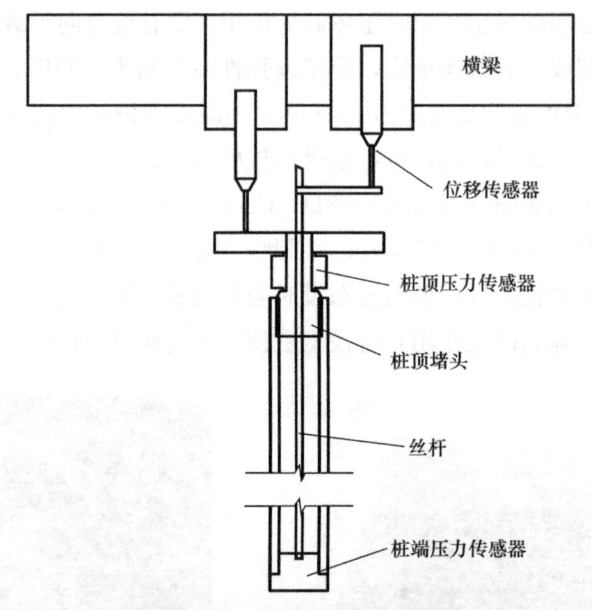

(a) 桩顶和桩端压力及位移监测元件布置示意图

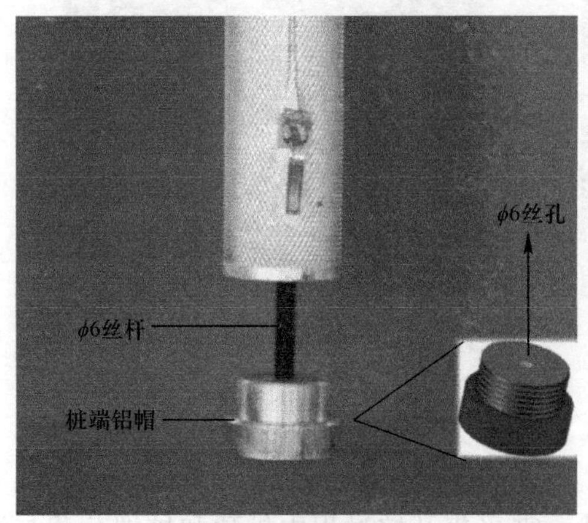

(b) 丝杆与桩端铝帽连接

(c) 丝杆延伸至桩顶

(d) 放置加载圆柱与不锈钢长条

(e) 设置位移传感器

图 5-10　桩顶和桩端压力及位移监测元件布置方式

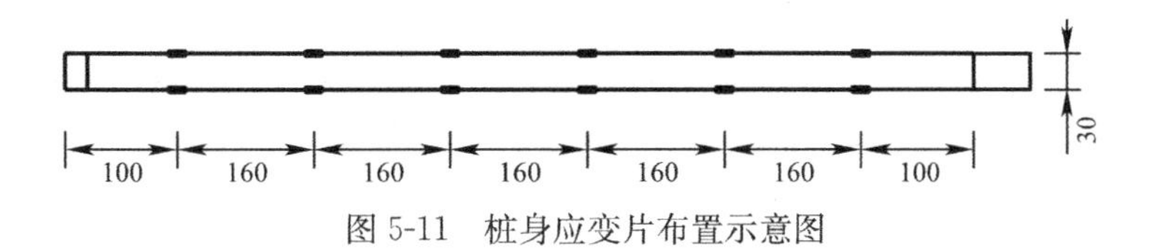

图 5-11　桩身应变片布置示意图

5.3.3　试验工况

地下增层试验所模拟实际工程的简况如图 5-12 所示。试验过程中既有桩始终承受恒定荷载作用，地下增层开挖前须将方形围护体系预先布设在砂土中，然后逐层分步开挖基坑形成新增地下空间。本次试验开挖深度为 300mm，分两层开挖，每层 150mm。每层土体开挖完成后静置一段时间，待在役工程桩应变和沉降数据稳定后再进行下一次开挖。每组完成后重新回填土体进行下一组试验。试验分组及相应参数设置见表 5-1。

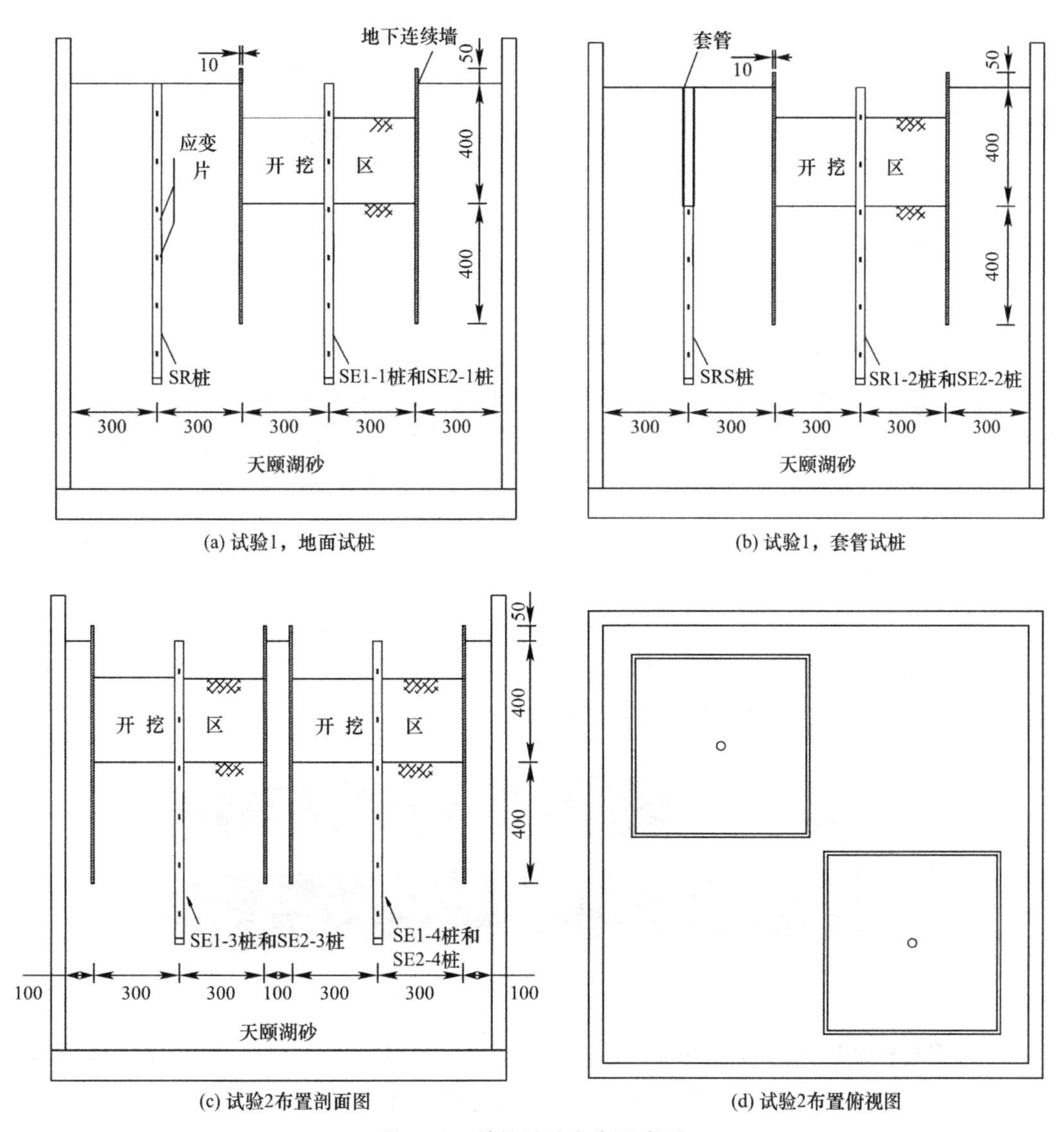

图 5-12　单桩试验方案示意图

单桩工况下模型试验分组情况 表 5-1

试验编号	模型桩号	工况设计	加载方式
1	SR	地面试桩	加载至极限荷载 Q_u
	SRS	套管试桩	加载至极限荷载 Q_u
2	SE1-1	开挖一层	恒载 $1/4Q_{su}$
	SE2-1	开挖两层	
	SE1-2	开挖一层	恒载 $2/4Q_{su}$
	SE2-2	开挖两层	
	SE1-3	开挖一层	恒载 $3/4Q_{su}$
	SE2-3	开挖两层	
	SE1-4	开挖一层	恒载 $4/4Q_{su}$
	SE2-4	开挖两层	

开挖试验前设置参照试验组，即表 5-1 中试验 1，见图 5-12（a）、（b）。试验结果表明，不开挖工况下单桩极限承载力为 1.101kN。试验 2 用于研究增层开挖条件下单桩受力性状，试验布置见图 5-12（c）和图 5-12（d）。开挖过程中桩顶维持荷载分别为 $1/4Q_u$、$1/2Q_u$、$3/4Q_u$ 和 Q_u，以获得增层开挖条件下既有单桩荷载-沉降曲线。

5.4 试验过程

（1）粘贴应变片（图 5-13）。为避免应变片导线对土体的加筋效应而影响试验结果，应变片导线选用直径为 0.21mm 的改性聚酯漆包线。为确保应变片粘贴位置的准确性，粘贴应变片前用记号笔标记应变片粘贴位置，并在桩体相应位置处用砂轮打磨平整。采用 502 胶水将应变片粘贴在砂轮打磨平整后的桩体上，用手指按压应变片挤出多余胶水和气泡，粘贴时确保应变片轴线对准模型桩轴线。应变片粘贴完成后，采用相同的方法粘贴接线端子，并完成应变片导线与接线端子的焊接工作。焊接应变片导线过程中应避免导线间产生接触，防止短路。应变片布设完成后，在应变片外部涂抹一层环氧树脂作为保护层以降低模型桩安装过程对应变片的扰动。通过欧姆表测试应变片是否形成回路，测试合格后用胶带将漆包线固定至桩体表面，并从桩顶位置引出。

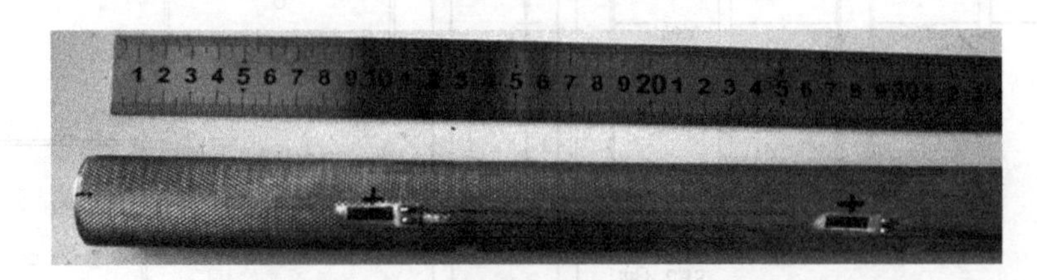

图 5-13 桩身粘贴完成后的应变片

（2）安装桩端压力传感器和用于测量桩端位移的导杆（图 5-14）。桩端压力传感器与模型桩采用玻璃胶进行粘结，桩端位移导杆穿过比模型桩内径稍大的弹性泡沫板（位移导杆定位板），把定位板压入桩顶桩孔内，限制位移导杆的摆动，保证桩端位移测量的准确性。

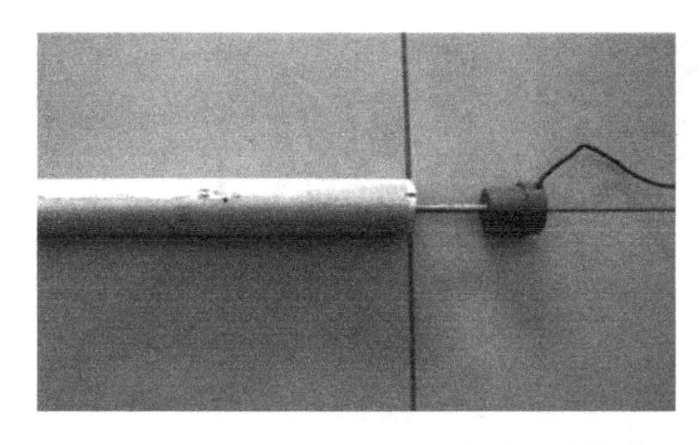

图5-14　桩端压力传感器和桩端位移导杆的安装方法

（3）分层填筑土样（图5-15）。预先在模型箱内沿高度每200mm做好标记，然后在相对于砂层一固定高度处均匀落砂。填料时虚铺厚度略高于200mm，采用20kg平板锤提升50cm逐排夯实至200mm高度；每层填料前先装入钢桶进行称重，记录下砂料重量且保证每层砂料重量一致。土层填筑过程中应注意对桩身应变片的保护，避免夯实过程中对应变片和漆包线的破坏。

图5-15　分层填筑砂土层

（4）安装模型桩（图5-16）。砂土层厚度达到模型桩端和模型围护结构高度时，通过横梁和临时夹具将模型桩和围护结构悬空置于规定位置。利用气泡水平仪器对桩身进行微调确保桩体水平度和垂直度后继续填筑土样直至达到预定高度。

图5-16　模型桩、围护墙和SRS桩套管的安装方法

（5）安装位移传感器（图5-17）。当砂土和模型桩安装完成后，在桩顶布置位移传感器。位移传感器通过固定板连接至直线轴承并固定在横梁。桩顶位移通过测量桩顶加载圆台沉降获得，桩端位移通过测量丝杆沉降获得。

（6）连接导线。本次试验应变片导线采用半桥连接，补偿端口应变片应变值应与试验用模型桩桩身应变片应变值相当。位移传感器和压力传感器与采集面板连接。

（7）桩顶加载［图5-18（a）、（b）］。采用千斤顶施加荷载，且千斤顶轴心应确保与模

图 5-17　位移传感器的安装方法

型桩轴心共线。试验 1 中单桩极限承载力预估为 2kN，拟分 8 级加载，每级荷载增量为 250N，加载速率为 10N/s。每级荷载施加后维持至桩顶沉降稳定后继续施加下一级荷载，当桩顶沉降超过 10%D 时认为达到其极限承载力并终止加载[121]。卸载采用分级卸载的方式。试验 2 中对模型桩施加恒载，先分级加载至预设荷载，待位移和应变稳定后再进行开挖。

(8) 增层开挖［图 5-18 (c)、(d)］。试验 2 中需要分层开挖新增地下空间。开挖过程中应尽量避免触碰或扰动持荷桩，防止桩身产生屈曲变形。每层土体开挖完成后待持荷桩应变和位移稳定后再进行下一步开挖。

(a) 静载试验

(b) 单桩施加恒载

(c) 土体开挖一层

(d) 土体开挖两层

图 5-18　试验 1 和试验 2 的试验过程

5.5　试验结果分析

5.5.1　试验数据处理方法

模型试验获得如下结果：(1) 桩顶载荷 Q；(2) 桩端阻力 Q_b；(3) 桩顶沉降 S；(4) 桩端沉降 S_b；(5) 桩身轴力 P；(6) 桩侧摩阻力 τ_s；(7) 桩身压缩量 S_c；(8) 桩身位移 S_s。其中，(1)、(2)、(3) 和 (4) 可通过压力和位移传感器直接量测得到，(5)、(6)、(7) 和 (8) 可通过以下方法间接计算获得。

桩身轴力可通过应变片测得的桩身各截面应变值计算获得，即：

$$P_i = E_p A_p \frac{\varepsilon_{i1} + \varepsilon_{i2}}{2} \tag{5-1}$$

式中，P_i 为模型桩第 i 桩段处桩身轴力；E_p 为模型桩的弹性模量；A_p 为模型桩的横截面积；ε_{i1} 和 ε_{i2} 为模型桩第 i 桩段处两个应变片的测量值。

某桩段平均侧摩阻力为：

$$\tau_{si} = \frac{P_i - P_{i-1}}{\pi D l_i} \tag{5-2}$$

式中，τ_{si} 为第 i 桩段的平均侧摩阻力；D 为模型桩直径；l_i 为第 i 桩段的长度。

假设某一桩段内桩身轴力呈线性分布，某桩段的桩身压缩 S_{ci} 可计算为：

$$S_{ci} = \left(\frac{P_i + P_{i-1}}{2}\right)\left(\frac{l_i}{E_p A_p}\right) \tag{5-3}$$

某深度处桩身位移即为桩顶位移减去该深度上部桩段桩身压缩量，即：

$$S_{si} = S_t - \sum_{j=1}^{i-1} S_{cj} \tag{5-4}$$

式中，S_{si} 为模型桩第 i 桩段处的桩身位移。

5.5.2　土体开挖对单桩沉降的影响

不同荷载水平下不同开挖深度时单桩附加沉降如图 5-19 所示。其中，沉降值通过桩径 D 进行归一化处理。

由图 5-19 可知，单桩附加沉降随桩顶荷载和开挖深度增加而增加。桩顶荷载超过 0.5kN 时，单桩附加沉降增加趋势显著（尤其是开挖深度 10D 条件下的单桩），说明荷载水平较高时进行开挖是不利于单桩稳定的。

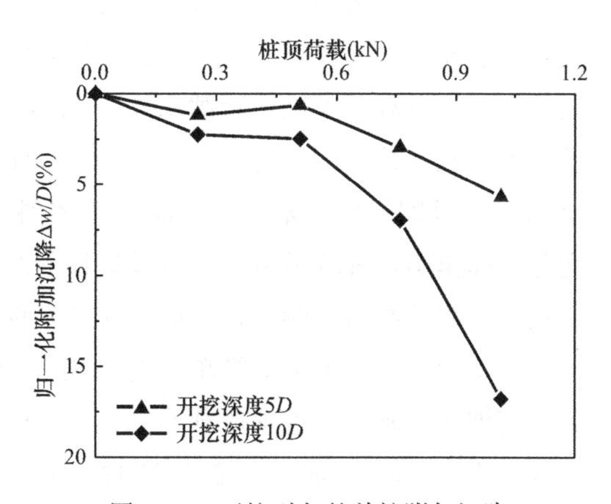

图 5-19　开挖引起的单桩附加沉降

5.5.3 土体开挖对单桩承载力的影响

图 5-20 为四种工况下单桩的荷载-沉降曲线，每根单桩位移通过桩径 D 进行归一化处理。需要说明的是，为便于数据处理，假设空载情况下单桩沉降为 0。其中 SE1 桩和 SE2 桩表示不同荷载水平（对应图 5-20 中荷载水平为 $1/4Q_{su}$、$1/2Q_{su}$、$3/4Q_{su}$、Q_{su}）土体开挖一层和二层时的单桩。

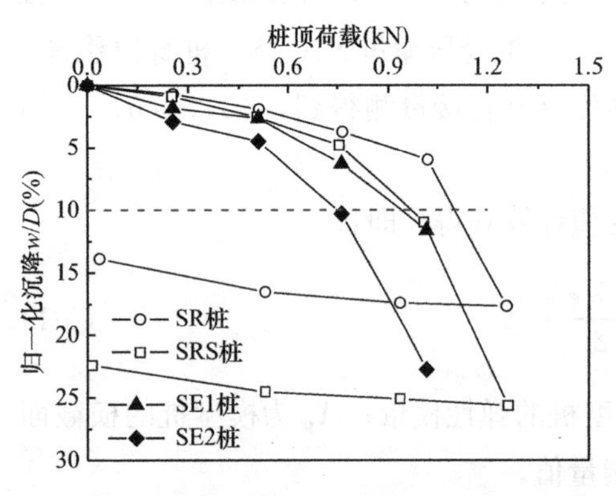

图 5-20　不同工况条件下单桩荷载-沉降曲线

由图 5-20 可知，在沉降值不超过 5%D 时，SR 桩和 SRS 桩的荷载-沉降关系近似为线性。SR 桩、SRS 桩、SE1 桩和 SE2 桩的初始刚度分别为 1.217kN/mm、0.939kN/mm、0.556kN/mm 和 0.338kN/mm。每条曲线都存在一个斜率变化明显的拐点，该拐点意味着桩-土界面达到临界状态，桩侧阻力充分发挥，而桩端阻力开始发挥主导作用。SR 桩和 SRS 桩充分发挥桩侧阻力对应的桩顶沉降几乎一致。SR 桩和 SRS 桩的回弹刚度相近，但 SRS 桩的残余沉降较大，意味着 SRS 桩的桩端塑性屈服程度大于其他桩，即 SRS 桩桩端阻力承担了更大比例的桩顶荷载。

根据单桩极限承载力 10%D 的判别标准可知，SR 桩、SRS 桩、SE1 桩和 SE2 桩的极限承载力分别为 1.101kN、0.969kN、0.938kN 和 0.749kN。由此可知，土体开挖会引起单桩承载力损失。在地表增设一层地下空间后，单桩承载力损失为 0.132kN；而在既有一层地下空间下增设一层地下空间后单桩承载力损失为 0.189kN，说明既有地下空间下进行增层开挖会造成更大的单桩承载力损失。由 SRS 桩和 SE2 桩承载力可知，除了土体开挖会造成开挖段桩侧摩阻力损失外，开挖卸载效应也会削弱未开挖段的单桩承载力。

5.5.4 土体开挖对单桩轴力分布的影响

由不同荷载条件下土体未开挖时单桩轴力分布［图 5-21（a）］可知，荷载较小时，桩端阻力已开始发挥作用，桩顶荷载由桩侧阻力和桩端阻力共同承担，但桩侧摩阻力承担了大部分桩顶荷载。当桩顶荷载由 0.255kN 增加至 0.510kN 时，轴力曲线上部斜率基本不变，说明此荷载作用下桩身上部侧摩阻力已基本充分发挥。当桩顶荷载由 1.006kN 增加至 1.255kN 时，桩身轴力分布曲线总体斜率保持不变，意味着全桩长桩侧摩阻力已基本充分发挥作用，桩端阻力承担额外桩顶荷载。四种桩在桩端附近的轴力曲线斜率均有减小趋势，说明桩端附近侧摩阻力尚未完全发挥作用。

由不同荷载水平下套管单桩的轴力分布［图 5-21（b）］可知，由于 SRS 桩沿套筒部分没有桩侧摩阻力，桩顶荷载与深度 300mm 处的桩身轴力相同。与 SR 桩类似，当桩顶荷载由 1.006kN 增加至 1.255kN 时，SRS 桩的轴力分布曲线斜率基本保持不变，说明桩侧摩阻力已基本充分发挥。

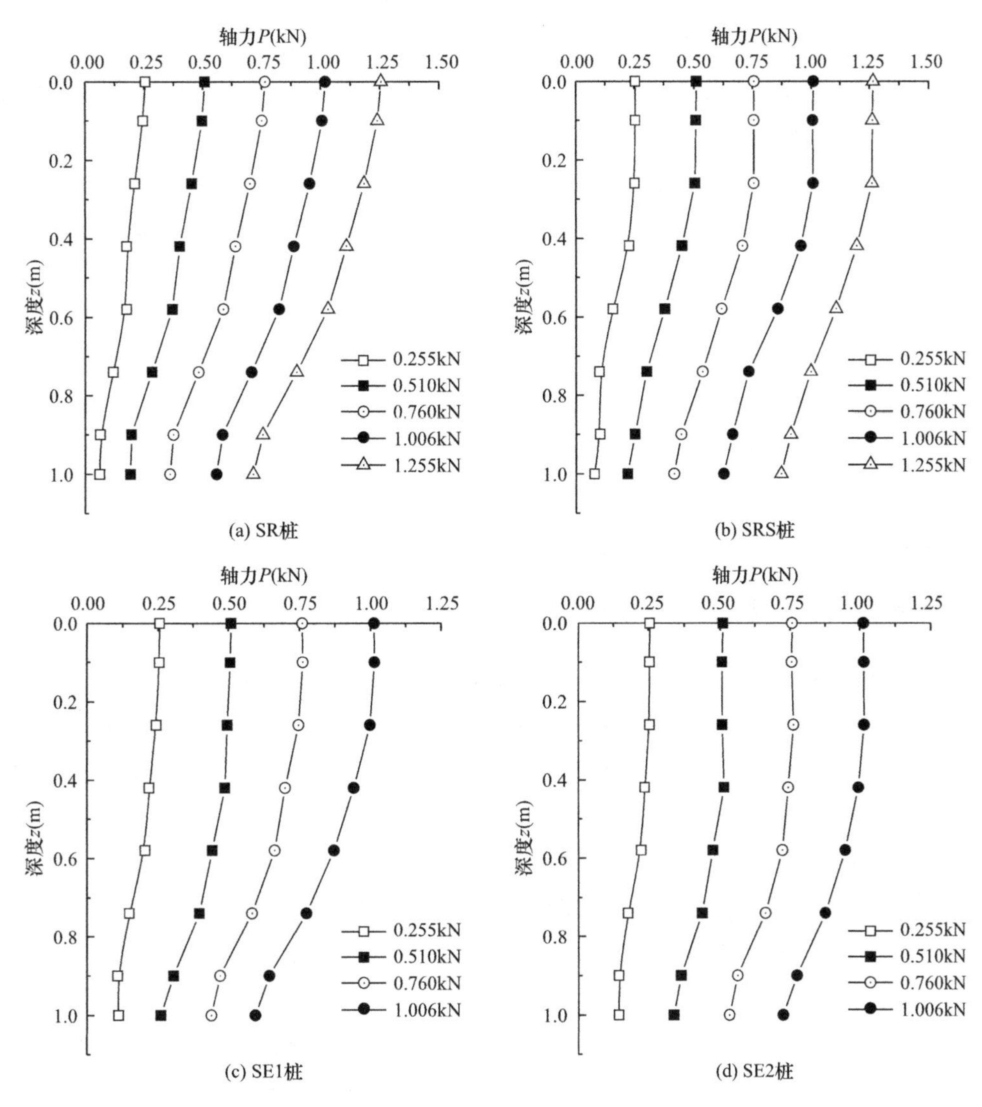

图 5-21　桩身轴力分布

由不同荷载水平下不同开挖深度时单桩轴力分布［图 5-21（c）和（d）］可知，当第一、二层地下空间开挖完成时（对应开挖深度 150mm 和 300mm），1、2 号应变片处于裸露状态，桩身轴力值达到最大值（即上覆荷载）且不再变化。与基坑开挖试验（如 Zheng 等[122]）不同的是，增层开挖过程中桩身未出现拉力，这是因为增层开挖过程中桩顶处于承受恒载状态，应力释放引起的土体回弹量较小，桩侧负摩阻力较小。对比 SR 桩和 SE1 桩轴力分布可知，随着土体开挖，入土段桩身轴力逐渐增大。说明土体开挖过程中，开挖段桩侧摩阻力损失，桩身轴力将桩周土开挖段原有负载传递至下部桩周土，造成下部桩侧阻力进一步发挥。对比 SE1 桩和 SE2 桩轴力分布可知，当开挖第二层地下空间时，入土段桩身轴力值随荷载增加逐渐增大但桩身轴力曲线斜率略微减小，即 SE1 桩桩侧摩阻力随荷载增加的增量明显大于 SE2 桩。由于开挖卸载和土体回弹的影响，开挖第二层地下空间后，桩侧承载能力的削弱作用较明显，此时额外的负载主要由桩端土体承担。对于 SE1

桩，当桩顶荷载为0.760kN时，桩侧摩阻力达到极限值。而对于SE2桩，当桩顶荷载为0.760kN时，桩侧摩阻力尚未完全发挥。对于SE2桩桩侧阻力未能充分发挥和承载能力削弱现象的原因将在后文进一步探讨。

可通过对比研究同一荷载水平（$Q\approx 1$kN）下SR桩、SRS桩和SE1桩、SE2桩的轴力分布来分析应力释放对桩身轴力分布的影响。其中，SR桩和SRS桩的轴力分布曲线斜率相似，说明套管单桩能够反映未开挖条件下单桩侧摩阻力的分布特点。总体来说，套管单桩轴力更大，这是由于桩侧摩阻力承载上部荷载较少，较多的上部荷载传递至桩端所致。SE1桩轴力分布曲线斜率略大于SR桩，鉴于该荷载水平下两种桩桩侧阻力均已充分发挥，表明SE1桩的极限侧摩阻力大于SR桩的极限侧摩阻力。对比SRS桩和SE2桩轴力分布（有效桩长一致但SE2桩存在开挖卸载的影响）可知，虽然SE2桩的侧摩阻力尚未完全发挥，但桩身轴力分布斜率（尤其是桩身下部）相较于SRS桩偏大。因此，应力释放条件下的单桩侧摩阻力大于未开挖条件下单桩侧摩阻力值。

5.5.5 增层开挖对单桩侧摩阻力的影响

由SE2桩和SRS桩极限桩侧摩阻力分布（图5-22）可知，SE2桩上部极限侧阻值明显小于SRS桩，说明土层开挖不仅引起开挖段桩侧摩阻力损失，应力释放还会间接导致上部桩段侧摩阻力损失。SE2桩中下部侧摩阻力明显大于套管单桩。桩端以上0～3D范围内，两类桩的侧摩阻力均未充分发挥。这一结论与Loukidis和Salgado[123]采用有限元计算方法获得的结果一致。

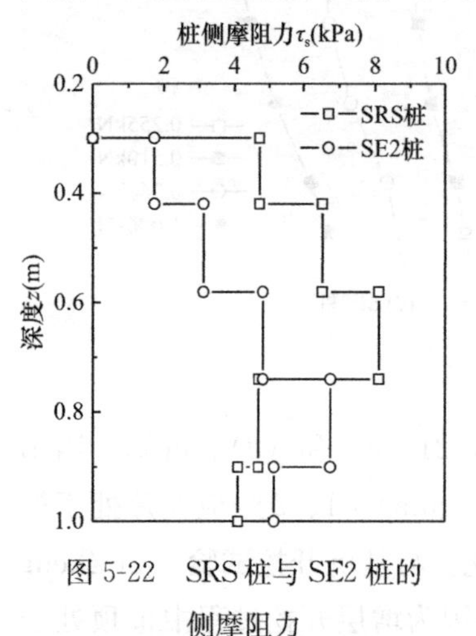

图5-22 SRS桩与SE2桩的侧摩阻力

单桩侧摩阻力τ_s可采用式（5-5）计算获得：

$$\tau_s=\sigma'_n\tan\delta=(\sigma'_{n0}+\Delta\sigma'_n)\tan\delta=K\sigma'_{v0}\tan\delta \quad (5\text{-}5)$$

式中，σ'_n为法向有效应力，主要由两部分组成，即加载前初始法向有效应力σ'_{n0}和荷载引起的法向应力增量$\Delta\sigma'_n$；σ'_{v0}为初始竖向有效应力；δ为桩-土界面摩擦角，砂性土中δ值主要与桩身粗糙度和土体平均粒径D_{50}有关[118]，通常取$\delta=(0.75\sim1)\varphi'$（$\varphi'$为土体摩擦角），桩身粗糙度较大的灌注桩、粗糙钢管桩等可近似取$\delta=\varphi'_{cv}$[123]（φ'_{cv}为土体定容摩擦角或临界状态摩擦角）；K为土体侧向土压力系数。

加载前土体初始有效应力σ'_{n0}可表示为：

$$\sigma'_{n0}=K_0\sigma'_{v0} \quad (5\text{-}6)$$

式中，K_0为土体的静止土压力系数。

超固结土的静止土压力系数K_0^{OC}可采用式（5-7）计算获得[124]：

$$K_0^{OC}=K_0^{NC}\text{OCR}^{\sin\varphi'} \quad (5\text{-}7)$$

式中，K_0^{NC}为正常固结土的静止土压力系数，可估算为$K_0^{NC}=1-\sin\varphi'$；OCR为超固结比，其值为开挖前土体竖向有效应力与开挖后土体竖向有效应力之比。

土体开挖前桩侧土已固结完成，可采用正常固结土的静止土压力系数计算初始有效应力，即：

$$\sigma'_{n0}=(1-\sin\varphi')\sigma'_{v0}\tan\delta \tag{5-8}$$

土体开挖后，坑底土处于超固结状态，采用超固结土的静止土压力系数计算初始有效应力，即：

$$\sigma'_{n0}=(1-\sin\varphi')\mathrm{OCR}^{\sin\varphi'}\sigma'_{v0}\tan\delta \tag{5-9}$$

已有研究表明，桩-土界面间可能存在两种破坏模式：（1）对于光滑结构，土颗粒沿桩表面滑移；（2）对于粗糙结构，剪切破坏发生于土体中的很小区间内。Fioravante[125]的研究结果表明，当表面粗糙度 $R_n<0.02$ 时，可认为结构表面是光滑的，土-结构界面破坏表现为界面间滑移且土体不会产生体积变形；当表面粗糙度 $R_n>0.10$ 时，可认为结构表面是粗糙的，破坏发生于邻近结构的一薄层土中且会发生体积变形。因此，本试验中单桩（粗糙桩）存在法向有效应力增量 $\Delta\sigma'_n$，且这一增量主要由剪切带的体积变化引起。桩-土界面剪切引起土体体积的变化被桩周土约束，导致土体中法向有效应力发生改变。Boulon 和 Foray[126]认为，桩周土的约束作用可视为恒刚度（CNS）条件，桩-土水平相互作用可假定为弹性介质中的柱孔扩张问题。因此，法向有效应力增量 $\Delta\sigma'_n$ 可计算为：

$$\Delta\sigma'_n=k_n\cdot u=\frac{4G_s}{D}u \tag{5-10}$$

式中，G_s 为桩周土体剪切模量，考虑可能存在的塑性应变，其值可通过将小应变剪切模量 G_0 乘以削减系数 α 得到，即 $G_s=\alpha G_0$；k_n 为桩周土的法向刚度；u 为桩侧土体的剪胀量。

土体开挖前，砂土中桩侧极限承载力可计算为：

$$\tau_{su}=\left[(1-\sin\varphi')\sigma'_{v0}+\frac{4G_s}{D}u_{cs}\right]\tan\delta \tag{5-11}$$

式中，u_{cs} 为桩-土界面极限剪胀量。

土体开挖后，砂土中桩侧极限摩阻力可计算为：

$$\tau_{su}=\left[(1-\sin\varphi')\mathrm{OCR}^{\sin\varphi}\sigma'_{v0}+\frac{4G_s}{D}u_{cs}\right]\tan\delta \tag{5-12}$$

土体开挖引起的超固结状态会提高桩-土界面法向应力，造成桩侧摩阻力增加。鉴于模型桩为粗糙桩，桩-土界面摩擦角可取为临界状态摩擦角 φ'_{cv}。根据罗耀武等[127]的圆形基坑开挖试验结果可知，基坑开挖直径从 $10D$ 增加到全开挖时，桩侧摩阻力损失量相差很小，对于开挖直径超过 $10D$ 的基坑，可认为坑外土体的挤压作用对桩土界面法向应力影响很小，故本次计算中可不考虑坑外土体的影响。初始剪切模量 G_0 由 Hardin 和 Drnevich[128]建议的经验公式和试验数据反算得到，即：

$$G_0=75p_a(0.7D_r)\sqrt{\frac{p'}{p_a}} \tag{5-13}$$

根据 Mascarucci 等[129]研究，剪切模量削减系数可取为 $\alpha=0.5$，而砂土中桩侧土体的剪胀量多为桩半径 R 的 0～0.5%，此处计算取 0.25%R，即 0.0375mm。

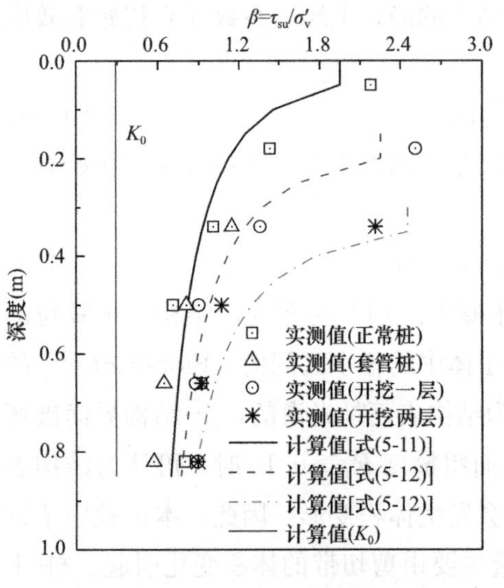

图 5-23 不同工况条件下单桩侧摩阻力实测值与计算值

为便于对比分析，由桩身轴力推算的各桩段平均侧阻值视为桩段中部的侧阻值。图 5-23 为不同工况条件下单桩侧摩阻力实测值与计算值。

由图 5-23 可知，仅用 K_0 进行计算会严重低估桩侧摩阻力，荷载引起的法向有效应力增量不可忽略。式（5-11）能较好预测土体开挖前桩侧极限摩阻力，但式（5-12）低估了 SE1 桩的极限侧摩阻力。由应力-剪胀关系可知，在砂土密度不变的条件下，当有效应力降低时，桩-土界面剪胀量会增加。土体开挖引起的应力释放导致桩周土剪胀量增加，因此开挖后土体剪胀量增加，导致桩侧摩阻力大于土体开挖前的桩侧摩阻力。这一结论与前述桩身轴力分布规律相同，这也是试验中 SE1 桩身中部侧摩阻力大于 SRS 桩中部侧摩阻力的原因。式（5-12）会高估 SE2 桩侧摩阻力。实际上，SE2 桩侧摩阻力实测值选用的是在桩顶载荷 $Q\approx1$kN 时的侧摩阻力。根据前文桩身轴力分析可知，SE2 桩侧摩阻力未能充分发挥，因此在该荷载水平下式（5-12）计算获得的桩侧摩阻力偏大，即土体开挖深度较大时，上部结构在桩侧摩阻力未能充分发挥的情况下提前达到极限状态。需要注意的是，理论计算结果在桩端附近比实测结果偏大，实际计算时可适当减小该处土体有效应力，对结果进行修正。

5.5.6 土体开挖对单桩承载刚度的影响

为研究土体开挖对在役单桩桩侧和桩端承载刚度的影响规律，将本试验获得的模型桩开挖前后桩端阻力-桩端沉降（q_b-S_b）和桩侧摩阻力-桩身位移（τ_s-S_s）结果进行统计分析。由于试验荷载水平较低，模型桩抗压刚度较大，各测点的桩身位移相差很小，试验桩各处侧摩阻力和桩端阻力基本是同步发挥的。图 5-24 为四类桩的桩端荷载-沉降曲线。

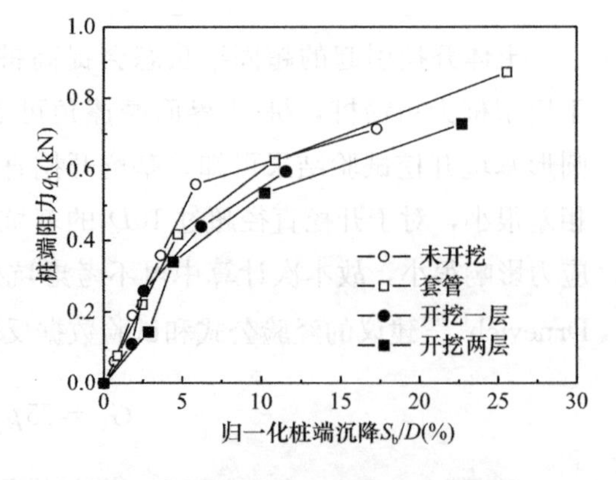

图 5-24 土体开挖前后桩端阻力-桩端归一化沉降实测值

由图 5-24 可知，土体开挖前后单桩的桩端阻力-桩端沉降关系表现为加工硬化行为。SR 桩、SRS 桩、SE1 桩和 SE2 桩的桩端初始刚度分别为 0.294kN/mm、0.289kN/mm、0.265kN/mm 和 0.210kN/mm，表明桩端初始刚度随开挖深度增加而减小。在相同桩端承载力下，土体开挖后的桩端沉降略微大于土体开挖前的值，说明开挖会减弱桩端抵抗变形的能力。

为研究桩端承载刚度随位移的变化趋势，

采用 10%D 桩端位移下的桩端阻力 $q_{s0.1}$ 对桩端阻力进行归一化处理。由归一化后桩端阻力-沉降实测值与拟合值（图 5-25）可知，桩端承载刚度曲线可采用双折线模型描述。

图 5-26 为土体开挖前后桩侧平均摩阻力-归一化桩身沉降曲线。

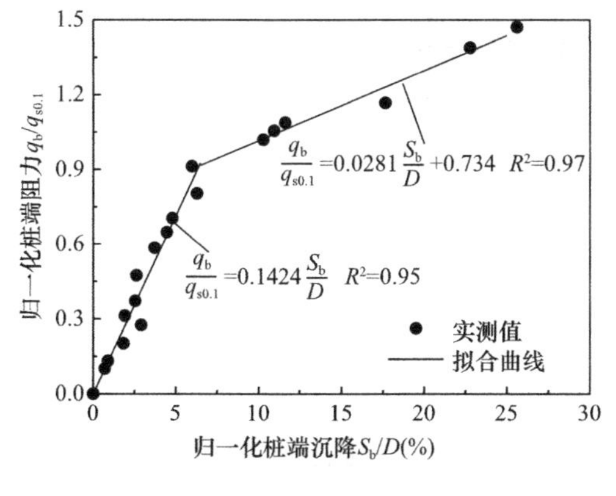

图 5-25　归一化后桩端阻力-沉降实测值与拟合值

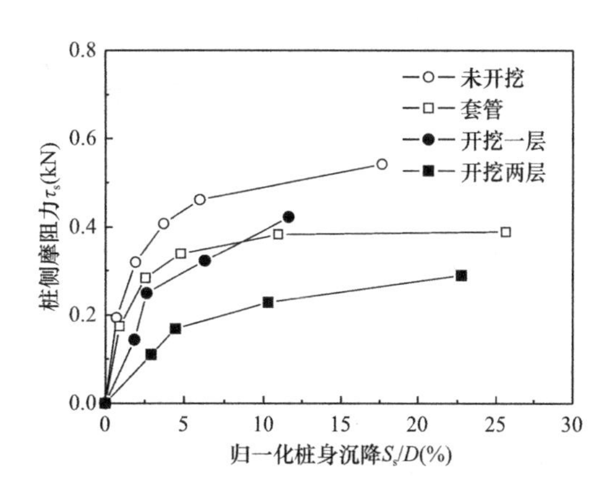

图 5-26　土体开挖前后桩侧平均摩阻力-归一化桩身沉降实测值

由图 5-26 可知，SE1 桩和 SE2 桩侧摩阻力随桩身沉降增加呈持续增长的趋势。SR 桩和 SRS 桩存在极限侧摩阻力，桩身沉降达到 10%D 后桩侧摩阻力趋于稳定，这与桩身轴力分析中获得的结论一致。土体开挖前 SR 桩和 SRS 桩的桩侧平均初始刚度为 0.919kN/mm 和 0.648kN/mm；土体开挖 150mm 和 300mm 后桩侧平均初始刚度分别为 0.262kN/mm 和 0.127kN/mm。这说明土体开挖会引起桩侧初始刚度明显减小。在相同桩身位移下，土体开挖后单桩侧摩阻力值明显小于土体开挖前的值，表明土体开挖会降低桩侧整体抵抗变形的能力。尽管土体开挖卸载效应能够增加桩侧极限侧摩阻力，但土体开挖过深时（如 SE2 桩）桩侧承载刚度退化严重，会导致在允许桩顶位移下，单桩的侧摩阻力无法充分发挥和利用。

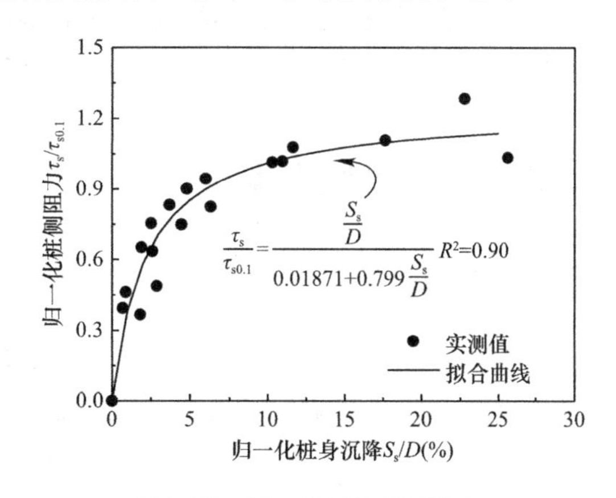

图 5-27　归一化后桩侧摩阻力-沉降实测值与拟合值

参照桩端承载刚度曲线的处理方法，采用 10%D 桩身位移下的桩侧摩阻力 $\tau_{s0.1}$ 对桩侧摩阻力进行归一化处理，如图 5-27 所示。

由图 5-27 可知，双曲线函数模型可较好地模拟桩侧刚度的劣化趋势。

第 6 章　地下增层条件下在役群桩竖向承载特性模型试验研究

6.1　概述

既有建筑地下增层工程在役群桩基础承载特性分析涉及复杂的承台-土、桩-土及桩-桩相互作用。既有建筑地下增层开挖时，由于承台周围土体被挖除，导致承台部分承载力消失，在役桩顶受荷增加，造成群桩基础产生附加沉降。因此，准确评价增层开挖条件下群桩的承载力和承载刚度，是既有建筑地下增层工程前期设计的关键。为保证既有建筑物使用功能和安全不受影响，既有建筑地下开挖后须在既有工程桩周边适当位置补设一定数量的桩。受施工机械和施工空间的限制，新补桩尺寸一般较小，形成共同承担既有建筑上部荷载的既有旧桩与新补打桩的组合桩基。既有旧桩与新补桩的组合桩基承载特性评价也是既有建筑地下增层工程中的重要研究内容。

本章采用模型试验方法研究了不同位置处基桩的桩身轴力、桩顶反力和承台沉降的变化，获得了桩顶荷载、开挖深度、群桩效应等因素对增层开挖工程中在役群桩承载特性的影响，揭示了不同影响因素下群桩基础中各基桩侧摩阻力、桩端阻力、桩-土体系刚度、沉降比及桩侧和桩端荷载分担等的变化规律，分析了土体开挖条件下补桩措施对群桩变形控制的效果。

6.2　模型试验方案

6.2.1　模拟工况

本次模型试验围绕增层开挖前、开挖过程中及开挖后各阶段桩基承载性状展开研究。试验过程中群桩基础始终处于持荷状态，模拟开挖深度为 300mm，分两层开挖，每层 150mm。每层土体开挖完成后待在役工程桩沉降稳定后进行下一次开挖。

试验分组及相应参数设置见表 6-1，其中 GR、GRS 为参照组，获取增层开挖前后群桩基础的承载特性，以便用于比较开挖对桩基承载能力、承载刚度的衰减及补桩后群桩沉降的控制效果。

群桩模型试验分组情况　　　　**表 6-1**

试验编号	模型桩号	工况设计	加载方式
3	GR	土体开挖前	加载至极限荷载 Q_u
	GRS	开挖后补桩	加载至极限荷载 Q_u

续表

试验编号	模型桩号	工况设计	加载方式
4	GE1-1	开挖一层	恒载 $1/4Q_{gu}$
	GE2-1	开挖两层	
	GE1-2	开挖一层	恒载 $2/4Q_{gu}$
	GE2-2	开挖两层	
	GE1-3	开挖一层	恒载 $3/4Q_{gu}$
	GE2-3	开挖两层	
	GE1-4	开挖一层	恒载 $4/4Q_{gu}$
	GE2-4	开挖两层	

试验 3 中［图 6-1（a）、（b）］不开挖时测得群桩极限承载力 Q_{gu} 约为 8kN。试验 4［图 6-1（c）］用于模拟土体开挖条件下群桩受力性状，开挖试验中维持桩顶恒载分别为 $1/4Q_{gu}$，$2/4Q_{gu}$，$3/4Q_{gu}$ 和 $4/4Q_{gu}$，以获得土体开挖条件下既有群桩荷载-沉降关系曲线。

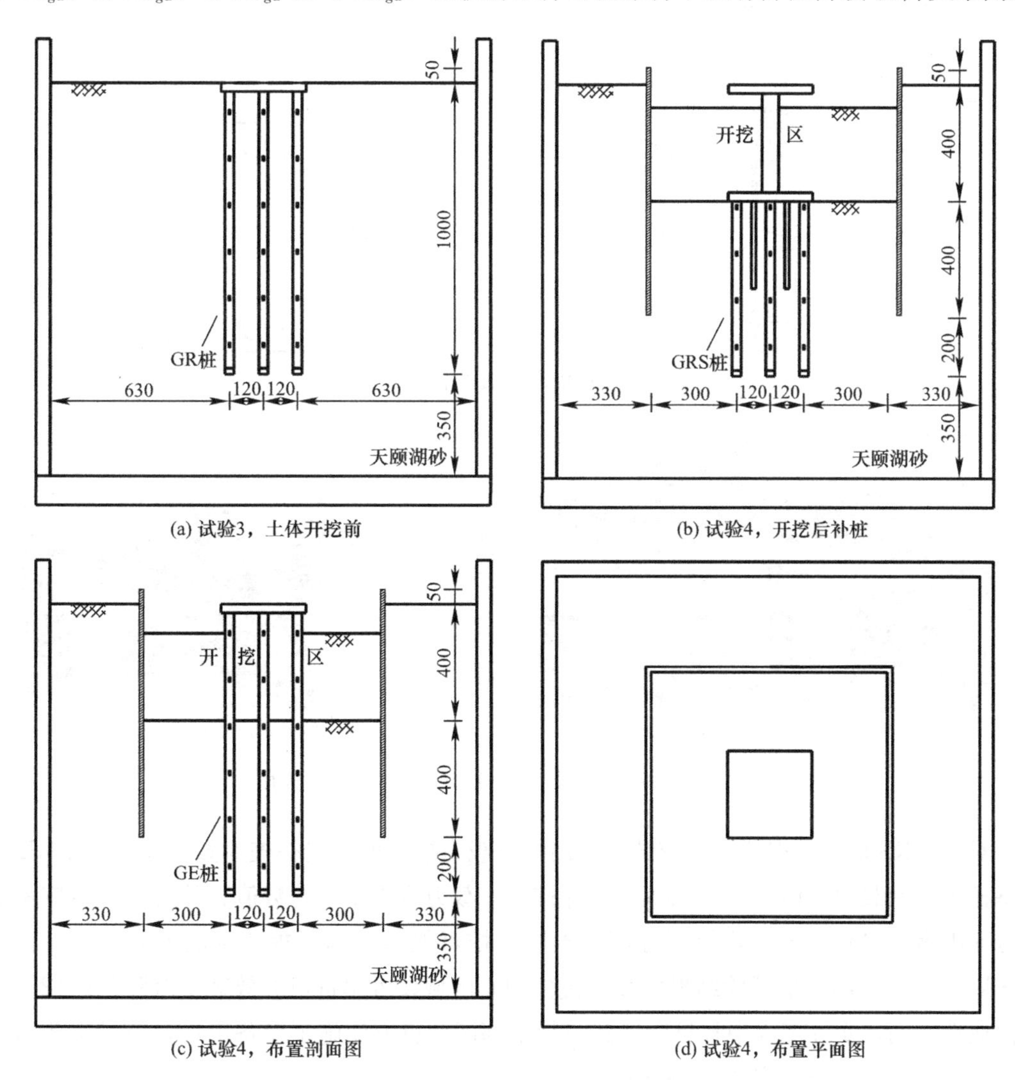

图 6-1　群桩试验布设方案示意图

6.2.2 模型制作

1. 试验土样

试验中砂层的填筑方式与单桩试验保持一致，砂土填筑高度为1400mm，分7层进行填筑，每200mm为一层。每次填砂前需对充满砂土的装砂容器进行称重，计算每次用砂量，填筑完成后量取土层高度获取填筑土层体积。试验测得的砂土密实度为1.46～1.52kg/m³，误差率小于4%，砂土的平均相对密实度D_r约为63%。

2. 模型桩

群桩模型试验的模型桩材料、几何尺寸与单桩模型试验保持一致。模型桩为铝管，外径为30mm，壁厚为3mm，桩长为1m，桩表面采用压花处理。群桩采用3×3布桩模式，桩间距为4倍桩径，各基桩桩顶与横截面积为300mm×300mm的铝制承台连接，承台厚度为30mm，如图6-2所示。

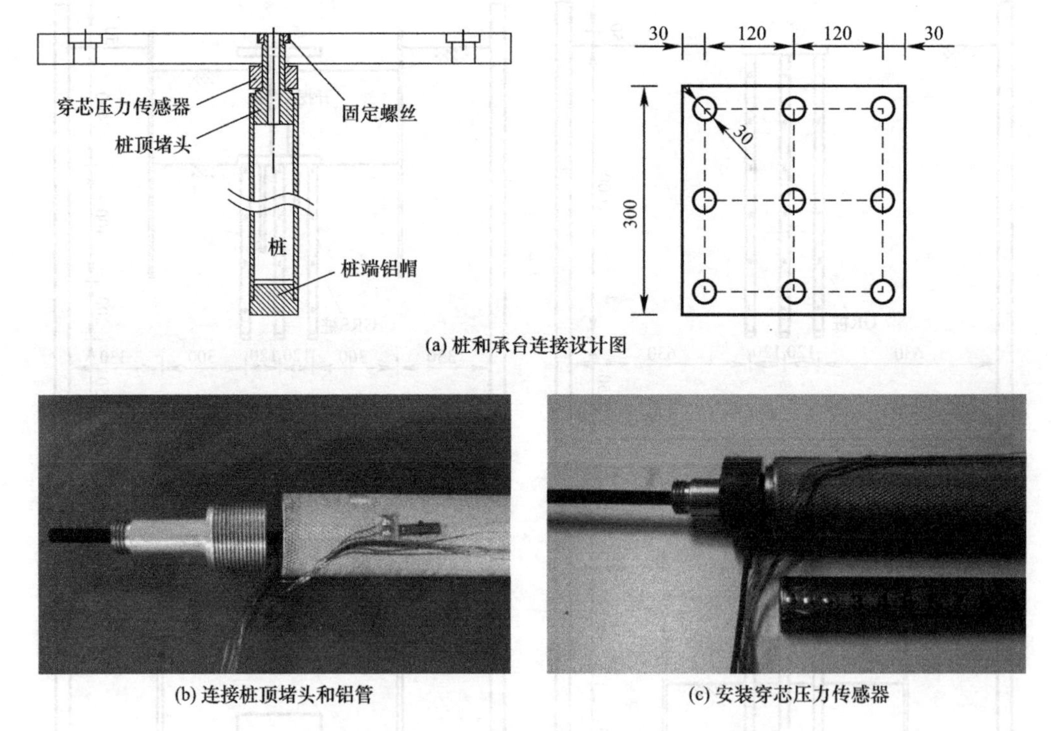

(a) 桩和承台连接设计图

(b) 连接桩顶堵头和铝管

(c) 安装穿芯压力传感器

图6-2 GR桩与GE桩的布桩模式及承台-桩的连接

对于GRS桩，根据群桩开挖试验得出的承载力损失值确定补桩参数。GR桩与GE桩的基桩平均承载力差值为0.279kN，故补桩总承载力应不小于此数值。补桩布置时应考虑两方面因素：(1) 差异沉降控制方面，土层开挖可能会加剧群桩基础的差异沉降，根据Horikoshi等[130]离心机试验结果可知，筏板中心区域设置单桩可有效减少沉降差；(2) 施工便捷性方面，实际工程中补桩时，建筑物中部区域更方便施工设备工作，补桩主要布设在中心桩周围。GRS桩的布桩模式见图6-3。

根据土体开挖后单桩承载力计算方法，开挖后长度为 0.5m、直径为 0.015m 的补设单桩极限承载力为 0.28kN，共补桩 8 根，满足承载力损失的补偿要求。

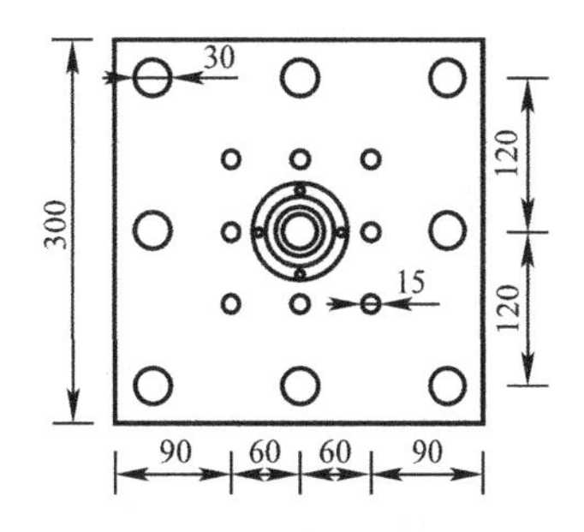

图 6-3　GRS 桩的布桩模式

3. 围护结构

群桩模型试验开挖支护结构为木制方形连续墙，高度为 850mm，第二层土体开挖完成后确保围护结构嵌入比大于 1∶1（设计开挖深度为 300mm）。桩的最大影响范围设定为 10*D*，即为 300mm，即群桩试验围护结构边长设计为 840mm。

4. 临时固定装置

群桩模型试验中采用预先埋入法布设群桩，试验前使用临时固定装置将模型桩预先固定在模型箱内。群桩采用 4 个 L 形带槽孔和顶丝设计的肋板进行固定，确保砂土填筑过程不影响桩身垂直度。

6.2.3　监测方案

为获取土体开挖对群桩基础承载能力及承载刚度的影响，需获得桩基侧摩阻力、桩端阻力和桩基整体沉降。使用的监测元件主要包括压力传感器、位移传感器和应变片。

桩顶和桩端受力通过布设在桩顶和桩端的压力传感器量测获得（图 6-4）。桩顶安装穿芯型压力传感器以测量各基桩桩顶分担的荷载。穿芯型压力传感器通过堵头与桩顶接触，堵头另一端与承台刚性连接。桩端布设微型压力传感器以获得各基桩桩端的荷载。位移传感器安装在模型箱上方横梁处，用于监测承台沉降。为减小测量误差，在承台不同位置处设置了多个沉降观测点，所有测量值的平均值即为承台沉降实测值。桩侧不同位置处布设

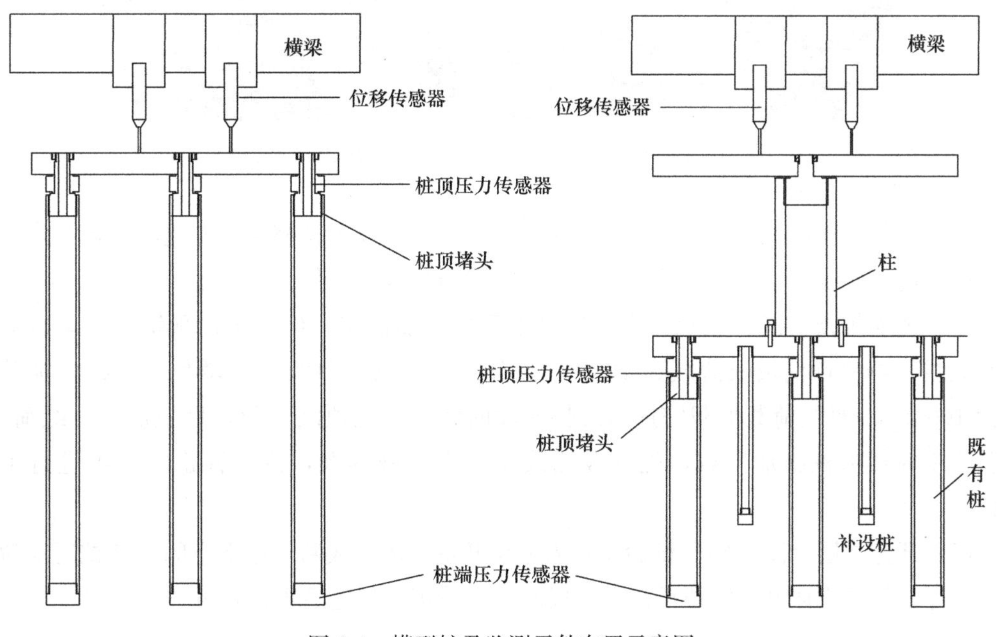

图 6-4　模型桩及监测元件布置示意图

应变片，用于测量桩身轴力。

6.3 试验过程

试验 3 和试验 4 的试验过程如下：

（1）前期准备。包括制作模型桩、承台和围护结构，粘贴应变片，组装桩与承台，安装位移传感器和压力传感器，调试传感器等工作。

（2）填筑砂土。采用落砂法分层填筑土样，每 200mm 高度处分为一层，共填七层。

（3）安装模型桩（图 6-5）。当砂层厚度达到模型桩桩端或围护结构底部时，通过横梁和固定装置将模型桩桩和围护结构悬空固定于设计位置，利用气泡水准仪进行微调，确保桩身垂直和承台水平，然后继续填筑土样到预定高度。

图 6-5 模型桩、围护结构的固定及位移传感器的安装

（4）安装位移传感器（图 6-5）。在承台不同位置处布设位移传感器监测承台沉降。

（5）连接导线。将应变片及压力、位移传感器导线与采集系统连接。

（6）施加桩顶荷载。在承台中部通过千斤顶施加荷载，确保千斤顶轴心与承台对称中心共线。群桩预估极限荷载为 10kN，拟分 5 级加载，每级荷载增量为 2kN，加载速率为 100N/s。每级荷载加载完成后维持一段时间，待桩顶沉降稳定后施加下一级荷载。试验 4 中对模型桩施加恒载，先分级加载至预设荷载等级，待位移稳定后再进行土体开挖。

（7）开挖土层（图 6-6）。试验 4 中需分层开挖土体形成新增地下空间，开挖时应避免扰动桩身，每层土体开挖完成后静置一段时间，待沉降稳定后再进行下一层土体。

(a) 增层开挖前　(b) 土体开挖一层　(c) 土体开挖两层　(d) 补桩后

图 6-6　试验 3 和试验 4 中试验过程

6.4　试验结果分析

6.4.1　土体开挖对群桩基础沉降的影响

群桩沉降分析需考虑群桩效应，可采用群桩沉降比 R_s 考虑群桩效应（定义为相同桩顶荷载作用下群桩中基桩和单桩沉降的比值），也可采用群桩刚度效率系数 η_g（定义为群桩承载刚度 k_g 与单桩承载刚度 k_s 之和的比值）来考虑群桩间相互作用，即：

$$\eta_g=\frac{k_g}{nk_s}=\frac{(nQ_{avg})/S_g}{n(Q_{avg}/S_s)}=R_s^{-1} \tag{6-1}$$

式中，n 为桩数；Q_{avg} 为桩顶的平均荷载；S_g 为群桩中基桩的桩顶沉降；S_s 为单桩的桩顶沉降。

各个工况中不同沉降水平下的群桩沉降比 R_s 值见图 6-7。需要说明的是，由于单桩试验的桩顶荷载实测值和群桩试验中基桩平均载荷实测值无法完全匹配，此处相同荷载下单桩沉降值是在单桩试验数据基础上线性插值获得的。

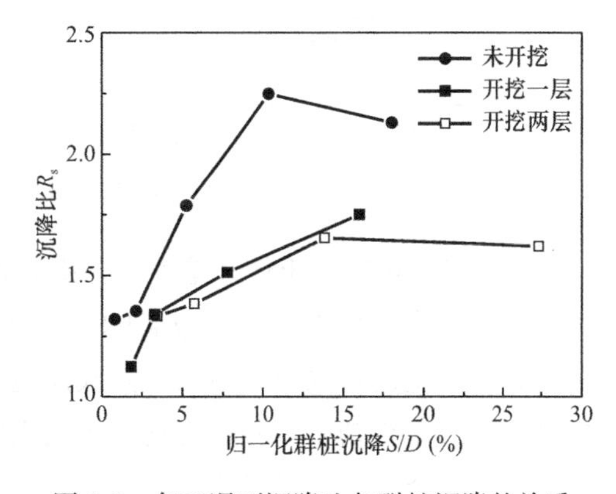

图 6-7　各工况下沉降比与群桩沉降的关系

由图 6-7 可知，开挖和未开挖条件下，群桩 R_s 值均随沉降的增加而增加，说明荷载增加会增大桩-土-桩相互作用，导致高荷载水平下群桩与单桩沉降的差异更明显。上述试验现象与 Zhang 等[131]的理论计算结果一致。同一沉降值下，土体开挖会使得 R_s 值减小，原因可能为：（1）土体开挖减小了群桩有效桩长，群桩有效桩长越小则 R_s 值越小[132]；（2）土体开挖产生的应力释放会降低群桩间的相互作用，且该减弱效应会随着荷载或沉降水平的增加而增加。

6.4.2 土体开挖对群桩承载力的影响

GR 桩、GE1 桩和 GE2 桩总体荷载-沉降曲线及 GR 桩和 GE 桩中各基桩荷载-沉降曲线见图 6-8。

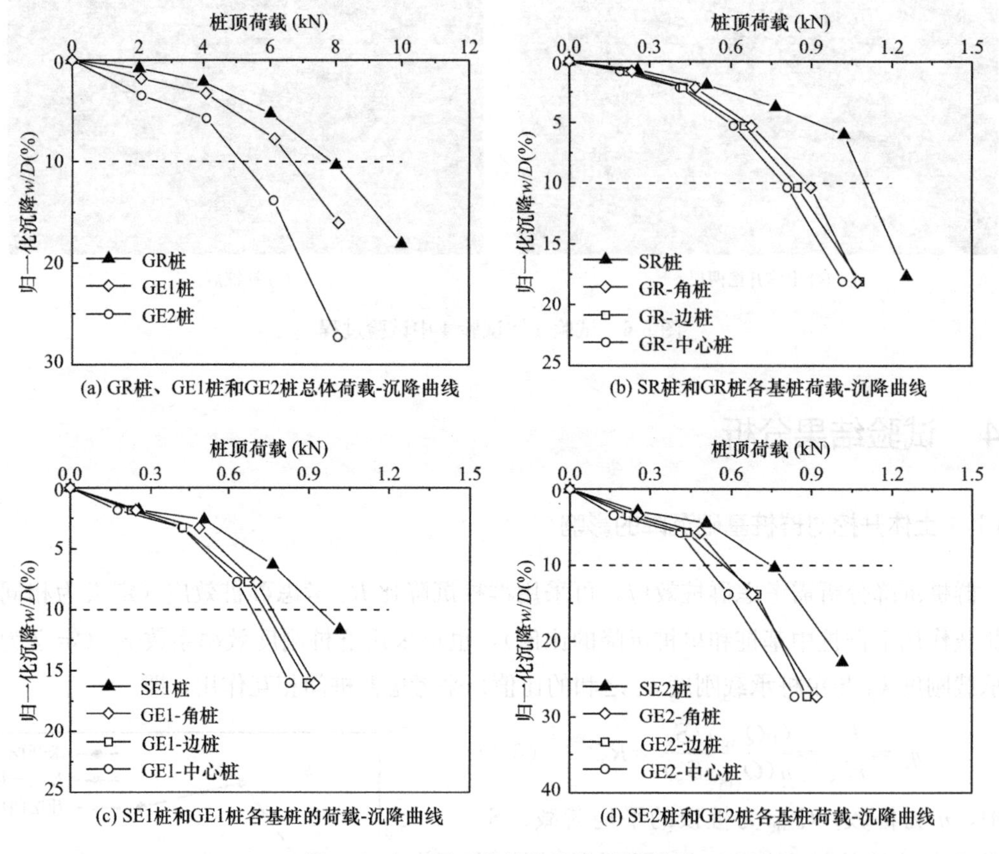

图 6-8 各工况下基桩的荷载-沉降曲线

由图 6-8 可知，土体开挖前后，中心桩的初始承载刚度最小，角桩的初始承载刚度最大，这是由中心桩受群桩效应影响最大而角桩所受群桩效应影响最小所致，即同一沉降下，角桩承受的桩顶荷载最大，其次是边桩，中心桩承受的桩顶荷载最小。随着开挖深度的增加，各基桩初始承载刚度均有不同程度的降低，说明开挖卸荷会降低群桩抵抗变形的能力。各 Q-S 曲线均存在斜率变化明显的点，表明桩土界面强度达到极限状态，桩端承载能力得到进一步发挥。GR 桩、GE1 桩和 GE2 桩的初始承载刚度分别为 8.307kN/mm、

3.709kN/mm 和 1.973kN/mm，即土体开挖会显著降低群桩的初始承载刚度。基于 10% D 判别准则[133-134]确定的 GR 群桩极限承载力为 7.659kN，其中中心桩、边桩和角桩的极限承载力分别为 0.795kN、0.833kN 和 0.883kN，平均基桩极限承载力为 0.851kN；GE1 群桩极限承载力为 6.653kN，其中中心桩、边桩和角桩的极限承载力分别为 0.685kN、0.733kN 和 0.759kN，平均基桩极限承载力为 0.739kN；GE2 群桩极限承载力为 5.146kN，其中中心桩、边桩和角桩的极限承载力分别为 0.506kN、0.573kN 和 0.587kN，平均基桩极限承载力为 0.572kN。综上，土体开挖会导致明显的群桩极限承载力损失。土体开挖一层时群桩极限承载力损失量为 1.006kN，约群桩总极限承载力损失约 13.1%，基桩平均极限承载力损失量（不考虑承台贡献）为 0.112kN；土体开挖第二层时群桩极限承载力损失量为 1.507kN（未反映承台贡献），基桩平均极限承载力损失量为 0.167kN。这说明既有地下空间下进行增层开挖会导致更明显的群桩极限承载力损失，这一规律与单桩试验中发现的规律类似。需要说明的是，土体开挖引起的群桩基础中基桩平均极限承载力损失要小于单桩中的情况，其原因可能为桩间相互作用导致各基桩间土更密实，降低了土体开挖对桩侧摩阻力的削弱作用。

6.4.3　土体开挖对群桩中各基桩轴力分布的影响

不同荷载水平下 GR 桩中各基桩的轴力分布见图 6-9。

由图 6-9 可知，群桩中各基桩轴力大小和斜率随桩顶荷载的增大而增加。当总荷载水平为 6kN 时，各基桩上部轴力斜率不再随载荷发生变化，说明此荷载水平下各基桩上部侧摩阻力已完全发挥。荷载水平超过 8kN 时，角桩轴力大小和斜率增加趋势减小，但荷载继续增加时边桩和中心桩轴力大小和斜率增加显著，这是由增加的荷载开始转移至边桩和中心桩所致。

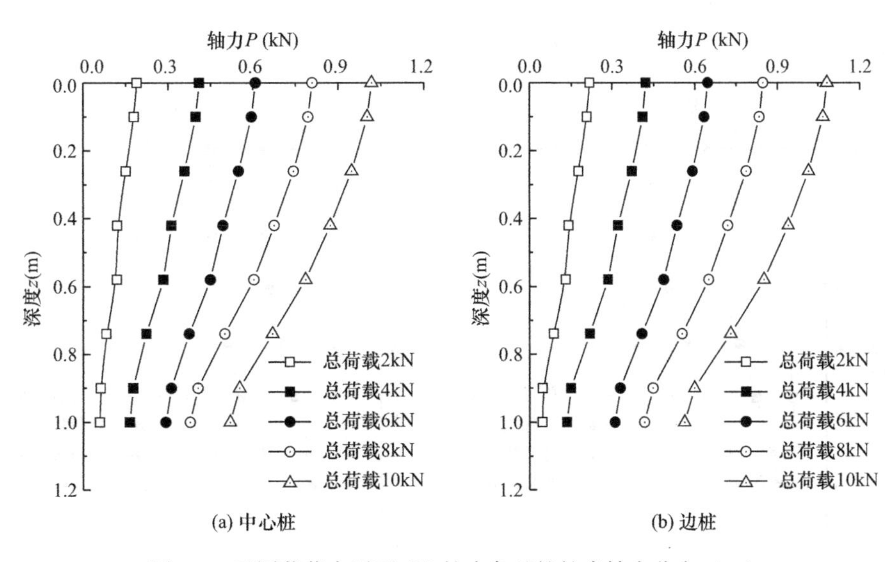

图 6-9　不同荷载水平下 GR 桩中各基桩桩身轴力分布（一）

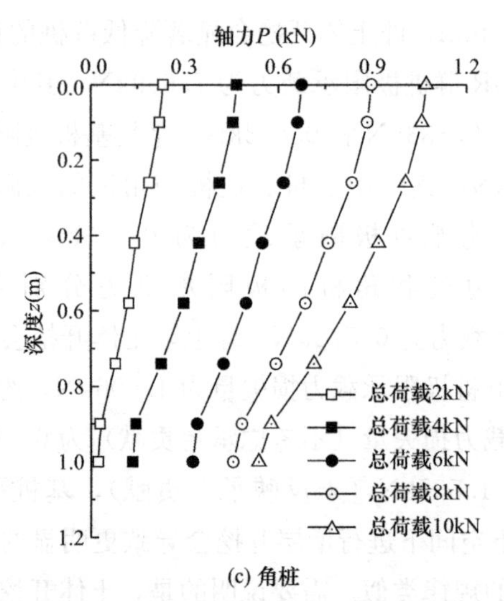

(c) 角桩

图 6-9　不同荷载水平下 GR 桩中各基桩桩身轴力分布（二）

图 6-10 为不同荷载水平下 GE1 桩和 GE2 桩中各基桩的轴力分布图。

由图 6-10 可知，当完成第一、二层土体开挖时（对应开挖深度分别为 150mm 和 300mm），开挖段内 1、2 号应变片裸露，桩身轴力值稳定于一个定值（即上覆荷载），但个别基桩轴力存在轻微的变化，这可能是承台变形影响导致开挖段桩身产生轻微挠曲变形所致。同一土体开挖深度时，各基桩轴力值和变化幅度随上部荷载的增加而增大。与单桩试验结果类似，土体开挖第二层时群桩桩端承担荷载比大幅度增加，GE2 桩侧阻发挥能力较 GE1 桩减弱。由同一荷载水平（$Q \approx 8$kN）下 GR 桩、GE1 桩和 GE2 桩中各基桩轴力分布可知，土体开挖影响群桩侧摩阻力发挥，导致基桩承载能力削弱，各基桩受荷逐渐从桩顶向桩端转移。随着土体开挖，基坑中心处桩（中心桩）轴力增大幅度大于靠近围护墙的桩（边桩），其主要原因是基坑中部开挖引起的土体回弹大于基坑边部，即基坑中部桩的桩-土相对位移较其他位置基桩较小，中心桩侧摩阻力的发挥不如边桩，上部荷载更多由桩端承担。

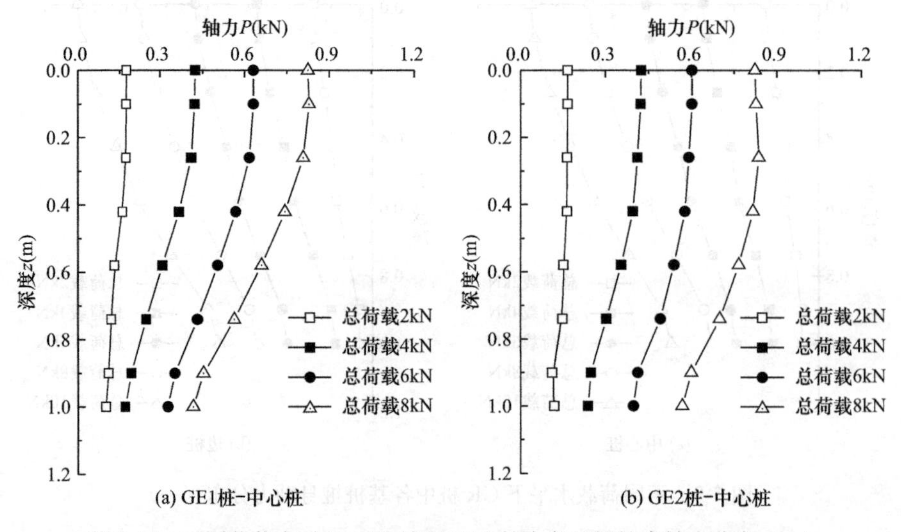

(a) GE1桩-中心桩　(b) GE2桩-中心桩

图 6-10　不同荷载水平下 GE1 桩和 GE2 桩中各基桩桩身轴力分布（一）

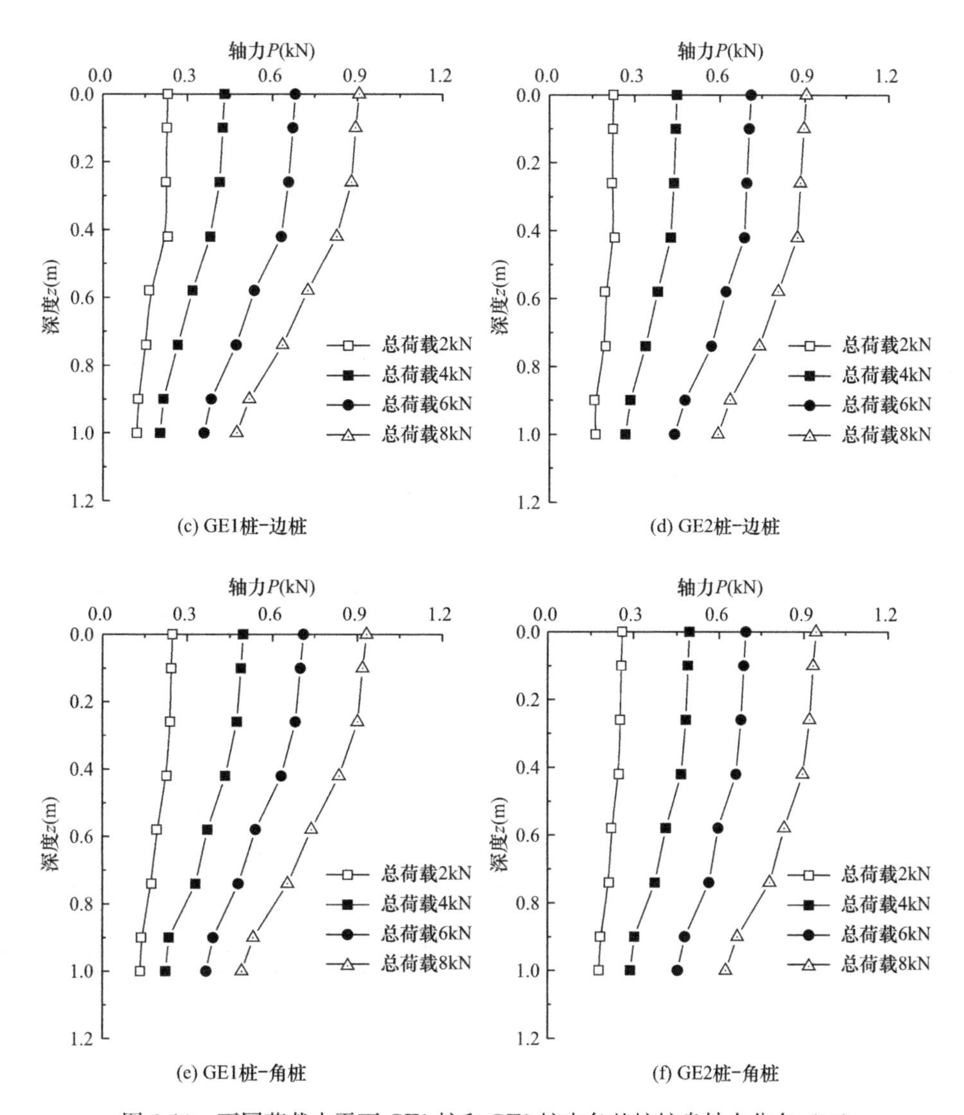

图 6-10 不同荷载水平下 GE1 桩和 GE2 桩中各基桩桩身轴力分布（二）

6.4.4 土体开挖对群桩中各基桩侧阻的影响

各基桩两测点间的平均侧摩阻力可通过实测的轴力计算得到。沉降为 3mm（0.1D）时单桩和群桩中各基桩的单位侧摩阻力见表 6-2～表 6-4。

未开挖条件下单桩和群桩中各基桩实测平均侧摩阻力 **表 6-2**

土层深度（m）	实测单位侧摩阻力（kPa）			
	SR 桩	GR-角桩	GR-边桩	GR-中心桩
0～0.1	1.59	1.53	1.46	1.62
0.1～0.26	3.77	3.52	3.42	3.60
0.26～0.42	4.98	5.62	5.02	4.96
0.42～0.58	5.19	6.03	5.90	5.72

续表

土层深度（m）	实测单位侧摩阻力（kPa）			
	SR 桩	GR-角桩	GR-边桩	GR-中心桩
0.58～0.74	8.81	7.61	7.98	7.80
0.74～0.9	9.49	9.04	8.77	7.68
0.9～1	4.32	4.22	3.98	3.54

由表 6-2 可知，群桩中各基桩相同位置处的平均侧摩阻力值较接近，但角桩侧摩阻力略大于边桩和中心桩的侧摩阻力。群桩中基桩极限侧摩阻力小于单桩极限侧摩阻力，这主要是由群桩效应导致相同位移下基桩侧摩阻力发挥程度不如单桩所致。

土体开挖一层（h=0.15m）时单桩和群桩中各基桩实测平均侧摩阻力　　表 6-3

土层深度（m）	实测单位侧摩阻力（kPa）			
	SE1 桩	GE1-角桩	GE1-边桩	GE1-中心桩
0.15～0.26	1.11	1.68	1.46	1.39
0.26～0.42	3.78	4.31	4.08	4.3
0.42～0.58	4.59	5.8	5.45	5.44
0.58～0.74	6.5	6.98	6.62	6.44
0.74～0.9	8.67	7.4	7.83	7.37
0.9～1	5.26	4.31	4.68	3.75

土体开挖两层（h=0.3m）时单桩和群桩中各基桩实测平均侧摩阻力　　表 6-4

土层深度（m）	实测单位侧摩阻力（kPa）			
	SE2 桩	GE2-角桩	GE2-边桩	GE2-中心桩
0.3～0.42	1.60	1.63	1.59	1.21
0.42～0.58	2.35	2.94	3.12	2.54
0.58～0.74	4.01	3.52	4.14	3.11
0.74～0.9	6.59	5.65	6.25	5.29
0.9～1	3.23	2.67	3.82	1.65

由表 6-3 和表 6-4 可知，与未开挖工况相比，土体开挖后单桩和群桩侧摩阻力值明显降低，且土体开挖越深，桩侧摩阻力损失越大，土体开挖引起的应力释放会显著降低桩侧摩阻力。GE1 桩和 GE2 群桩的中心桩深部侧摩阻力显著小于边桩和角桩深部侧摩阻力，这可能是由基坑中部土体较大的回弹量影响中心桩侧摩阻力发挥所致。

6.4.5 土体开挖对群桩中各基桩承载刚度的影响

为量化桩基的承载刚度，采用 Zhang 等[135]提出的计算方法反算桩基的承载刚度。根据第 5 章试验结果，可采用双曲线模型描述桩侧和桩端荷载传递关系（图 6-11），即：

$$\tau(z)=\frac{w(z)}{f+gw(z)} \tag{6-2}$$

式中，f 和 g 分别为桩初始承载刚度 k_s 和极限侧摩阻力 τ^{cs} 的倒数，可计算为：

$$f=\begin{cases}\dfrac{r_0\ln(r_m/r_0)}{G_s} & \text{桩侧}\\ \dfrac{w_{bu}}{q_{bu}} & \text{桩端}\end{cases} \tag{6-3}$$

$$g=\begin{cases}R_f/\tau_{su} & \text{桩侧}\\ R_f/q_{bu} & \text{桩端}\end{cases} \tag{6-4}$$

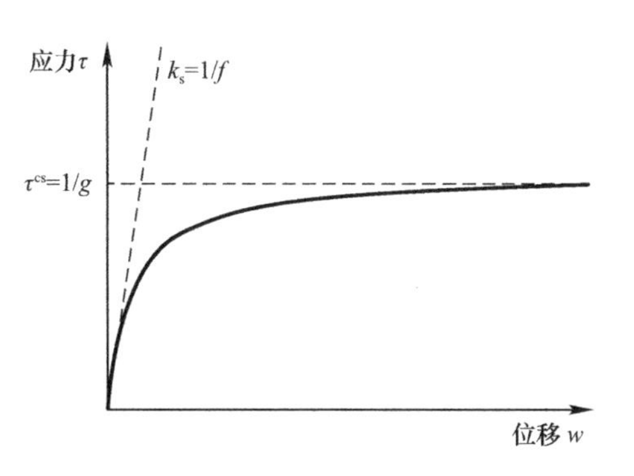

图 6-11　双曲线型荷载传递模型

式中，r_0 为桩径；r_m 为桩的影响半径，其值可计算为 $r_m=2.5\rho(1-\nu_s)L$，L 为桩长，ν_s 为桩侧土的泊松比，ρ 为桩周土的不均匀系数，对于均质土 $\rho=1$；G_s 为桩侧土剪切模量；q_{bu} 为桩端单位阻力；w_{bu} 为桩端特征沉降，定义为桩端阻力为 $q_{bu}/2$ 时对应的桩端位移；τ_{su} 为桩侧单位极限侧摩阻力。

根据有效应力法（β 法），桩侧极限摩阻力 τ_{su} 可计算为：

$$\tau_{su}=\beta\sigma'_v \tag{6-5}$$

式中，β 为无量纲系数，其值与深度 z 呈指数函数关系[136]，即：

$$\beta=a\exp(-bz)+c \tag{6-6}$$

因此，极限侧摩阻力可通过式（6-5）分析得到。鉴于试验土样是均质的，可认为 G 值随深度连续增加。根据 Poulos[137]的建议，砂土的剪切模量随深度呈线性增大，可假设 G_s 值随深度线性增加，增长幅度为 μ。

试验数据反分析时，桩端荷载-沉降数据先用于曲线拟合桩端特征沉降 w_{bu} 和极限端阻值 q_{bu}，然后采用实测的桩侧摩阻力反算 β 值。得到 β 值后，在计算程序中不断调整参数 μ，直至沉降分析得到的荷载-沉降曲线与实测值相当。目前，大多数基于正常使用极限状态的群桩设计方法中，采用单桩相关方法计算基桩的侧摩阻力和桩端阻力，考虑群桩效应带来的桩侧土体位移场改变，即认为邻桩对所分析桩的桩-土界面强度不产生影响，只会引起附加沉降。因此，群桩试验数据分析中，强度参数 τ_{su} 和 q_{bu} 与对应的单桩试验数据保持一致。需要说明的是，由于所述荷载传递模型未考虑群桩效应，群桩分析中计算出的 G 值不能代表土层的剪切模量，但可用于表征桩基承载刚度。

不同位置处 SE1 桩轴力-沉降曲线的实测值和计算值见图 6-12。

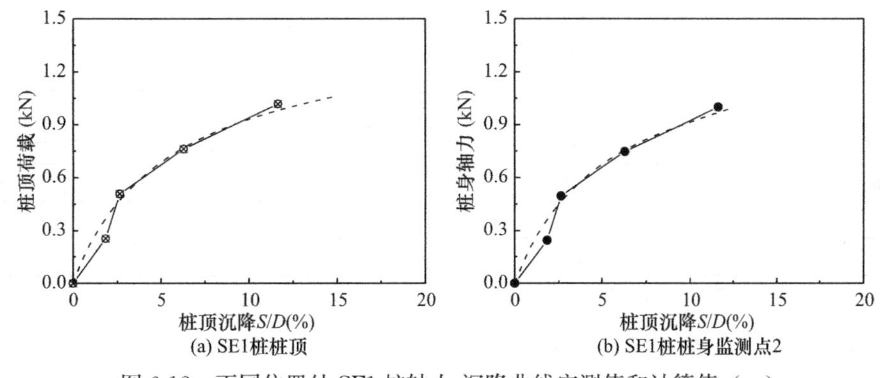

图 6-12　不同位置处 SE1 桩轴力-沉降曲线实测值和计算值（一）

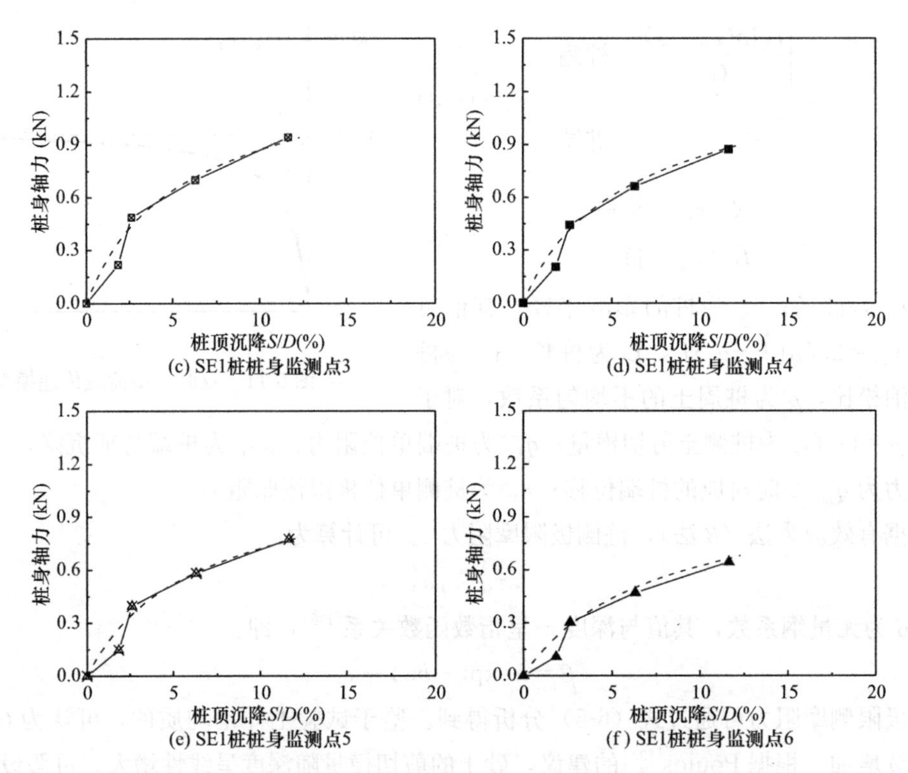

图 6-12 不同位置处 SE1 桩轴力-沉降曲线实测值和计算值（二）

由图 6-12 可知，不同位置处 SE1 桩轴力-沉降曲线实测值和计算值吻合较好。

反分析所得到的桩基承载刚度和强度参数见表 6-5。

反分析的桩基承载刚度和强度参数 表 6-5

桩号	桩侧参数		桩端参数*		通用参数
	μ(MPa/m)	β	q_{bu}(MPa)	w_{bu}/D	
SR	1.5	$0.7763+1.947e^{(-6.362z)}$	1.273	0.056	模型参数
SE1	1.2	$0.8321+2.127e^{(-7.728z)}$	1.251	0.073	$R_f=0.9$
SE2	0.8	$0.8886+2.189e^{(-12.52z)}$	1.224	0.080	
GR-角桩	1.25	同 SR 桩	1.273	0.119	
GR-边桩	1.00	同 SR 桩	1.273	0.123	几何尺寸
GR-中心桩	0.80	同 SR 桩	1.273	0.138	$r_0=0.015$m；$L=1$m
GE1-角桩	1.00	同 SE1 桩	1.251	0.134	
GE1-边桩	0.90	同 SE1 桩	1.251	0.135	
GE1-中心桩	0.80	同 SE1 桩	1.251	0.163	材料属性（等效值）
GE2-角桩	0.70	同 SE2 桩	1.224	0.133	$E_p=25.9$GPa
GE2-边桩	0.50	同 SE2 桩	1.224	0.147	
GE2-中心桩	0.35	同 SE2 桩	1.224	0.174	

注：* 所有桩端参数拟合中 R^2 的值均大于 0.95。

由表 6-5 可知，随着土体开挖深度的增加，w_{bu} 值增加明显而 q_{bu} 值略微增加。需要说明的是，由于桩端阻力未充分发挥（呈现加工硬化），实测桩端阻力极限值并不是真正的桩端阻力极限值，即反算得到的 q_{bu} 和 w_{bu} 值仅是近似值。敏感性分析表明，所选择的 q_{bu} 值增加或减小 20%对整体拟合精度影响很小，可通过调整 w_{bu} 值补偿，因此 SR 桩潜在的桩端阻力可能大于估算值，土体开挖引起的实际桩端阻力损失量可能更大。土体开挖越深，w_{bu} 值越大，受群桩效应影响最大的中心桩的 w_{bu} 值更大。实际设计时，可考虑增加 w_{bu} 值来考虑桩端的群桩效应和土体开挖效应。群桩中角桩处 G 值最大，中心桩处 G 值最小，且随着土体开挖深度的增加而降低，尤其是 GE2 桩的中心桩，由于受到群桩效应和土体开挖效应的影响，其 G 值仅为单桩处 G 值的 0.23 倍。GE1 桩中各基桩 G 值仅为单桩处 G 值的 0.1～0.2 倍。这意味着土体开挖深度较小时群桩承载刚度削减不明显，但土体开挖过深可能导致群桩承载刚度显著降低，产生较大的附加沉降。综上可知，群桩效应和土体开挖效应会导致不同程度削弱桩基的承载刚度，在实际设计中可通过适当降低剪切模量值考虑上述影响。

6.4.6　补桩对土体开挖桩基沉降控制效果

增层开挖前（GR 桩）、增层开挖后无补桩处理（GE2 桩）和有补桩处理（GRS 桩）的群桩总荷载-沉降曲线见图 6-13。

由图 6-13 可知，GR 桩极限承载力为 7.659kN，GE2 桩极限承载力为 5.146kN，若不采取补桩处理会导致较大的承载能力损失，承载能力损失约占总承载力的 33%。GRS 桩极限承载力为 7.623kN（略低于预设计值），说明群桩中各基桩间补设新桩可弥补开挖引起的桩基承载力损失。按承载力设计的补桩参数可弥补土体开挖造成的桩基承载力损失，但不能弥补土体开挖引起的群桩承载刚度降低，可能导致桩基承载力不能充分发挥。同时，GR 桩和 GRS 桩的初始承载刚度相同。虽然随着载荷的增加，GRS 桩的沉降略大于 GR 桩，但新补设桩已大幅减小了土体开挖引起的附加沉降。

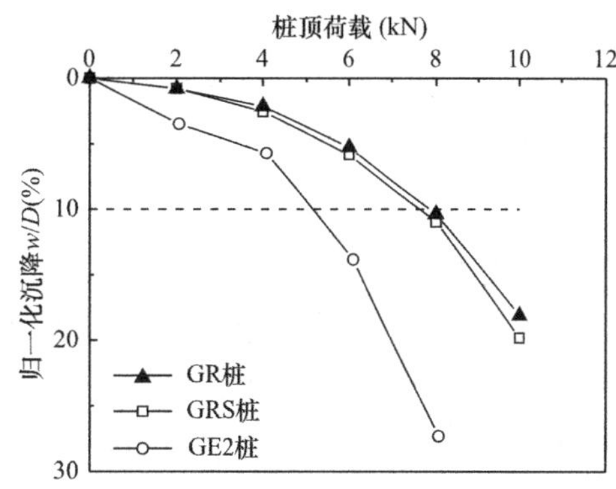

图 6-13　GR 桩、GRS 桩和 GE2 桩的总荷载-沉降曲线

第7章 地下增层开挖条件下桩基承载特性计算方法

7.1 概述

既有建筑下增扩地下空间工程中，基础变形与沉降控制是需要重点考虑的。按沉降控制的设计方法不仅需要考虑桩侧和桩端承载能力，还要考虑桩基承载刚度，确定桩基沉降。目前单桩和群桩沉降计算常用计算方法主要为：(1) 荷载传递法；(2) 弹性理论法；(3) 数值分析法，包括有限元法、边界元法、离散元法和有限条分法等。荷载传递法因其能够快速估算桩基响应且能较好模拟桩-土界面的非线性特性而得到了广泛应用。荷载传递法用一系列沿桩身和桩端分布的非线性弹簧来模拟桩侧和桩端与土体的相互作用。该方法的关键在于建立一种真实反映桩-土界面应力-应变关系的传递函数（即 τ-z 曲线）。τ-z 曲线的函数可通过经验拟合或理论分析得到。国内外学者考虑桩-土界面软化效应[138]、桩-土界面应力路径[139]、桩-土界面外土的弹性行为[140]、土的非线性行为[141]、施工效应[142]等因素提出了相应的荷载传递函数。

对于既有建筑增扩地下空间工程中的单桩，其承载特性影响因素主要有：(1) 开挖段内桩侧摩阻力的直接损失；(2) 开挖卸荷使土体处于超固结状态，改变桩周土应力状态和剪切强度；(3) 开挖卸荷引起的桩周土回弹变形造成的桩基承载刚度改变。本章根据模型试验揭示的开挖后桩基荷载传递特性，建立了考虑开挖引起的土体回弹和应力状态变化对桩侧和桩端承载特性影响的荷载传递模型，基于荷载传递法提出了用于评价增层开挖后在役桩基承载特性的计算方法。

7.2 桩身荷载传递微分方程

荷载传递法的基本思想是把桩身离散为多个弹性单元，各桩单元与土体间采用非线性弹簧联结，用非线性应力-应变关系模拟桩侧摩阻力与桩-土相对位移的关系或桩端阻力与桩端位移的关系（图7-1）。用于描述弹簧的非线性或线性行为的函数称为荷载传递模型。通过选取不同形式的荷载传递模型，可获得不同工况下的桩基承载特性。

根据某深度 z 处长度为 $\mathrm{d}z$ 的桩段的静力平衡条件可得到桩-土体系荷载传递基本微分方程：

$$\frac{\mathrm{d}^2 S_{\mathrm{s}}(z)}{\mathrm{d}z^2}=\frac{\pi D\tau_{\mathrm{s}}(z)}{E_{\mathrm{p}}A_{\mathrm{p}}}=f(z) \tag{7-1}$$

式中，$S_s(z)$ 为深度 z 处的桩身位移；$\tau_s(z)$ 为深度 z 处的单位桩侧摩阻力；E_p 为桩身弹性模量；A_p 为桩身横截面积；D 为桩径。

桩身荷载传递微分方程式（7-1）可采用解析法（如 Zhang 等[135]）或数值分析法（如 Cao 等[143]、Pan 等[144]、Cheng 等[145]）进行求解。解析法中需要给定荷载传递函数和边界条件，对式（7-1）进行积分，即可得到深度 z 处桩身轴力 $P(z)$ 与桩身位移 $S_s(z)$ 的解析解。解析法要求荷载传递函数形式简单，对于复杂的荷载传递函数，很难得到解析解。数值分析法则是采用各种数值手段，如泰勒级数法、有限差分法和龙格-库塔法，将桩身离散为若干单元后，采用转换后的代数方程逐段进行轴力-位移关系求解。数值分析方法适用于各种形式的荷载传递函数，但相较于解析解存在一定误差。

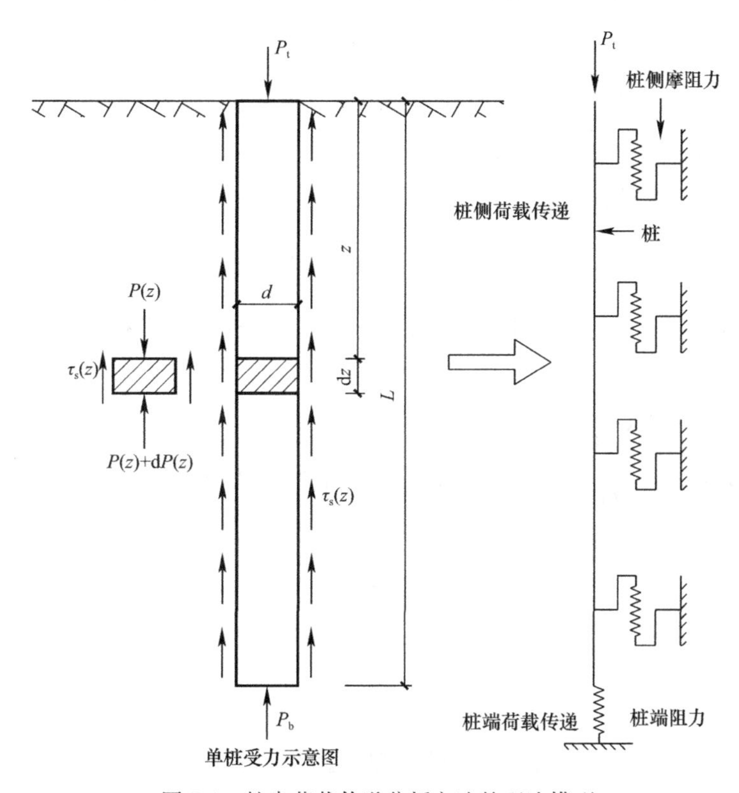

图 7-1　桩身荷载传递分析方法的理论模型

7.3　荷载传递模型

荷载传递法的关键在于选取能真实反映桩-土界面间相互作用的荷载传递模型。下文将在模型试验中揭示的桩土界面力学特性的基础上，建立增层开挖条件下在役桩基的桩侧和桩端荷载传递模型。

7.3.1　桩侧荷载传递模型

竖向荷载作用下，深度 z 处桩身位移 $S_s(z)$ 由桩-土界面间相对位移 $w(z)$ 和桩周土

体位移 $w_s(z)$ 组成，即：

$$S_s(z)=w(z)+w_s(z) \tag{7-2}$$

根据模型试验结果可知，单桩的桩侧摩阻力 $\tau_s(z)$ 和桩-土界面相对位移 $w(z)$ 近似呈双曲线关系。即：

$$\tau_s(z)=\frac{w(z)}{a+bw(z)} \tag{7-3}$$

式中，a 和 b 为模型参数，a 值代表桩-土界面初始剪切刚度 k_{s0} 的倒数，b 值倒数代表桩-土相对位移无穷大时对应的单位桩侧摩阻力。

根据式（7-3），桩-土界面间相对位移 $w(z)$ 可计算为：

$$w(z)=\frac{a\tau_s(z)}{1-b\tau_s(z)} \tag{7-4}$$

根据现场试验[146]、数值模拟[147]和理论分析[140]可知，桩-土界面外土体位移 $w_s(z)$ 很小，且主要为线弹性变化。因此，桩周土体位移 $w_s(z)$ 可根据 Randolph 和 Wroth[99] 提出的剪切位移法估算获得，即：

$$w_s(z)=\frac{r_0}{G_0}\ln\left(\frac{r_m}{r_0}\right)\tau_s(z)=c\tau_s(z) \tag{7-5}$$

式中，r_0 为桩身半径；G_0 为桩周土的剪切模量；r_m 为桩影响半径，其值可计算为 $r_m=2.5\rho(1-\nu_s)L$，L 为桩长，ν_s 为桩侧土的泊松比，ρ 为桩周土的不均匀系数，对于均质土 $\rho=1$，对于成层土 $\rho=\dfrac{\sum_{k=1}^{m}G_{sk}L_k}{G_{sm}L}$，$G_{sk}$ 为 k 层土中的剪切模量，G_{sm} 为土层中剪切模量的最大值，L_k 为 k 层土的土层厚度。

根据式（7-2），式（7-4）和式（7-5）可获得桩身位移 $S_s(z)$ 与桩侧摩阻力 $\tau_s(z)$ 的关系，即：

$$S_s(z)=\frac{a\tau_s(z)}{1-b\tau_s(z)}+c\tau_s(z) \tag{7-6}$$

对于增层开挖条件下的单桩，土体开挖卸荷会引起桩周土体回弹。考虑增层开挖引起的土体回弹，桩身位移 $S_s(z)$ 假定由三部分组成：（1）桩-土界面间的相对位移 $w(z)$；（2）桩-土界面外部土体的弹性位移 $w_s(z)$；（3）开挖引起的土体回弹位移 $w'_s(z)$。基坑开挖土体回弹量主要取决于回弹应力 σ_r 和回弹模量 E_r，可采用分层总和法进行计算，即：

$$w'_s(z)=\psi\int_z^{z_m}\frac{\sigma_{re}(h)}{E_{re}(h)}\mathrm{d}h=\psi\sum_{h=z}^{z_m}\frac{\sigma_{re}(h)}{E_{ur}(h)}\Delta h \tag{7-7}$$

式中，ψ 为修正系数；$w'_s(z)$ 为深度 z 处土体回弹量；$\sigma_{re}(h)$ 和 $E_{ur}(h)$ 分别为 h 深度处厚度为 Δh 土层的回弹应力和回弹模量；z_m 为开挖卸载影响深度。

基坑开挖卸荷过程中土体会产生残余应力 σ_{rp}，残余应力 σ_{rp} 与回弹应力 σ_{re} 之和等于卸荷应力 σ_0，见式（7-8）。因此，回弹应力可通过残余应力或卸荷应力进行简单修正确定，即：

$$\sigma_{re}(z)=\sigma_0(z)-\sigma_{rp}(z) \tag{7-8}$$

卸荷应力 σ_0 为开挖深度范围内土层自重应力反向作用于开挖后坑底土层引起的深度 z 处土体的附加竖向应力，其值可由 Mindlin 应力解计算得到。楼晓明等[148]的研究表明，残余应力可视为坑底土回弹影响范围内的有效自重应力。开挖产生的卸荷应力向上，坑底土体的有效自重应力向下，两者相互抵消，剩余部分则是土体的回弹应力。因此，回弹应力可计算为：

$$\sigma_{re}(z)=\alpha_z P_0-\gamma' z \tag{7-9}$$

式中，α_z 为根据 Mindlin 应力解得到的附加应力系数；P_0 为开挖范围内土体自重应力；γ'为坑底深度 z 处的平均有效重度。

回弹模量常采用 Duncan-Chang 模型计算获得[149-150]，即：

$$E_{ur}=K_{ur}p_a(\sigma_3/p_a)^{n_{ur}} \tag{7-10}$$

式中，K_{ur}、n_{ur} 为土体回弹模量参数；p_a 为大气压力；σ_3 为土体围压，可根据侧向土压力系数和竖向附加卸荷应力获得。

根据式（7-11）和式（7-12），增层开挖条件下单桩的桩身位移 $S_s(z)$ 与桩侧摩阻力 $\tau_s(z)$ 的关系为：

$$S_s(z)=\frac{a\tau_s(z)}{1-b\tau_s(z)}+c\tau_s(z)-f(z) \tag{7-11}$$

其中，

$$f(z)=\psi\sum_{h=z}^{z_m}\frac{\Delta\sigma'_v-\gamma' h}{K_{ur}p_a(K_0\Delta\sigma'_v/p_a)^{n_{ur}}}\Delta h \tag{7-12}$$

式中，$\Delta\sigma'_v$为开挖范围内土体卸载引起的深度 z 处土体竖向附加应力；回弹应力为 0 的土层深度作为回弹量计算深度 z_m。

7.3.2　桩端荷载传递模型

根据模型试验结果，增层开挖前后单桩的桩端阻力 q_b 和桩端沉降 S_b 近似呈双折线关系。因此，采用双折线模型来模拟桩端承载特性，即：

$$q_b=\begin{cases}k_1 S_b & S_b<S_{bu}\\ k_1 S_{bu}+k_2(S_b-S_{bu}) & S_b\geqslant S_{bu}\end{cases} \tag{7-13}$$

式中，k_1 和 k_2 分别代表桩端阻力发挥的第一阶段和第二阶段的承载刚度；S_{bu} 为第一阶段桩端极限承载力所对应的桩端沉降，也称界限桩端位移。

根据式（7-13）获得单桩桩端沉降 S_b，即：

$$S_b=\begin{cases}q_b/k_1 & q_b<k_1 S_{bu}\\ [q_b-(k_1-k_2)S_{bu}]/k_2 & q_b\geqslant k_1 S_{bu}\end{cases} \tag{7-14}$$

对于增层开挖条件下的单桩，由于土体回弹作用，其桩端沉降 S_b 与桩端阻力 q_b 间的关系为：

$$S_b=\begin{cases}q_b/k_1-f(L) & q_b<k_1S_{bu}\\ [q_b-(k_1-k_2)S_{bu}]/k_2-f(L) & q_b\geqslant k_1S_{bu}\end{cases} \tag{7-15}$$

7.3.3 模型参数确定

桩侧荷载传递模型中，参数 a 和 b 分别为桩-土界面初始剪切刚度和双曲线渐进值的倒数，可表示为[151]：

$$\begin{cases}a=1/k_{s0}\\ b=R_s/\tau_{su}\end{cases} \tag{7-16}$$

式中，R_s 为桩侧摩阻力破坏比，其值大约为 0.85～0.95；τ_{su} 为桩侧极限摩阻力。

对于非剪胀性土，增层开挖前的桩侧单位摩阻力为：

$$\tau_{su}=\sigma_n'\tan\delta=[(1-\sin\varphi')\sigma_v']\tan\delta \tag{7-17}$$

式中，φ'为土体有效内摩擦角；σ_v'为竖向有效应力；δ 为桩-土界面摩擦角，其值与桩身粗糙度和土体平均粒径 D_{50} 有关[118]，通常取 $\delta=(0.75\sim1)\varphi'$。若桩身粗糙度较大（如灌注桩、粗糙钢管桩），可近似取 $\delta=\varphi_{cv}'$[123,152]。

对于剪胀性土，增层开挖前的桩侧单位摩阻力为：

$$\tau_{su}=\left[(1-\sin\varphi')\sigma_v'+\frac{4G_s}{D}u_{cs}\right]\tan\delta \tag{7-18}$$

式中，G_s 为桩周土的剪切模量，考虑可能存在的塑性应变，其值可通过将小应变剪切模量 G_0 乘以削减系数 α 得到，即 $G_s=\alpha G_0$；u_{cs} 为极限状态下的桩-土界面剪胀量。

非剪胀性土中增层开挖后的桩侧单位摩阻力为：

$$\tau_{su}=[(1-\sin\varphi')\mathrm{OCR}^{\sin\varphi'}\sigma_v']\tan\delta \tag{7-19}$$

式中，OCR 为增层开挖前后竖向有效应力之比。

剪胀性土中开挖后的桩侧单位摩阻力为：

$$\tau_{su}=\left[(1-\sin\varphi')\mathrm{OCR}^{\sin\varphi'}\sigma_v'+\frac{4G_s}{D}u_{cs}\right]\tan\delta \tag{7-20}$$

初始剪切模量 G_0 可通过原位试验（如地震圆锥贯入试验、旁压试验等）和室内试验（如共振柱，弯曲元试验等）获得，也可根据 Hardin 和 Drnevich[128]的研究成果采用经验公式估算，即：

$$G_0=C_g p_a\frac{(e_g-e_0)^2}{1+e_0}\sqrt{\frac{p'}{p_a}} \tag{7-21}$$

式中，C_g、e_g 为材料固有的无量纲参数；e_0 为初始孔隙率；p'为平均主应力。

桩-土界面剪胀量的大小取决于土体的剪胀势，即 $\tan\psi=\mathrm{d}u/\mathrm{d}w$，其中 ψ 为剪胀角。根据 Mascarucci 等[129]的研究结果可知，$\tan\psi$ 和剪切应变 γ 间的关系可简化为线性关系。极限状态下桩-土界面剪胀量 u_{cs} 可计算为：

$$u_{cs}=\int_0^{\gamma_{cs}}t_s\cdot\tan\psi\mathrm{d}\gamma=t_s\cdot\tan\psi_p\cdot\frac{\gamma_{cs}}{2} \tag{7-22}$$

式中，ψ_p 为峰值剪胀角；γ_{cs} 为极限状态下的剪切应变，根据 Mascarucci 等[129]的建议，可取 $\gamma_{cs}=60\%$；t_s 为桩-土界面剪切带厚度，通常用 D_{50} 表示[153]，对于光滑桩，桩侧不会形成剪切带，对于粗糙桩，可取 $t_s=(10\sim15)D_{50}$[126,154]。

根据 Bolton[155]和 Rowe[156]的应力-剪胀理论，峰值剪胀角 ψ_p 可计算为：

$$\sin\psi_p=\frac{\sin\varphi'_p-\sin\varphi'_{cv}}{1-\sin\varphi'_p\cdot\sin\varphi'_{cv}} \tag{7-23}$$

$$\varphi'_p-\varphi'_{cv}=mI_{rd} \tag{7-24}$$

$$I_{rd}\begin{cases}5D_r-1 & p'\leqslant 150\text{kPa}\\ D_r[5-\ln(p'/150)]-1 & p'>150\text{kPa}\end{cases} \tag{7-25}$$

式中，φ'_p为峰值有效内摩擦角；φ'_{cv}为极限状态下的有效内摩擦角；I_{rd} 为相对剪胀指数。

单桩桩侧初始承载刚度与桩侧土围压 σ'_n相关[157]，可表示为：

$$k_{s0}=A_0\cdot\sqrt{\frac{\sigma'_n}{p_a}} \tag{7-26}$$

式中，A_0 为弹性参数，在给定桩-土界面性质条件下是一定值，可由土-结构剪切试验结果反算获得。

当缺乏剪切试验数据时，也可根据弹性理论解[99]求得，即：

$$k_{s0}=\frac{G_0}{r_0\ln(r_m/r_0)} \tag{7-27}$$

对于大面积开挖的基坑，OCR 为开挖前后该点处的有效自重应力之比。对于深度 z 处的土体，其超固结比可计算为：

$$\text{OCR}=\frac{\overline{\gamma}_1(z-h_1)+q_0}{\overline{\gamma}_2(z-h_2)} \tag{7-28}$$

式中，$\overline{\gamma}_1$，$\overline{\gamma}_2$ 分别为地下增层开挖前后土层平均有效重度；h_1，h_2 分别为地下增层开挖前后土体开挖面深度；q_0 为原基础底面可能存在的土体超载。

对于开挖宽度较小的情况，基坑外部土体对坑内土体的作用不可忽略。对于开挖宽度 $2a$ 的增层开挖工况（图 7-2），深度 h 范围内的开挖卸载引起深度 z 处竖向有效应力的改变量可采用均布荷载作用下的 Mindlin 应力解进行计算，即：

$$\begin{aligned}\Delta\sigma'_v=&\frac{\overline{\gamma}_1}{\pi}\left[h\arctan\frac{a}{z_1}-\frac{a}{2}\ln(r_1^2)+z\arctan\frac{z_1}{a}+h\arctan\frac{a}{z_2}+\frac{a}{2}\ln(r_2^2)-z\arctan\frac{z_2}{a}\right]\\&+\frac{\overline{\gamma}_1}{2\pi(1-\nu)}\left[\frac{a}{2}\ln(r_2^2)-\frac{a}{2}\ln(r_1^2)+2z(1-2\nu)\left(\arctan\frac{z_2}{a}-\arctan\frac{z}{a}\right)-\frac{2ahz}{r_2^2}\right]\end{aligned} \tag{7-29}$$

式中，ν 为土体泊松比；$z_1=z-h$；$z_2=z+h$；$r_1^2=a^2+z_1^2$；$r_2^2=a^2+z_2^2$。

深度 h 处的超载引起的 z 处竖向有效应力增量为：

$$\Delta\sigma'_{v0}=\frac{q_0}{\pi}\left(\arctan\frac{a}{z_1}+\arctan\frac{a}{z_2}\right)+\frac{q_0}{2\pi(1-\nu)}\left\{\frac{az_1}{r_1^2}+\frac{a[h+(3-4\nu)z]}{r_2^2}+\frac{4ahzz_2}{r_2^4}\right\} \tag{7-30}$$

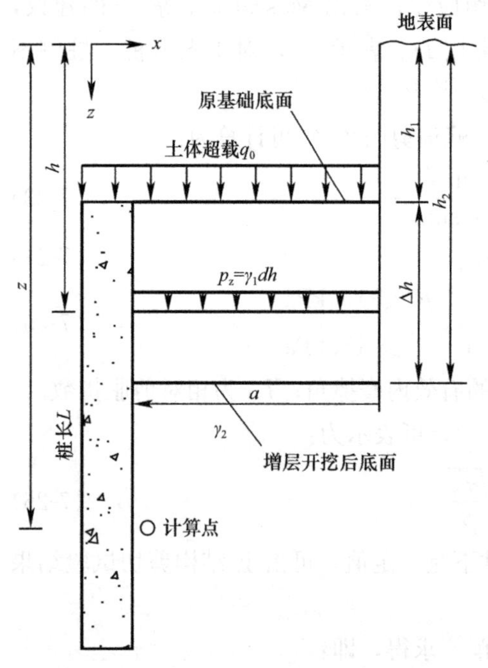

图 7-2　竖向有效应力改变量计算示意图

因此，对于开挖宽度为 $2a$、开挖深度为 h 的情况，深度 z 处土体的超固结比可计算为：

$$\mathrm{OCR}=\frac{\overline{\gamma}_1 z+\Delta\sigma'_{v0}-\Delta\sigma'_v(h_1)}{\overline{\gamma}_2 z-\Delta\sigma'_v(h_2)} \tag{7-31}$$

需要说明的是，由于实际土体的塑性、各向异性的存在，Mindlin 应力解的计算结果是偏大的。根据 Mindlin 应力解与有限元分析计算结果的对比可知[158]，采用 Mindlin 应力解计算的结果比有限元计算结果大约 5%，因此使用 Mindlin 应力解计算增层开挖后的桩侧摩阻力时，式（7-20）应乘以修正系数 0.95，即：

$$\tau_{su}=\left[0.95(1-\sin\varphi')\mathrm{OCR}^{\sin\varphi'}\sigma'_v+\frac{4G_s}{D}u_{cs}\right]\tan\delta \tag{7-32}$$

桩端荷载传递模型中桩端初始承载刚度 k_1 可根据弹性理论解计算[99]，即：

$$k_1=\frac{4G_b}{\pi r_0(1-\nu_b)} \tag{7-33}$$

式中，G_b 和 ν_b 分别为桩端土的初始剪切模量和泊松比。

施工方法、桩端土性质、钻孔清理方法和桩端沉渣厚度等均会影响 S_{bu} 值。因此，S_{bu} 值很难准确确定。根据 29 根不同场地条件、施工方式和几何尺寸等条件下的单桩现场实测数据，反分析获得了 S_{bu} 值，见表 7-1。由表 7-1 可知，S_{bu} 取值范围为 0.5～8.3mm，离散性较大。对数据进行归一化处理后可知，当桩端持力层为坚硬岩层时，S_{bu}/D 较大，取值范围为 0.25%～0.75%；桩端采用注浆加固后，S_{bu}/D 较小，取值范围为 0.05%～0.17%；对于土层中的钻孔灌注桩，S_{bu}/D 约为 0.11%～0.34%；而对于打入桩，S_{bu}/D 最大，取值范围为 1.4%～4.56%。

当荷载-沉降曲线出现拐点时，桩侧阻力已经充分发挥，故第二阶段的桩顶荷载增量主要由端阻力提供，因此 k_2 值可计算为[135]：

$$k_2=\frac{\Delta Q_t}{\left(\Delta S_t-\dfrac{\Delta Q_t L}{E_p A_p}\right)}=\frac{k_t}{1-k_t\dfrac{L}{E_p A_p}} \tag{7-34}$$

式中，ΔQ_t 是桩端沉降大于界限桩端位移 S_{bu} 时的桩顶荷载增加量；ΔS_t 是由 ΔQ_t 引起的桩顶沉降增加量；$k_t=\Delta Q_t/\Delta S_t$。

当缺乏现场试桩试验数据时，可采用桩端位移为 $0.1D$ 时的极限桩端承载力 $q_{b0.1}$ 估算，即：

$$q_{b0.1}=k_1 S_{bu}+k_2(0.1D-S_{bu}) \tag{7-35}$$

根据 Yasufuku[159] 的建议，$q_{b0.1}$ 值约等于 $0.3q_{bu}$。因此，k_2 可计算为：

$$k_2=\frac{0.3q_{bu}-k_1S_{bu}}{0.1D-S_{bu}} \tag{7-36}$$

黏土中单桩的桩端极限承载力 q_{bu} 与桩端土不排水强度 S_u 有关[142]，即：

$$q_{bu}=9S_u \tag{7-37}$$

对于砂土中的单桩，桩端极限承载力 q_{bu} 可计算为[159]：

$$q_{bu}=N_q\sigma'_v \tag{7-38}$$

试桩场地基本情况及 S_{bu} 反算值　　**表 7-1**

文献来源	桩型	桩端土类型	桩长 L(m)	桩径 D(m)	S_{bu}(mm)	S_{bu}/D(%)
张忠苗等[160]	钻孔灌注桩	中风化基岩	119.9	1.1	6.9	0.63
		中风化基岩	88.2	1.1	8.3	0.75
		强风化基岩	88.4	1.1	1.2	0.11
张忠苗等[161]	钻孔灌注桩	中风化闪长岩	109.7	1.1	2.7	0.25
		中风化闪长岩	103.7	1.1	3.2	0.29
朱金颖等[162]	钻孔灌注桩	碎卵石	47.7	1.1	1.4	0.13
赵春风等[163]	钻孔灌注桩	粉质黏土	48.2	1.2	2.2	0.18
王东红等[164]	钻孔灌注桩	粉质黏土	50	0.8	1.7	0.21
		粉质黏土	50	0.8	1.1	0.14
Mayne 和 Harris[165]	钻孔灌注桩	粉砂	16.8	0.76	2.2	0.29
程晔等[166]	钻孔灌注桩	砾砂	84	1.5	1.7	0.11
		粉砂	69	1.5	5.1	0.34
		粗砂	76	1.8	4.6	0.26
		细砂	125	2.5	5.7	0.23
张忠苗等[167]	钻孔灌注桩	砾砂（后注浆）	84	1.5	0.7	0.05
		粉砂（后注浆）	69	1.5	0.8	0.05
		粗砂（后注浆）	76	1.8	3.1	0.17
		细砂（后注浆）	125	2.5	0.5	0.02
		卵石（后注浆）	49.4	0.8	1	0.13
		卵石（后注浆）	48.8	0.8	0.7	0.09
		卵石（后注浆）	49	0.8	1	0.13
		卵石（后注浆）	50.5	0.8	1.2	0.15
Paik 等[168]	打入式闭口管桩	密砂	7	0.356	5	1.40
	打入式开口管桩	密砂	7	0.356	8	2.25
Yang 等[169]	打入式 II 型钢桩	全风化～强风化花岗岩	31.8	0.325（等效）	8	4.65
		全风化～强风化花岗岩	39.6	0.325（等效）	6	3.49
		全风化～强风化花岗岩	42.9	0.325（等效）	7	4.07
		全风化～强风化花岗岩	45.1	0.325（等效）	5	2.91
		全风化～强风化花岗岩	38.6	0.325（等效）	8	4.65

其中，

$$N_{\mathrm{q}}=\frac{A}{1-\sin\varphi'_{\mathrm{cv}}}\left\{\frac{\dfrac{G_{\mathrm{b}}}{\sigma'_{\mathrm{v}}}}{B+D\left(\dfrac{G_{\mathrm{b}}}{\sigma'_{\mathrm{v}}}\right)^{-0.8}}\right\}^{C} \tag{7-39}$$

式中，G_{b} 为桩端土的剪切模量；参数 A，B，C 和 D 可通过式（7-40）计算获得，即：

$$A=\frac{3(1+\sin\varphi'_{\mathrm{cv}})}{3-\sin\varphi'_{\mathrm{cv}}}\left(\frac{1+2K_{0}}{3}\right) \tag{7-40a}$$

$$B=\left(\frac{1+2K_{0}}{3}\right)\tan\varphi'_{\mathrm{cv}} \tag{7-40b}$$

$$C=\frac{4\sin\varphi'_{\mathrm{cv}}}{3(1+\sin\varphi'_{\mathrm{cv}})} \tag{7-40c}$$

$$D=50\left\{\frac{(1+2K_{0})}{3}\tan\varphi'_{\mathrm{cv}}\right\}^{1.8} \tag{7-40d}$$

回弹模量参数 K_{ur}、n_{ur} 由三轴试验中的加载-卸载曲线反算获得；卸荷应力 $\Delta\sigma'_{\mathrm{v}}$采用式（7-29）计算。

7.4 单桩荷载-沉降曲线计算流程

单桩荷载-沉降曲线计算前，先将桩身沿桩长划分为 n 个等长或不等长的桩段，并对从桩顶到桩端的每个节点进行编号，见图 7-3。

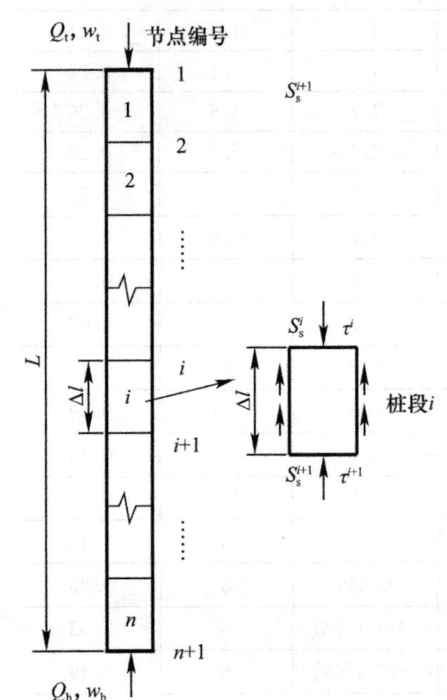

图 7-3　桩段划分及节点编号

对桩身荷载传递微分方程进行差分离散，即：

$$S_{\mathrm{s}}^{i+1}=\left(\frac{L}{n}\right)^{2}\left(-\frac{2\pi r_{0}}{E_{\mathrm{p}}A_{\mathrm{p}}}\tau^{i}\right)+2S_{\mathrm{s}}^{i}-S_{\mathrm{s}}^{i-1} \tag{7-41}$$

增层开挖前后竖向受荷单桩承载特性计算流程如下：

（1）假设一个桩顶荷载 Q；

（2）假设桩段 1 的两个桩身节点各发生一个较小的位移，S_{s}^{1} 和 S_{s}^{2}。

（3）根据桩侧荷载传递模型［地下增层前采用式（7-6），地下增层后采用式（7-11）］计算这两个节点的桩侧摩阻力 τ_{s}^{1} 和 τ_{s}^{2}。

（4）假定每个桩段轴力呈线性变化，节点 2 处桩身位移可根据桩身压缩量修正为：

$$S_{\mathrm{s}}^{2\prime}=S_{\mathrm{s}}^{1}-S_{\mathrm{c}} \tag{7-42}$$

式中，S_{c} 为桩段 1 的桩身压缩量，可计算为：

$$S_{\mathrm{c}}=\left[Q+Q-\pi d\Delta l\ \frac{(\tau^{1}+\tau^{2})}{2}\right]\cdot\frac{\Delta l}{2E_{\mathrm{p}}A_{\mathrm{p}}} \tag{7-43}$$

（5）比较节点 2 的修正桩身位移 $S_s^{2'}$ 与步骤（2）中假定的位移 S_s^2。若 $|S_s^2-S_s^{2'}|$ 小于给定的容许误差，如 1×10^{-6}m，则节点 2 的桩身位移可取为 S_s^2，否则需重新假定 S_s^2 的值，如取为修正位移 $S_s^{2'}$，重复步骤（2）～步骤（4）直至 $|S_s^2-S_s^{2'}|$ 小于给定的容许误差。

（6）采用式（7-41）计算其他节点的桩身位移。

（7）计算桩侧总摩阻力 Q_s，即：

$$Q_s=\sum_{i=1}^{n+1}\left(\frac{\tau^i+\tau^{i+1}}{2}\right)(\pi d\Delta l) \tag{7-44}$$

（8）根据桩端荷载传递模型［地下增层前采用式（7-14），地下增层后采用式（7-15）］和计算的桩端节点位移 S_s^{n+1}，计算桩端阻力 Q_b。

（9）计算单桩总承载力 Q'，即：

$$Q'=Q_s+Q_b \tag{7-45}$$

（10）改变 S_s^1 值并重复步骤（2）～步骤（9），直至 $|Q-Q'|$ 的值小于给定的误差容许范围，如 1×10^{-2}N，最终获得的 S_s^1 值即为步骤 1 中假定桩顶荷载 Q 所对应的桩顶沉降。

（11）采用不同桩顶荷载 Q 值，重复步骤（2）～步骤（11），直至获得一系列桩顶荷载和桩顶位移值。

7.5　增层开挖后单桩荷载-沉降曲线预测方法

第 7.4 节中所述的单桩荷载-沉降曲线计算方法实际上未考虑增层开挖前桩基承载力的时间效应。考虑增层开挖前桩基承载力的时间效应，增层开挖后单桩荷载-沉降曲线的计算流程如下：

（1）根据第 7.4 节单桩荷载-沉降曲线计算方法，估算不考虑时间效应和开挖效应的单桩荷载 Q_S-沉降 S 曲线及只考虑开挖效应的单桩荷载 Q_{SE}-沉降 S 曲线。

（2）根据得到的 Q_S-S 曲线和 Q_{SE}-S，确定不同沉降下开挖引起荷载损失 ΔQ-沉降 S 曲线和归一化荷载损失 $\Delta Q/Q$-沉降 S 曲线。

（3）根据计算出的 Q_S-S 曲线，确定施工完成后的单桩承载力 Q_0 和单桩初始承载刚度 k_{p0}。

（4）由 2.4 节计算流程获得增层开挖前单桩荷载 Q_{BES}-沉降 S 曲线。

（5）根据 $\Delta Q/Q$-S 曲线和 Q_{BES}-S 曲线确定不同沉降下考虑增层开挖前桩基承载力时间效应的开挖引起荷载损失 ΔQ_E-沉降 S 曲线。

（6）对比 Q_{BES}-S 曲线和 ΔQ_E-S 曲线即可获得增层开挖后单桩荷载 Q_{AES}-沉降 S 曲线。

7.6　增层开挖对群桩间相互作用的影响

7.6.1　桩-桩相互作用

相互作用系数法（图 7-4）是计算群桩沉降时的常用方法。两桩相互作用系数 α_{ij} 定义

为非受荷桩 i（被动桩）由于邻近受荷桩 j（主动桩）产生的沉降 S_{ij} 与受荷桩 j 在自身荷载作用下产生的沉降 S_{jj} 之比。Leung 等[170]的研究表明，桩-桩相互作用主要表现为弹性行为。Randolph 和 Wroth[99]基于弹性理论建立了两桩桩侧位移间相互作用系数 α_s 的计算公式，即：

$$\alpha_s=\begin{cases}\ln\left(\dfrac{r_m}{r_{ij}}\right)\Big/\ln\left(\dfrac{r_m}{r_0}\right) & r_0<r_{ij}<r_m\\ 0 & r_{ij}>r_m\end{cases}\tag{7-46}$$

式中，r_{ij} 是桩 i 与桩 j 间的中心间距。

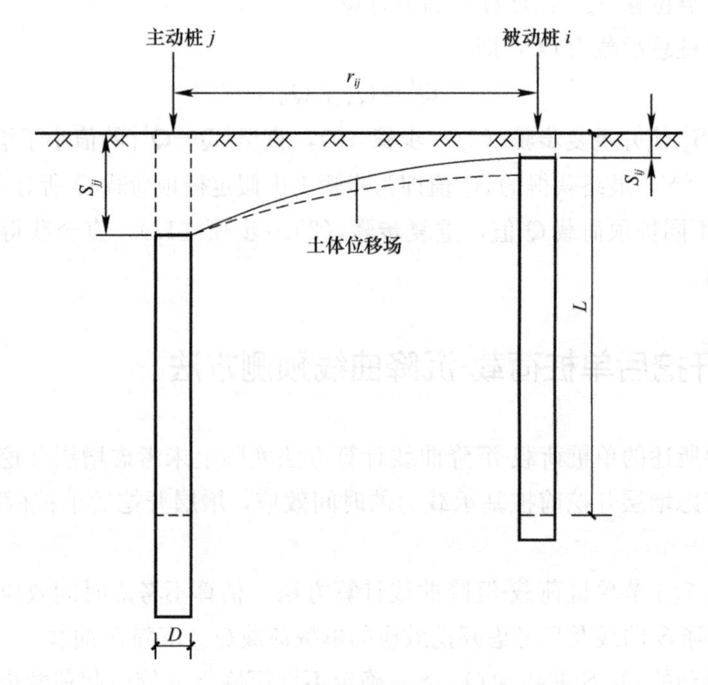

图 7-4　两桩相互作用示意图

实际上，被动桩不会完全随着自由土体场变形，桩的存在会削弱土体弹性位移，即桩-桩间存在加筋效应。可采用如下方法考虑被动桩对土体的加筋作用：

(1) 将被动桩模拟为由 Winkler 弹簧支撑的梁。将土体自由位移场施加到被动桩上并求解桩身荷载传递微分方程，即可获得被动桩在邻近主动桩影响下的桩身位移。

(2) 计算相邻桩加筋效应引起的附加位移，修正基桩 i 位移来考虑群桩的加筋效应，其中桩身总沉降假设为桩周土的弹性位移和桩土界面剪切带区域的非线性位移之和[171-172]。

(3) 引入折减系数λ(定义为被动桩 i 剪切力引起的主动桩 j 桩身位移与被动桩 i 在自身荷载作用下的桩周土体位移 S_{szii} 之比）修正基桩桩周土体位移场。

现有相互作用系数计算方法未能考虑开挖应力释放影响的桩-土-桩相互作用。为建立增层开挖条件下群桩承载特性计算方法，采用有限元软件对开挖条件下桩间相互作用进行分析。

7.6.2　计算模型网格划分和边界条件

使用ABAQUS有限元软件进行计算，采用C3D8R单元模拟桩体、围护墙和土体，桩径和地下连续墙厚度均设为1m，开挖深度H和地下连续墙深度分别设为10m和30m。群桩采用五桩布桩模式（图7-5），方形承台宽度为10m，厚度为1m。桩间距、开挖宽度、桩长随算例不同而改变。模型网格划分影响桩侧摩阻力的发挥，尤其是桩侧附近的网格单元。根据Loukidis和Salgado[123]及Mascarucci等[173]的研究结果，桩侧土体单元的厚度须与实际桩-土相互作用形成的剪切带保持一致。光滑桩侧不会形成剪切带；而对于粗糙桩，剪切带厚度可取（10～15)D_{50}（D_{50}为桩周土体平均颗粒粒径）。因此，建模时桩侧土体单元厚度近似取为5mm。Han等[174]的研究表明，桩端网格尺寸过大将高估单位端阻力。因此，桩端网格尺寸应通过灵敏度分析确定，在缩短计算时间的同时确保求解精度。

根据已有研究[175-177]结果，模型边缘到边界的距离取为4倍开挖深度（即40m），垂直深度取桩长的2倍（即80m）时，可消除边界效应。模型的侧向边界限制法线方向位移，而土体的底部完全固定，限制法线方向和两个切线方向的位移。计算中不考虑桩基的施工效应，桩和围护墙预先安置，加载前不改变桩周围土体中预先存在的应力状态。因此，计算中假设桩身混凝土浇筑完成后，桩周土应力可恢复至钻孔前有效水平应力。

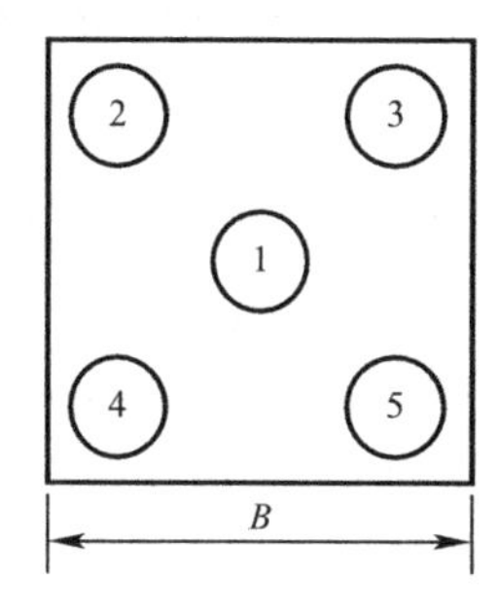

图7-5　群桩布置形式

7.6.3　本构模型和模型参数

桩和围护墙采用线弹性材料模拟，弹性模量E和泊松比ν分别取为25GPa和0.2。桩周砂土为各向同性的均匀介质，采用摩尔-库仑弹塑性模型模拟，有效摩擦角φ'和有效黏聚力c分别取为32°和1kPa。数值计算中涉及的材料参数见表7-2。

有限元分析中涉及的材料参数　　表7-2

部件	本构模型	E(GPa)	c(kPa)	φ'(°)	ν	K_0	γ(kN/m^3)
桩	弹性	25	—	—	0.25	0.01	25
承台	弹性	30	—	—	0.2	0.01	25
地下连续墙	弹性	25	—	—	0.25	0.01	25
土	摩尔-库仑	0.03	1	32	0.3	0.48	19

ABAQUS有限元软件中，设置桩-土界面接触对，形成一个零厚度的界面，桩作为主面处理，土体作为从面处理。接触对切向行为符合库仑摩擦定律，桩-土界面剪切行为由临界剪切滑移量γ_{cs}和摩擦系数μ决定。若桩-土界面的剪应力小于临界剪应力，则主从面间没有相对移动；若剪应力超过临界剪应力，则桩-土界面间将产生滑移。临界剪应力等于μp_n，其中p_n为两接触面上的法向有效应力。

临界剪切滑移量γ_{cs}可根据室内剪切试验或原位载荷试验反分析得到，离心试验[152]和现场试验[178]结果表明，桩侧阻力达到极限值所需的剪切滑移大小与桩径无关。根据 Zhang 等[138]的研究结果，γ_{cs} 值假定为 2mm。摩擦系数 μ 与桩-土界面摩擦角 δ 的关系为 $\mu=\tan\delta$，δ 值与桩身粗糙度和土体平均粒径 D_{50} 有关，通常 $\delta=(0.75\sim1)\varphi'$（$\varphi'$ 为土体有效摩擦角）。若桩身粗糙度较大（如灌注桩、粗糙钢管桩），可近似取 $\delta=\varphi'_{cv}$。本次数值计算中的研究对象为非剪胀性土（如正常固结黏土、中密砂土）中钻孔灌注桩，故 μ 值取为 0.5，对应的 δ 值约为 27°。

对于围护墙和周围土体间的相互作用，考虑大多数实际工程中围护墙是通过现浇混凝土施工，这种施工方式会导致墙身的粗糙度很大，沿墙身的剪切作用发生在墙体附近的土体中，而不在墙土界面处，可假定墙土界面间不产生相对滑移（数值计算中可将相邻的公共节点绑定在一起）。

7.6.4 数值模拟过程与数据处理方法

数值计算时先进行地应力平衡，重力与由初始竖向有效应力和水平有效应力组成的预设应力场施加到整个模型中。重力作为外力场与代表内力的预设应力场保持平衡，整个区域处于零速度或零位移的地应力平衡中。然后，在桩顶施加竖向均布荷载用于模拟轴向加载，并维持该荷载模拟既有桩持续受力。通过杀死增层区域内土体单元来模拟土体开挖。数值模拟过程见图 7-6。

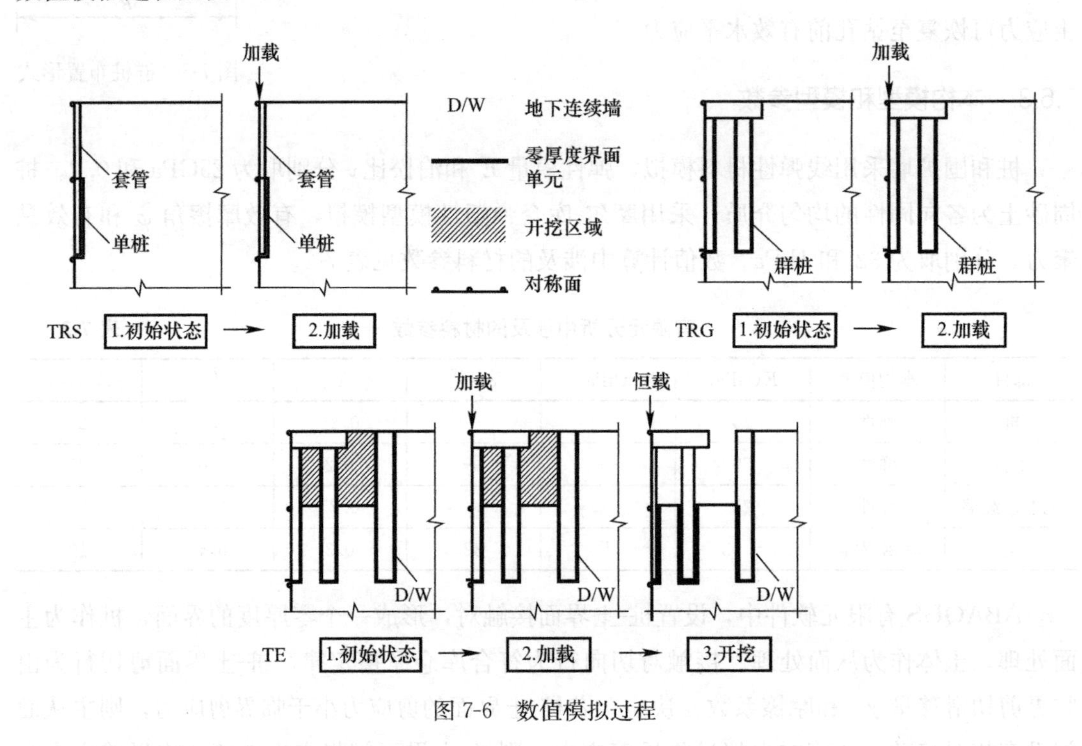

图 7-6　数值模拟过程

群桩承台沉降可直接由有限元计算结果得到，并采用平均沉降 S_{avg} 来表示，即：

$$S_{avg}=(2S_{centre}+S_{corner})/3 \tag{7-47}$$

式中，S_{centre} 为承台中部沉降；S_{corner} 为承台角部沉降。

根据群桩相互作用系数的思想，n 桩群桩中基桩 i 的沉降 S_i 可计算为：

$$S_i = \sum_{j=1}^{n} \alpha_{ij} f_{tj} Q_j \tag{7-48}$$

式中，α_{ij} 为桩 i 与桩 j 间的相互作用系数，可根据有限元计算结果和式（7-48）反算获得；Q_j 为基桩 j 所承担的荷载；f_{tj} 为单桩情况下桩顶的柔度系数，定义为单位荷载下单桩产生的沉降，即 $f_{tj}=S_{jj}/Q_j$。

对于方形承台的五桩群桩，其中心桩沉降为：

$$w_{centre} = Q_a f_{ta} + 4\alpha_{12} Q_b f_{tb} \tag{7-49}$$

式中，Q_a 和 f_{ta} 为中心桩桩顶荷载和对应的单桩柔度系数；Q_b 和 f_{tb} 为角桩桩端荷载和对应的单桩柔度系数。上述参数均可从有限元计算结果中直接获得，用于反算获得相互作用系数 α_{12} 值。

7.6.5　计算工况

为获得增层开挖对群桩相互作用的影响，主要围绕两类数值模拟工况开展研究，即桩基载荷试验 TR 和桩基恒载作用下桩周土开挖试验 TE，并考虑开挖深度 H、开挖宽度 a 和桩间距 r 等因素对计算结果的影响（表7-3）。TR 试验目的是为与 TE 试验做比对，分为群桩载荷试验 TRG 和单桩套管试验 TRS（套管长=开挖深度=10m）。每种群桩开挖试验都有对应的 TRS 和 TRG 试验作为参照，TRS 试验的目的是获取单桩情况下桩顶的柔度系数，进而反算桩间相互作用系数；而 TRG 试验的目的是确定群桩极限承载力 Q_u，进而确定 TE 试验的恒载大小（根据实际工程情况取为 $0.4Q_u \sim 0.8Q_u$）。

表7-3中计算系列 TEA1～TEA20 用于研究开挖宽度 a 对群桩承载特性的影响，其中开挖宽度 a 分别取 10m、15m、20m 和 25m，开挖宽深比 $2a/H$ 为 2.0～5.0；表7-3中计算系列 TEL1～TEL20 用于研究有效桩长对增层开挖条件下群桩承载特性的影响，其中总桩长分别取 20m、25m、35m 和 40m，有效桩长为 10m、15m、25m 和 30m，开挖深度与桩长比为 H/L 为 0.25～0.5，桩有效长径比 L/d 为 10～30；表7-3中计算系列 TES1～TES20 用于研究桩间距对增层开挖条件下群桩承载特性的影响，其中桩间距 r 分别取 2m、3m、4m 和 5m，距径比 r/D 为 2～5。

需要说明的是，数值计算中主要关注桩周土排水条件下群桩的承载特性，所以分析中采用排水条件下的土体强度参数和弹性模量，模拟中不涉及孔隙水压力的变化。

有限元计算工况　　**表7-3**

计算系列	a(m)	L(m)	r(m)	Q/Q_u	H(m)
TRG1～TRG4	—	20、25、35、40	4.0	—	—
TRS1～TRS4	—	20、25、35、40	—	—	—
TEA1～TEA20	10、15、20、25	25	4.0	0.4～0.8	10
TEL1～TEL20	15	20、25、35、40	4.0	0.4～0.8	10
TES1～TES20	15	25	2.0、3.0、4.0、5.0	0.4～0.8	10

7.6.6 计算结果分析

开挖条件下持荷群桩周围土体竖向位移见图 7-7。每组恒载作用下开挖模拟结果可用于反算相应的相互作用系数。各工况下相互作用系数与承台沉降的关系见图 7-8。

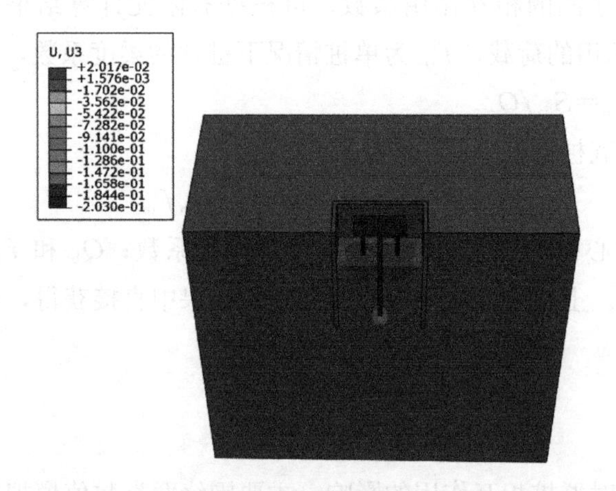

图 7-7 开挖条件下持荷群桩周围土体竖向位移

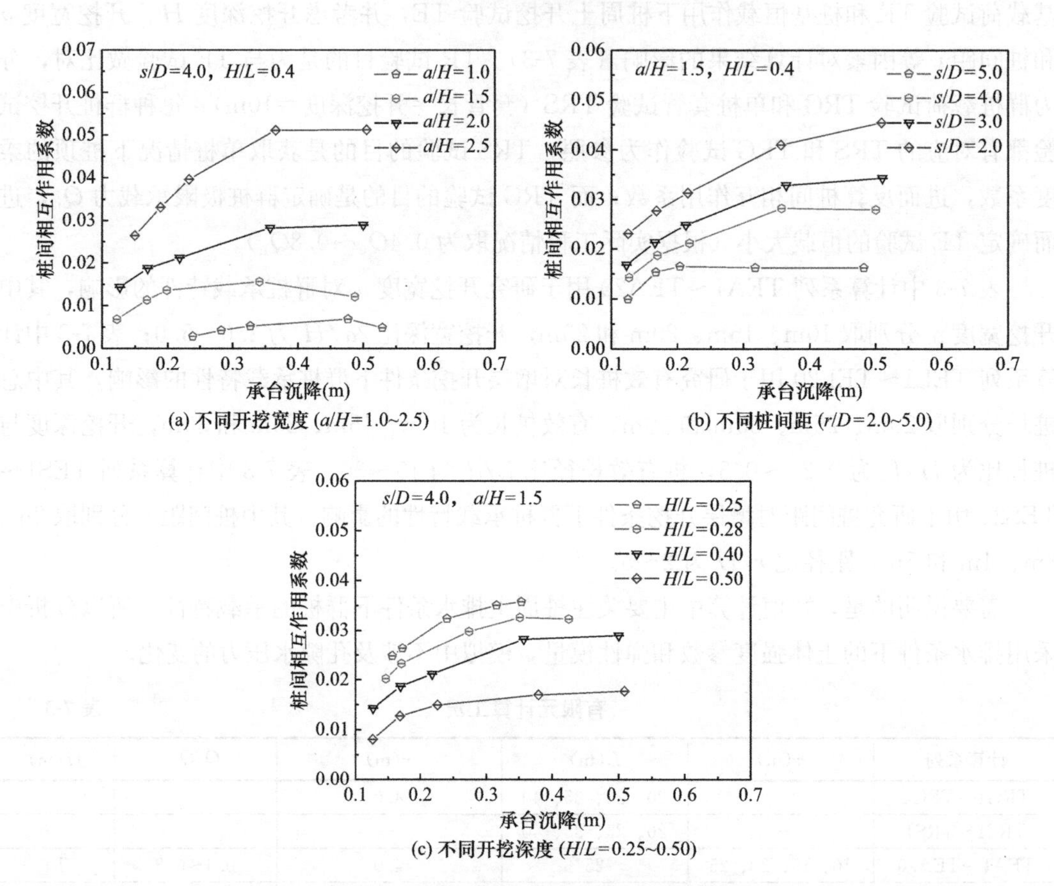

图 7-8 反算得到的桩间相互作用系数

由图7-8可知，群桩间相互作用系数随群桩沉降的增加而增加。群桩沉降较大时，群桩间相互作用系数趋于稳定。群桩间相互作用系数随开挖宽度a/H和开挖深度H/L的增加而减小，这与群桩模型试验结果一致，说明开挖会削弱桩间的相互作用。群桩间相互作用系数随桩间距r/D的增加而减小，这主要是由桩间距较大时基桩周围土体位移场对邻近桩的影响变弱所致。

7.7 增层开挖后群桩荷载-沉降曲线预测方法

群桩中基桩的沉降量为其自身荷载引起的沉降量和桩间相互作用引起的沉降量之和。对于n桩组成的群桩，基桩i的桩顶沉降S_{ig}可计算为：

$$S_{ig}=S_i+\sum_{\substack{j=1\\i\neq j}}^{n}\alpha_{ij}S_j \tag{7-50}$$

式中，S_i为单桩i由于自身荷载产生的桩顶沉降，可根据前述单桩分析方法得出；α_{ij}为基桩i和j的相互作用系数，可根据第7.5节有限元分析结果得出。需要说明的是，α_{ij}值与承台沉降相关，在计算时可假设其值为定值（平均值）。

实际工程中，群桩与承台连接共同承担上部荷载。根据承台的刚度、是否接触地面等条件，群桩荷载-沉降曲线计算可分为如下几种情况：

（1）对于刚性高承台n桩群桩，各基桩沉降可视为相同，作用在承台上的总荷载Q完全由各基桩承担，每根基桩的荷载和沉降可分别表示为：

$$\begin{cases}S_{1g}=S_{2g}=\cdots=S_{ig}=\cdots=S_{ng}\\Q_{t1}+Q_{t2}+\cdots+Q_{ti}+\cdots+Q_{tn}=Q\end{cases} \tag{7-51}$$

式中，Q_{ti}为基桩i的桩顶荷载。

（2）对于柔性高承台n桩群桩，各基桩所分担群桩荷载可视为相同，即$Q_{ti}=Q/n$。基桩i的沉降可由式（7-50）计算得到。

（3）对于低承台n桩群桩，根据Basile[179]的研究结果，除承台厚度很薄的情况外，承台刚度对群桩最大沉降值和承台或桩的荷载分担比影响很小。实际计算中桩、土和承台的差异沉降可忽略。承台所分担的荷载为Q_{pc}，其对应的沉降量S_{pc}可采用基于弹性理论的位移影响系数计算，即：

$$S_{pc}=\frac{Q_{pc}BI(1-\nu^2)}{E_{sp}} \tag{7-52}$$

式中，B为承台宽度；I为位移影响系数，其值与承台几何形状和刚度有关；E_{sp}为承台底部桩土复合弹性模量，可计算为：

$$E_{sp}=\frac{E_pA_p+E_sA_s}{A_{pc}} \tag{7-53}$$

式中，A_p为所有基桩的总面积；A_s为承台下所有土体总面积；A_{pc}为承台总面积；E_s为土体弹性模量。

考虑土体模量分布形式、基础刚度、不排水/排水条件和埋置深度，式（7-52）可修正为[180]：

$$S_{pc}=\frac{Q_{pc}\cdot B\cdot I_{G}\cdot I_{F}\cdot I_{E}\cdot(1-\nu^{2})}{E_{0}} \tag{7-54}$$

式中，I_G 为 Gibson 型土体模量分布的修正系数；I_F 为承台刚度修正系数；I_E 为承台埋置深度修正系数；E_0 为承台底部土体的弹性模量。

刚性低承台 n 桩群桩总荷载-沉降关系和各基桩荷载-沉降关系可计算为：

$$\begin{cases}S_{1g}=S_{2g}=\cdots=S_{ig}=\cdots=S_{ng}=S_{pc}\\Q_{t1}+Q_{t2}+\cdots+Q_{ti}+\cdots+Q_{tn}+Q_{pc}=Q\end{cases} \tag{7-55}$$

无承台群桩的 S_i 只需简单叠加各邻近桩对桩 i 产生的附加沉降即可获得。刚性承台群桩的沉降计算（即所有基桩沉降相等）更为复杂。各基桩的位移相等，形成 n 个联立方程，可求解未知荷载 P_j，由此可得出群桩的整体沉降。

前面所述的群桩荷载-沉降曲线计算方法未考虑增层开挖前桩基承载力的时间效应。考虑开挖前桩基承载力时间效应的增层开挖后的群桩荷载-沉降曲线的计算流程如下：

（1）根据第 7.4 节单桩荷载-沉降计算方法确定不考虑时间效应和开挖效应的单桩荷载 Q_S-沉降 S 曲线和只考虑开挖效应的单桩荷载 Q_{SE}-沉降 S 曲线。

（2）根据式（7-46）确定的相互作用系数，将 Q_S-S 曲线扩展至不考虑时间效应和开挖效应的群桩荷载 Q_G-沉降 S 曲线。

（3）根据有限元计算结果中反算得到的考虑开挖效应的相互作用系数将 Q_{SE}-S 曲线扩展至只考虑开挖效应的群桩荷载 Q_{GE}-沉降 S 曲线。

（4）根据得到的 Q_G-S 曲线和 Q_{GE}-S 曲线，确定不同沉降下开挖引起荷载损失 ΔQ-沉降 S 曲线和归一化荷载损失 $\Delta Q/Q$-沉降 S 曲线。

（5）根据计算出的单桩 Q_S-S 曲线，确定施工完成后的单桩承载力 Q_0 和桩基初始承载刚度 k_{p0}。

（6）由增层开挖前单桩荷载 Q_{BES}-沉降 S 曲线并基于等代墩法扩展至增层开挖前群桩荷载 Q_{BEG}-沉降 S 曲线。

（7）根据 $\Delta Q/Q$-S 曲线和 Q_{BEG}-S 曲线确定不同沉降下考虑增层开挖前桩基承载力时间效应的开挖引起荷载损失 ΔQ_E-沉降 S 曲线。

（8）根据 Q_{BEG}-S 曲线和曲线 ΔQ_E-S 即可确定增层开挖后群桩荷载 Q_{AEG}-沉降 S 曲线。

7.8 计算案例分析

【算例 7.8-1】

此算例来自文献［57］中的桩基足尺载荷试验。选取桩长为 6m、桩径为 0.6m、桩身弹性模量为 30GPa 的钻孔灌注桩的静载试验结果进行分析。现场测试表明，地表下存在约 20m 的花岗岩残积土，地下水位位于地表以下约 10m 处（即地下水位在桩端以下）。根据现场静力触探试验和 Mascarucci 等[129]、Bolton[155]、Rowe[156]、Viana 等[57] 和 Jamiolkowski 等[181] 的研究结果可知，该场地土层临界状态摩擦角约为 32°，剪切带厚度 t_s 约为 4mm，剪切模量折减系数 α 取其平均值 0.75，q_c 实测值、D_r 估算值、φ_p 估算值和 ψ_p 估算值见图 7-9。

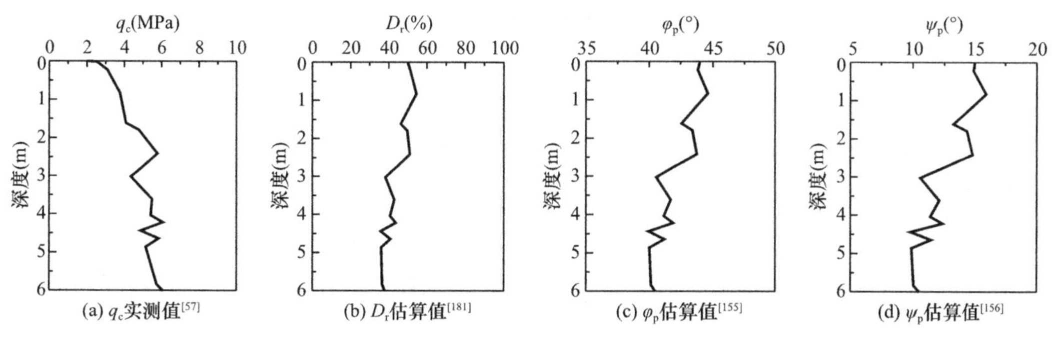

图 7-9　土层物理力学特性

试验过程中，单桩的最大荷载为 1350kN，测得的最大桩顶位移约为 100mm（≈17%D）。现场试验测得的不同深度处的 β 值和第 7.3.3 节的理论计算结果见图 7-10，实测和预测荷载-位移曲线见图 7-11。

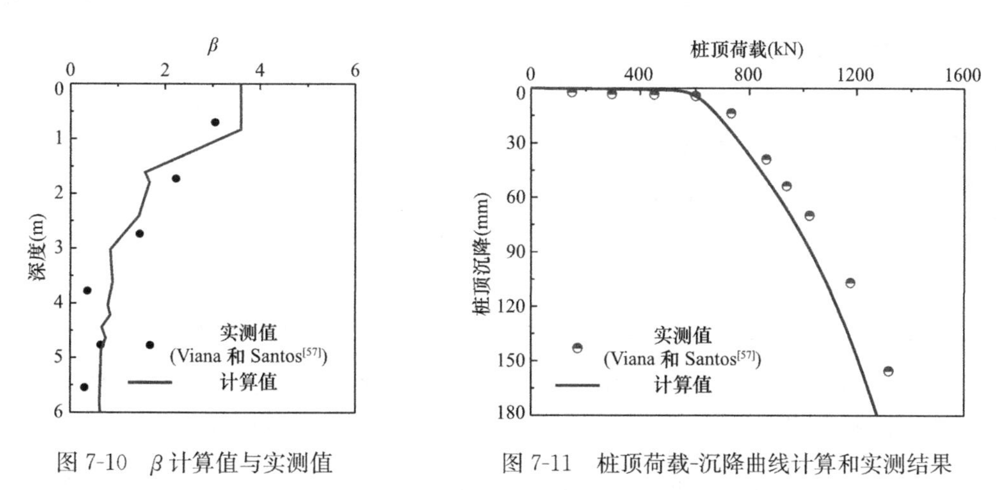

图 7-10　β 计算值与实测值

图 7-11　桩顶荷载-沉降曲线计算和实测结果

由图 7-11 可知，本章方法计算得到的预测结果与实测结果吻合较好。

【算例 7.8-2】

该算例来自第 5 章中既有建筑地下土体开挖条件下在役桩承载特性模型试验。为模拟实际工程中的开挖过程，模型实验中桩基始终在承担上部荷载的条件下进行桩周土体的开挖。每层土体开挖后待在役桩变形稳定后进行下一层土体开挖。该模型试验中模型桩由铝管打磨制成，桩径为 0.03m，桩长为 1.0m，桩身弹性模量为 25.9GPa。试验中所用砂土的平均相对密实度、内摩擦角等参数见第 5.3 节，不同开挖深度时砂土的剪切模量可根据经验公式［式（7-21）］计算求得。既有建筑地下土体开挖条件下在役单桩实测荷载-归一化沉降（w_t/D，即桩顶沉降/桩径）曲线和本章计算方法获得的单桩荷载-归一化沉降曲线见图 7-12。

由图 7-12 可知，考虑和不考虑开挖卸荷效应时，计算得到的地下增层开挖条件下在役单桩极限承载力相近，但考虑开挖效应后计算结果略高于不考虑开挖效应的计算结果。对于桩顶刚度，考虑开挖土体回弹的计算结果要低于不考虑土体回弹的计算结果。考虑开挖卸荷回弹效应的计算结果与试验结果更为吻合。需要指出的是，该算例为小尺度模型试验，开挖规模较小，土体应力状态变化不显著，对于原位条件下的增层开挖工程，是否考虑开挖卸荷效应，其计算值的差异可能会更加明显。

为研究坑底土回弹效应对在役桩承载性能的影响，分析了土体回弹量对荷载传递曲线的影响。分析中采用无量纲化参数，降低参数取值对计算结果的影响。选取一系列归一化土体回弹量值 w_s'/w_{ref}（w_s'为土体回弹量，w_{ref} 为参考土体位移），并计算其对应的荷载传递曲线及该曲线与不考虑土体回弹荷载传递曲线的偏差。该偏差由正规化方均根差表示。其中参考土体位移 w_{ref} 由极限桩侧摩阻力 τ_{su} 和桩侧初始承载刚度值 k_{s0} 计算得到，即：

$$w_{ref}=\frac{\tau_{su}}{k_{s0}} \tag{7-56}$$

敏感性分析表明，采用无量纲化分析可消除参数取值大小对计算结果的影响。计算的正规化方均根差与归一化回弹量的关系见图 7-13。

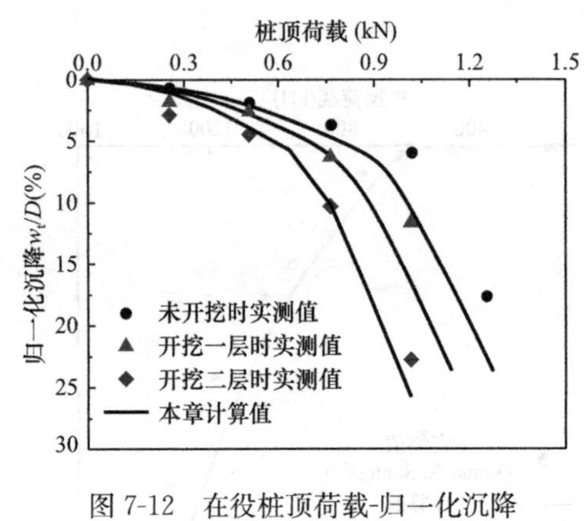

图 7-12 在役桩顶荷载-归一化沉降曲线的计算值和实测值

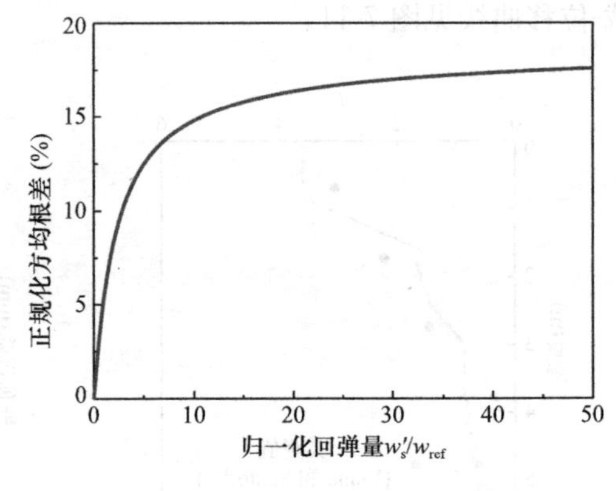

图 7-13 土体回弹量对荷载传递关系的影响

由图 7-13 可知，当归一化土体回弹量 w_s'/w_{ref} 小于 1 时，荷载传递曲线计算偏差小于 5%，此时是否考虑土体回弹对于计算结果影响不大，实际分析中可略去回弹效应；当 w_s'/w_{ref} 大于 3 时，此时计算误差超过 10%，沉降计算中须考虑土体回弹的影响。

【算例 7.8-3】

采用有限元分析结果验证本章提出的群桩荷载-沉降预测方法。模型所用到的计算参数与第 7.6 节保持一致，即桩身材料弹性模量为 25GPa，桩长为 20m，桩径为 0.8m，桩间距为 $2D$，群桩采用 3×3 桩布置，上覆荷载为 20MN；承台弹性模量为 30GPa，承台厚度为 0.8m，可视为刚性承台；土体弹性模量为 30MPa，泊松比为 0.3，土体剪切模量约为 11.5MPa，土体内摩擦角为 32°；开挖深度 H 为 $0.4L$（即 8m），开挖宽度 a 为 $1.5H$（即 12m）。对于 9 桩方形承台群桩，有三种类型的基桩，即 1 根中心桩，记为 c 桩；4 根边桩，记为 b 桩；4 根角桩，记为 a 桩。

根据不同类型的桩，承台沉降有 3 种计算表达形式。对于角桩来说，承台沉降可表示为：

$$w_g = Q_a f_{ta} + 2\alpha_1 Q_b f_{tb} + \alpha_2 Q_c f_{tc} + 2\alpha_3 Q_a f_{ta} + 2\alpha_4 Q_b f_{tb} + \alpha_5 Q_a f_{ta} \tag{7-57}$$

对于边桩来说，承台沉降可表示为：

$$w_g = Q_b f_{tb} + 2\alpha_1 Q_a f_{ta} + \alpha_1 Q_c f_{tc} + 2\alpha_2 Q_b f_{tb} + 2\alpha_4 Q_a f_{ta} + \alpha_3 Q_b f_{tb} \tag{7-58}$$

对于中心桩来说，承台沉降可表示为：

$$w_g = Q_c f_{tc} + 4\alpha_1 Q_b f_{tb} + 4\alpha_2 Q_a f_{ta} \tag{7-59}$$

式中，α_1、α_2、α_3、α_4、α_5 分别为五种不同桩间距（s、$\sqrt{2}s$、$2s$、$\sqrt{5}s$、$2\sqrt{2}s$）下的两桩相互作用系数，可根据 $0.1D$ 承台沉降对应的相互作用系数得到，分别取为 0.0263、0.0228、0.0184、0.0169、0.0134。f_{ta}、f_{tb} 和 f_{tc} 分别为 Q_a、Q_b 和 Q_c 荷载作用下单桩的桩顶柔度系数，可根据第 7.4 节的计算方法获得。

式（7-57）～式（7-59）中有四个未知数 w_g、Q_a、Q_b 和 Q_c。为求得上述四个未知数，需增加一个方程，即：

$$Q = 4Q_a + 4Q_b + Q_c \tag{7-60}$$

求解式（7-57）～式（7-60）即可得到开挖后持荷群桩总体沉降值为 31.4mm，有限元计算结果为 26.3mm，分析方法计算结果与有限元计算结果较为吻合。

第 8 章　不同布桩模式下群桩承载机理与计算方法研究

8.1　概述

前述研究表明，既有建筑地下开挖过程中，土体的扰动和挖除必然会导致桩侧和桩端土层竖向有效应力降低，造成既有桩基承载力损失。既有建筑物地下增层开挖后土体应力场的重分布和桩基承载力损失会加剧既有群桩基础的差异沉降。为弥补土体开挖对桩基承载力的削弱，降低既有群桩基础的整体和差异沉降，需在既有工程桩周边适当位置补设一定数量的桩（受施工机械和空间的限制，新补设桩一般为尺寸小于既有工程桩的桩），形成共同承担上部荷载的既有旧桩与新补桩的组合桩基。如何评价既有旧桩与新补桩组合桩基础的承载特性，是既有建筑地下增层工程中需要解决的问题。

为建立不同新旧组合桩基布桩模式下群桩基础承载特性的计算方法，本章采用双曲线模型模拟桩侧阻力和桩-土相对位移间关系及桩端位移-桩端荷载间的关系；考虑群桩中各基桩的相互影响和群桩间的加筋和遮帘效应，建立了群桩中各基桩双曲线荷载传递函数。在上述模型的基础上，结合荷载传递法提出了考虑桩-土体系渐进变形的单桩和群桩承载特性的计算方法。考虑群桩中各基桩的相互作用，提出了群桩中基桩荷载传递双曲线函数中各参数的确定方法，形成了非均匀布桩模式下群桩基础承载特性的计算方法。以成层地基中的 9 桩基础为例，按照基桩协同变形控制的思想，揭示了桩长、桩径、桩间距、桩数等参数对群桩基础承载特性的影响，分析了不同桩长、不同桩径和不同桩间距等布桩模式下边桩、角桩和中心桩的受力性状。

8.2　单桩侧摩阻力传递模型

已有研究表明[83,172,182,183]，双曲线模型可较好地描述桩-土界面的剪切特性，且其数学表达形式简单，参数物理意义明确，在实际工程中得到了广泛应用。现场试验结果表明，在高荷载水平作用下，桩侧摩阻力表现出软化特性（图 8-1，其中实测桩-土相对位移 S_s 对最大加载条件下对应的桩-土相对位移 S_{su} 进行归一化处理，实测单位侧阻 τ_s 对最大荷载水平下的单位侧阻 τ_{su} 进行归一化处理）。

单桩侧摩阻力传递软化模型的数学表达形式为[138]：

$$\tau_{sz}=\frac{S_{sz}(a_0+c_0S_{sz})}{(a_0+b_0S_{sz})^2} \tag{8-1}$$

式中，τ_{sz} 为深度 z 处的桩侧摩阻力；S_{sz} 为深度 z 处桩-土相对位移；a_0、b_0 和 c_0 均为参数，其值可表示为：

$$a_0=\frac{\beta_s-1+\sqrt{1-\beta_s}}{2\beta_s}\frac{S_{su}}{\tau_{su}} \tag{8-2}$$

$$b_0=\frac{1-\sqrt{1-\beta_s}}{2\beta_s}\frac{1}{\tau_{su}} \tag{8-3}$$

$$c_0=\frac{2-\beta_s-2\sqrt{1-\beta_s}}{4\beta_s}\frac{1}{\tau_{su}} \tag{8-4}$$

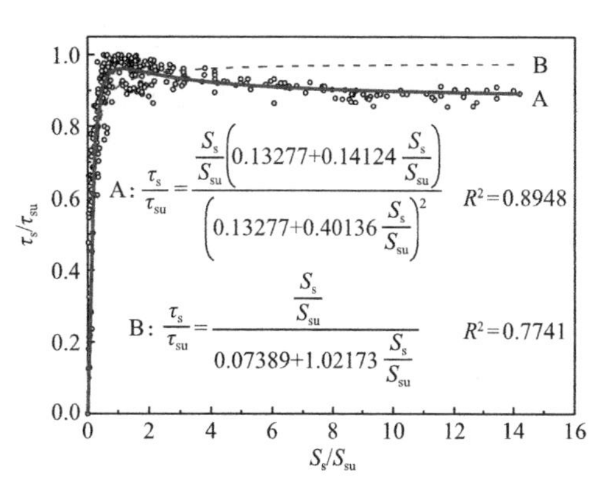

图8-1　归一化后 τ_s/τ_{su} 和 S_s/S_{su} 间的关系[184]

式中，τ_{su} 为桩-土界面极限侧摩阻力；β_s 为侧阻破坏比；S_{su} 为桩侧摩阻力完全发挥对应的桩-土相对位移。S_{su} 和 β_s 的取值参照文献［138］。

桩-土界面极限侧摩阻力 τ_{su} 可计算为：

$$\tau_{su}=\sigma'_{nz}\mu=K\sigma'_{vz}\mu \tag{8-5}$$

式中，σ'_{nz} 为深度 z 处的水平有效应力；σ'_{vz} 为深度 z 处的竖直有效应力；μ 为桩-土界面的摩擦系数，其值可表示为 $\mu=\tan\delta$，其中 δ 为桩-土界面的摩擦角，其值和桩侧土有效内摩擦角 φ' 相关，根据文献［185］，δ 值可表示为 $\delta=\arctan[\sin\varphi'\times\cos\varphi'/(1+\sin^2\varphi')]$；$K$ 为侧压力系数，对于非挤土桩（钻孔灌注桩），K 值等于静止土压力系数 K_0，对于正常固结土，$K_0=1-\sin\varphi'$。对于挤土桩（静压或打入式预应力管桩），$K>K_0$，但此时 K 值不易确定；对于预应力管桩，$K=K_0$ 计算得到的 τ_{su} 是偏小的，这对实际工程中的管桩来说是偏安全的。因此，为简化计算，对于钻孔灌注桩和预应力管桩，式（8-5）中的 K 值可近似用 K_0 值替代。

8.3　单桩端阻传递模型

已有研究表明[83,151,172,183]，双曲线模型可较好地模拟桩端土的受力性状。双曲线型的单桩桩端阻力传递模型数学表达形式为：

$$\tau_b=\frac{S_b}{A+BS_b}=\frac{S_b}{\frac{\pi r_0(1-\nu_{sb})}{4G_{sb}}+\frac{R_{bf}}{\tau_{bu}}S_b} \tag{8-6}$$

式中，τ_b 为单位端阻；S_b 为桩端位移；A 为桩端土初始刚度的倒数；$1/B$ 为桩端阻力双曲线函数渐近线，即桩端位移为无穷大时对应的桩端阻力 τ_{fb}；G_{sb} 和 ν_{sb} 分别为桩端土剪切模量和泊松比；τ_{bu} 为桩端土极限承载力；R_{bf} 为桩端土的破坏比，其值为0.80～0.95。

桩端土极限承载力 τ_{bu} 可计算为[186-187]：

$$\tau_{bu}=c_cN_c+\overline{\sigma'_{nb}}N_q \tag{8-7}$$

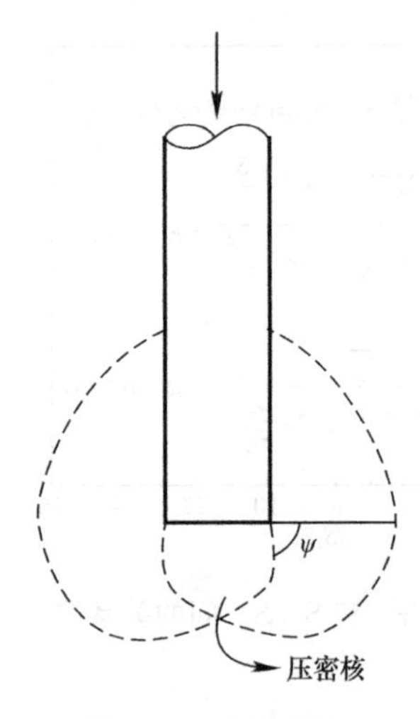

图 8-2 Janbu 桩端土破坏模式[187]

式中，c_c 为土层黏聚力；N_c 和 N_q 分别为反映土的黏聚力 c_c 和桩端平面处侧边土压力影响的无量纲承载力系数，N_q 和 N_c 是与土的内摩擦角 φ' 有关的参数，其值可分别由式（8-8）和式（8-9）计算获得；$\overline{\sigma'_{nb}}$ 为桩端平面处侧面的平均有效压力，其值可由式（8-10）计算获得。

$$N_q=(\tan\varphi'+\sqrt{1+\tan^2\varphi'})^2 e^{2\psi\tan\varphi'} \tag{8-8}$$

$$N_c=(N_q-1)\cot\varphi' \tag{8-9}$$

$$\overline{\sigma'_{nb}}=\frac{1+2K_0}{3}\sigma'_{vb} \tag{8-10}$$

式中，σ'_{vb} 为桩端处竖直有效应力；ψ 为 Janbu 桩端土破坏模式中桩端压密核边界与水平面的夹角（图 8-2），其值随桩端土压缩性的增大而减小，可通过贯入试验等原位测试方法判定土的压缩性确定。

8.4 ABAQUS 软件中桩土界面模型的二次开发与验证

ABAQUS 软件中桩土界面模型二次开发的关键在于确定合理的桩侧和桩端荷载传递函数。采用 ABAQUS 软件提供的用户子程序 FRIC 作为二次开发平台，将上述桩侧和桩端荷载传递模型引入接触对计算中，实现桩-土接触界面计算的二次开发。具体计算流程如下（图 8-3）：

（1）确定荷载传递模型中的各参数值。

（2）当桩-土界面出现滑移时，假设 LM=0（LM 是子程序 FRIC 中用于描述相对位移状态的标记变量），计算平行于桩-土界面平面的两个正交方向上的相对位移 $s(1)$ 和 $s(2)$，即 $s(1)=s(1)+\mathrm{dgam}(1)$ 和 $s(2)=s(2)+\mathrm{dgam}(2)$，其中 dgam(1) 和 dgam(2) 是两个正交方向上相对位移的增量。

（3）当 LM=2 时，假设桩-土接触界面处于完全光滑状态，此时桩-土界面接触点是分开的，不需要定义额外变量，退出子程序 FRIC。

（4）根据上述荷载传递函数确定沿两个正交方向的桩侧摩阻力 $\tau_s(1)$ 和 $\tau_s(2)$。

（5）将 $\frac{\partial\tau_s(1)}{\partial s(1)}$ 和 $\frac{\partial\tau_s(2)}{\partial s(2)}$ 分配给桩身刚度系数矩阵，即 $\begin{bmatrix}\frac{\partial\tau_s(1)}{\partial s(1)} & 0\\ 0 & \frac{\partial\tau_s(2)}{\partial s(2)}\end{bmatrix}$。

（6）重复步骤（1）～步骤（5），得到桩端刚度系数矩阵。

（7）计算过程中，每一荷载步调用一次子程序，通过在 ABAQUS 和 FRIC 间交换状态变量的数据来更新桩身和桩端的刚度系数矩阵（将相关参数变量存储在状态变量中，可随计算过程更新）。经过子程序计算，修正所传递的数据，并返回 ABAQUS 主程序以完成本荷载步计算。

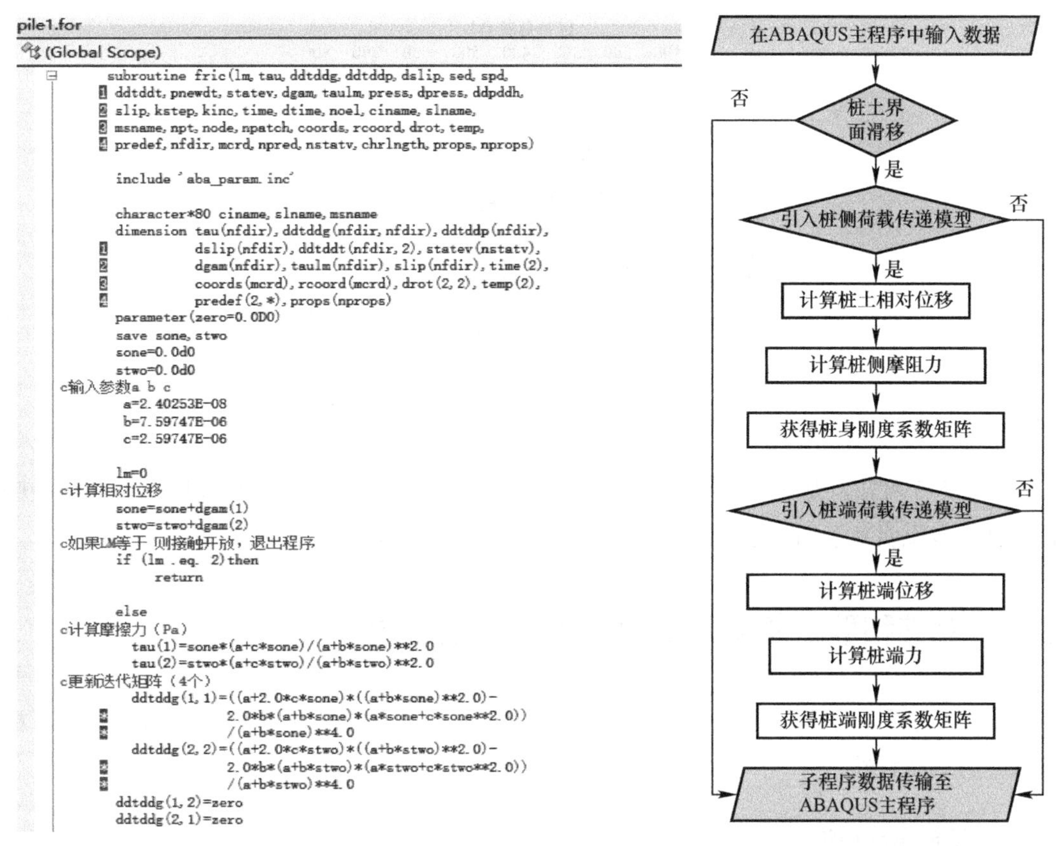

图 8-3　用于桩承载特性分析的用户子程序 FRIC

为验证上述用户子程序 FRIC 的合理性，采用如下算例进行验证。该算例中桩径为 0.8m，桩长为 20m，弹性模量为 30GPa，桩侧土弹性模量为 40MPa，桩端持力层弹性模量为 80MPa。数值计算中桩头施加等效的均布荷载，为避免边界效应，模型边界尺寸在横向范围内为桩半径的 25 倍，在垂直范围内为桩长的 2 倍。数值计算结果与已有计算方法结果[138]见图 8-4。

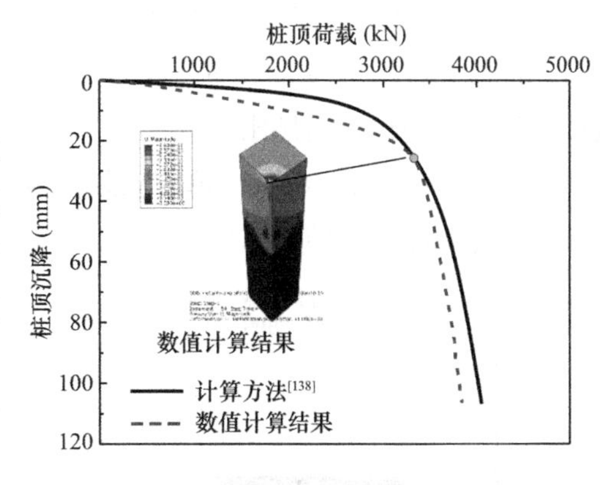

图 8-4　数值计算与其他计算方法结果的对比

由图 8-4 可知，基于用户子程序 FRIC 二次开发的数值计算结果与计算方法计算值较接近，说明基于用户子程序 FRIC 二次开发的数值计算方法是合理的。

同时，采用试验结果验证基于用户子程序 FRIC 二次开发的数值计算方法的合理性。该算例来自 O'Neill 等[87]对埋设于坚硬超固结黏土中的闭口钢管桩进行的试验。该试验中，钢管桩外直径为 274mm，管壁厚为 9.3mm，钢管桩弹性模量为 210GPa，管桩入土深度为 13.1m。数值计算结果与现场试验结果[87]见图 8-5。

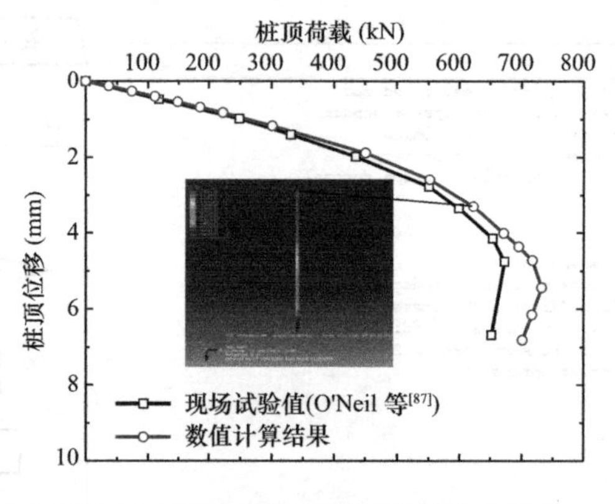

图 8-5　数值计算与现场试验结果的对比

由图 8-5 可知，基于用户子程序 FRIC 二次开发的数值计算结果与现场试验结果较吻合，进一步说明基于用户子程序 FRIC 二次开发的数值计算方法是合理的。

8.5　单桩和群桩基础承载特性数值模拟结果分析

采用基于用户子程序 FRIC 二次开发的 ABAQUS 软件分析单桩和不同布桩模式下群桩基础的承载特性。

8.5.1　单桩承载特性

采用 ABAQUS 软件进行数值计算时，桩径取 0.8m，桩长取 20m，桩身采用线弹性模型，桩体弹性模量为 30GPa；桩周土体为均匀土层，桩周土体的弹性模量为 40MPa 且假设不随深度变化，泊松比为 0.3，内摩擦角为 35°。为消除边界效应，模型尺寸为 30m(长)×30m(宽)×50m(深)。单桩承载特性数值计算结果见图 8-6，图 8-6 (b) 中的“EN”表示数值计算时划分的单元数量。

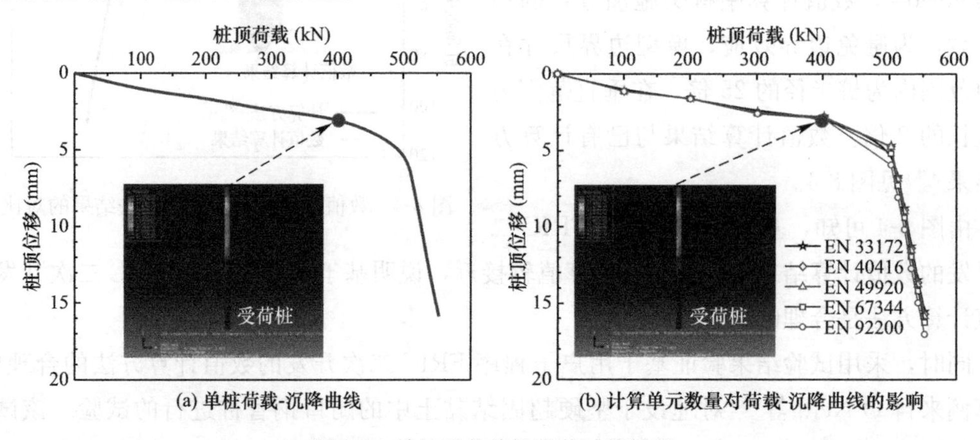

图 8-6　单桩承载特性数值计算结果

由图 8-6 可知，单桩荷载-位移曲线为陡降型，单桩的极限承载能力可取 500kN。当划分的计算单元数量足够多时，计算单元数量对单桩荷载-位移曲线的影响较小。实际计算时，只要计算单元数量达到一定的数量，就不需要考虑计算单元数量的影响。

桩顶荷载为 502kN 时，受荷单桩周围土体的位移情况见图 8-7。

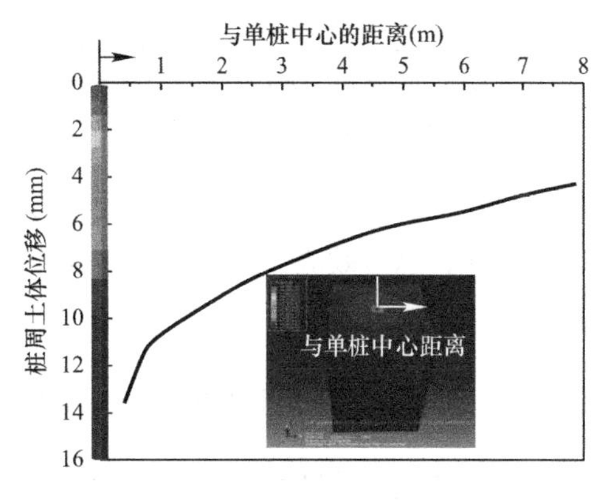

图 8-7　受荷单桩周围土体位移情况

由图 8-7 可知，受荷单桩周围土体位移随与桩中心距离的增加而减小，即荷载作用下单桩周围土体呈现“沉降漏斗”状态，受荷单桩周围土体的竖向位移与桩身径向距离近似呈对数关系。

8.5.2　受荷单桩对非受荷桩承载特性的影响分析

数值计算中双桩的桩长均为 20m，桩径均为 0.8m，桩间距为 3.2m。计算模型尺寸为 30m(长)×30m(宽)×50m(深)，土体参数与第 8.5.1 节相同。受荷单桩和非受荷单桩的荷载-沉降曲线见图 8-8。受荷桩的桩顶荷载为 400kN 时，非受荷桩是否存在时的受荷单桩周围土体位移见图 8-9。

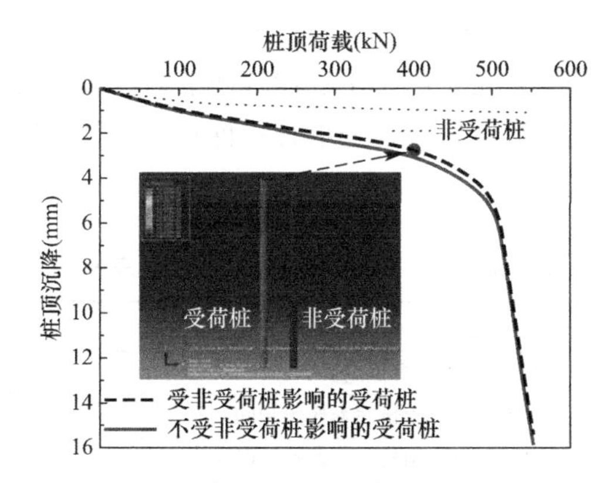

图 8-8　受荷单桩和非受荷单桩的荷载-沉降曲线

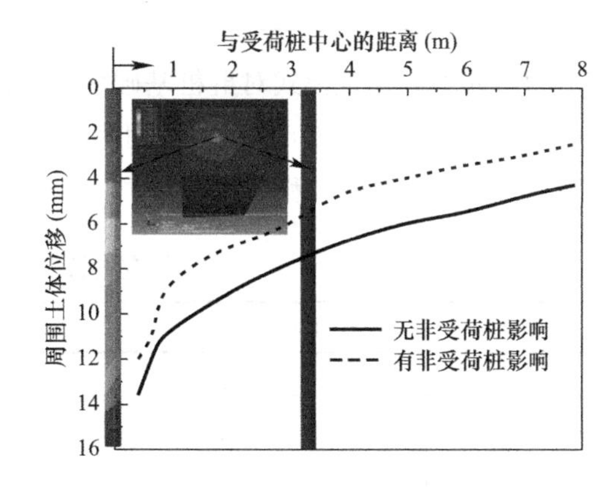

图 8-9　有无非受荷桩时受荷单桩周围土体位移

由图 8-8 可知，整个加荷过程中，受荷桩荷载-沉降曲线为非线性的，而非受荷桩荷载-沉降曲线始终为线性的，说明桩的塑性变形主要发生在桩土界面附近，非受荷桩只受到受荷桩弹性变形的影响，不会发生桩土滑移。受荷桩与非受荷桩间的相互影响是弹性的，即群桩相互作用分析时可认为基桩间的相互作用为弹性的。同一荷载水平下，有非受荷桩影响的受荷桩位移小于无非受荷桩的受荷桩位移，说明非受荷桩的存在对受荷桩的承载力有增强作用。考虑桩间的相互作用，受荷基桩的沉降由三部分组成，即：自身荷载作用下受荷桩沉降、相邻受荷桩引起的受荷桩弹性位移和基桩加筋、遮帘作用导致受荷桩沉降折减量。这一研究成果可为群桩基础中各基桩相互作用分析提供参考。

由图 8-9 可知，同一荷载水平下无非受荷桩存在时，桩周土体沉降值大于有非受荷桩存在时的桩周土体沉降。非受荷桩的存在阻碍了土体的自由变形，引起了桩周土体沉降值的折减，说明非受荷桩的存在对受荷桩周围土体的承载力有增强作用，即群桩中各基桩间存在加筋、遮帘效应。群桩基础相互作用分析时应考虑各基桩间的加筋、遮帘效应对桩位移的折减作用。

8.5.3 不同布桩模式下群桩基础承载特性

群桩基础承载特性模拟时 3×3 等桩长群桩基础中各桩长均为 20m，桩径均为 0.8m，桩间距为 3.2m（4 倍桩间距），承台厚 0.5m，承台长宽均为 8m（满足边桩中心至承台边缘的距离不应小于桩的直径或边长，且桩的外边缘至承台边缘的距离不应小于 150mm 的要求），计算模型尺寸为 30m(长)×30m(宽)×50m(深)。桩采用线弹性模型；桩间土采用弹塑性模型，选用摩尔-库仑破坏准则；承台选用线弹性模型。桩、土（中密砂）、承台的物理力学参数见表 8-1。

桩、土、承台物理力学参数　　表 8-1

类型	弹性模量（GPa）	泊松比	重度（kN/m^3）	内摩擦角（°）	膨胀角（°）	黏聚力（kPa）
承台	30	0.2	25	—	—	—
桩	30	0.2	25	—	—	—
中密砂	0.04	0.3	19	35	5	0

为研究不同布桩模式对群桩基础承载特性的影响，桩参数、土层设置和承台设置方式与等桩长相同的情况下，考虑混凝土用量一致或适当减少，设计变桩长布桩和变桩径布桩的计算工况，见表 8-2 和表 8-3。

变桩长群桩基础计算工况　　表 8-2

序号	桩径（m）	桩长比（中心桩：边桩：角桩）
1	0.8	20：20：20（参照组）
2	0.8	24：20：19（桩身材料用量与参照组相同）
3	0.8	24：21：18（桩身材料用量与参照组相同）
4	0.8	28：22：16（桩身材料用量与参照组相同）
5	0.8	28：22：14（桩身材料用量适当降低，约为参照组的 0.956 倍）

变桩径群桩基础计算工况　　表 8-3

序号	桩长（m）	桩径比（中心桩：边桩：角桩）
1	20	0.8：0.8：0.8（参照组）
2	20	0.9：0.8：0.7（桩身材料用量适当降低，约为参照组的 0.925 倍）
3	20	1.0：0.8：0.6（桩身材料用量适当降低，约为参照组的 0.868 倍）
4	20	1.1：0.8：0.5（桩身材料用量适当降低，约为参照组的 0.828 倍）
5	20	1.2：0.8：0.6（桩身材料用量适当降低，约为参照组的 0.944 倍）

1. 均匀布桩群桩模式下群桩基础承载特性

数值计算时，在 3×3 根相同基桩组成的群桩承台上逐级施加均布荷载，每级荷载为 1600kN。以承台上施加总荷载 4800kN 为例，由 3×3 根相同基桩组成的群桩基础的承载特性见图 8-10。不同荷载水平下，3×3 根相同基桩组成的群桩基础中不同位置处基桩的荷载-沉降曲线见图 8-11。图 8-11 可用于评估相同荷载水平下群桩基础中不同位置处基桩的差异沉降。根据承台和群桩周围土体不同位置的变形情况，利用 SURFER 软件绘制承台和周围土体沉降三维图，见图 8-12。

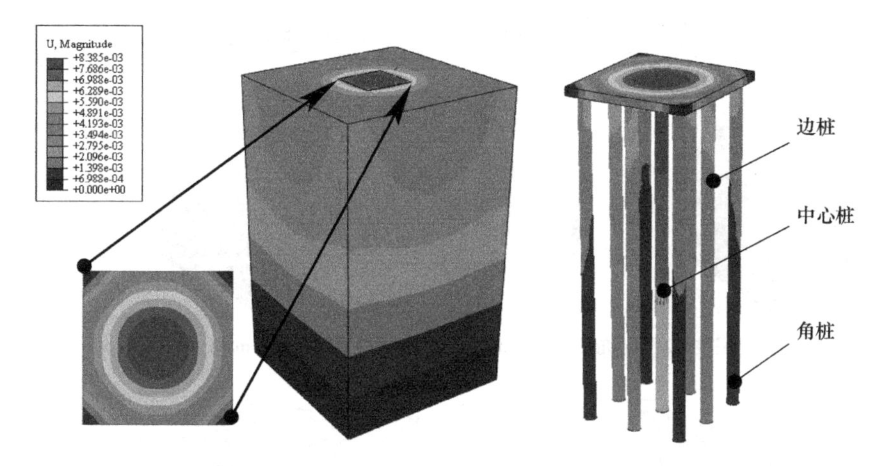

图 8-10　3×3 根相同基桩组成的群桩基础承载特性（承台上总荷载为 4800kN）

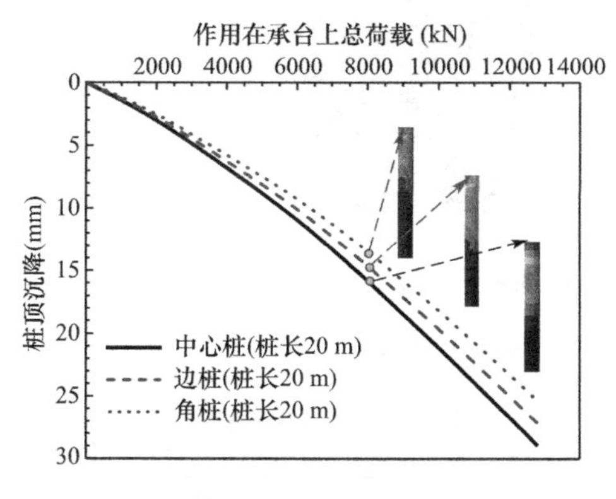

图 8-11　均匀布桩群桩基础不同位置处基桩荷载-沉降曲线

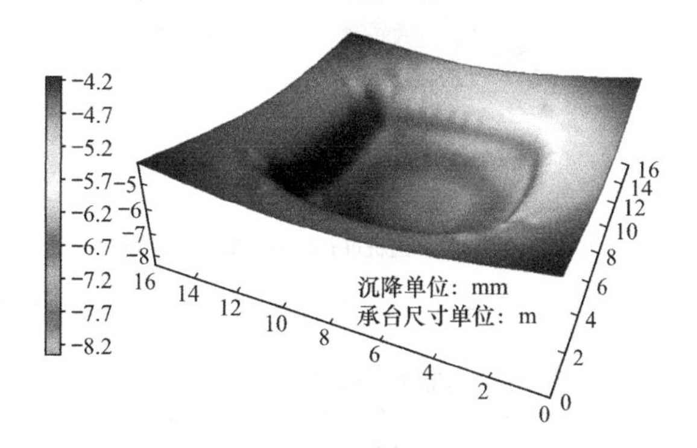

图 8-12　群桩基础承台和周围土体三维沉降图

由图 8-11 可知，相同桩顶荷载水平下，群桩基础中的中心桩沉降最大，边桩沉降次之，角桩沉降最小。均匀布桩时群桩基础存在着碟形沉降，见图 8-12。这主要是由不同位置处基桩受到群桩中其余基桩的相互作用不同造成的。群桩基础中的中心桩受各基桩影响最大，边桩次之，角桩最小。因此，既有建筑地下增层开挖工程中补桩设计时除分析其承载力和变形外，如何通过布桩优化设计控制群桩基础的差异沉降，并充分发挥每根基桩的承载潜能，促使各基桩协同变形，是亟待解决的关键问题。为减少群桩基础的不均匀沉降，可在群桩的不同位置布设不同桩长或桩径的基桩，消除或降低各基桩间的差异沉降。

2. 变桩长布桩模式下群桩基础承载特性

数值计算时，在 3×3 根变桩长基桩组成的群桩承台上逐级施加均布荷载，每级荷载为 1600kN。以承台上施加总荷载 6400kN 为例，由 3×3 根变桩长基桩组成的群桩基础的承载特性见图 8-13。不同荷载水平下，布置在 3×3 根变桩长基桩组成的群桩基础中不同位置处基桩的荷载-沉降曲线见图 8-14。变桩长布桩群桩基础中各基桩的差异沉降见图 8-15。

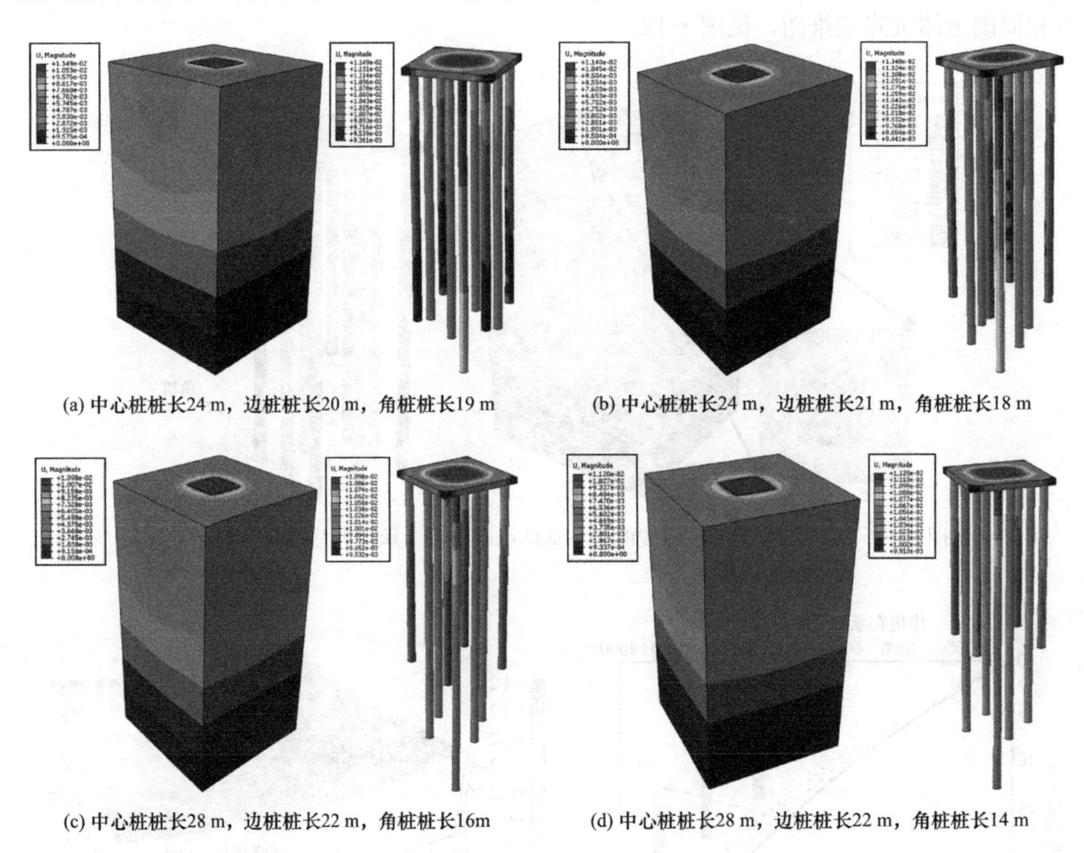

(a) 中心桩桩长24 m，边桩桩长20 m，角桩桩长19 m　(b) 中心桩桩长24 m，边桩桩长21 m，角桩桩长18 m

(c) 中心桩桩长28 m，边桩桩长22 m，角桩桩长16m　(d) 中心桩桩长28 m，边桩桩长22 m，角桩桩长14 m

图 8-13　变桩长布桩模式下群桩基础承载特性（承台上总荷载为 6400kN）

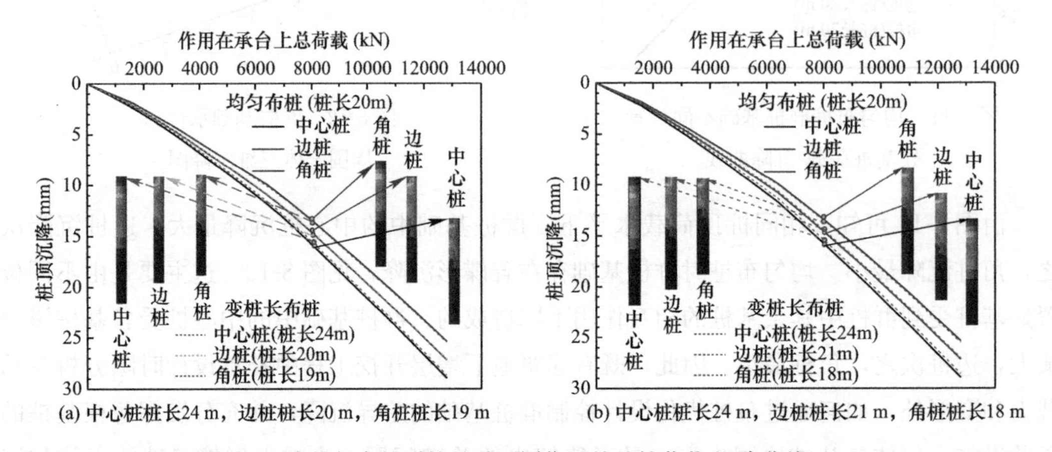

(a) 中心桩桩长24 m，边桩桩长20 m，角桩桩长19 m　(b) 中心桩桩长24 m，边桩桩长21 m，角桩桩长18 m

图 8-14　变桩长布桩群桩基础不同位置处基桩荷载-沉降曲线（一）

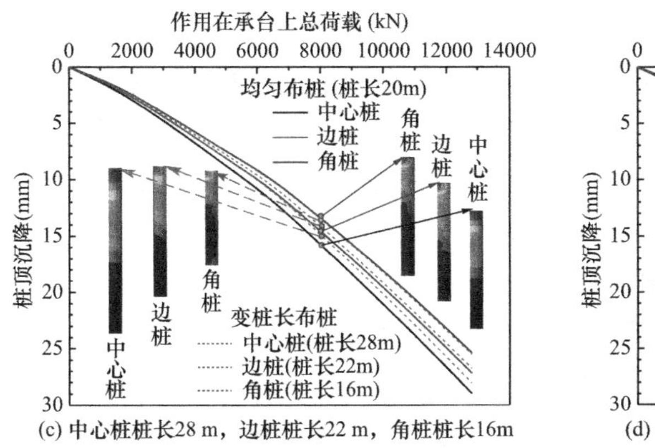

(c) 中心桩桩长28 m，边桩桩长22 m，角桩桩长16m

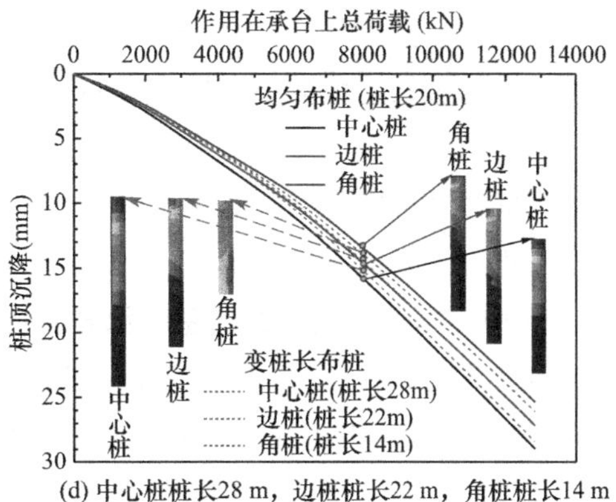

(d) 中心桩桩长28 m，边桩桩长22 m，角桩桩长14 m

图 8-14　变桩长布桩群桩基础不同位置处基桩荷载-沉降曲线（二）

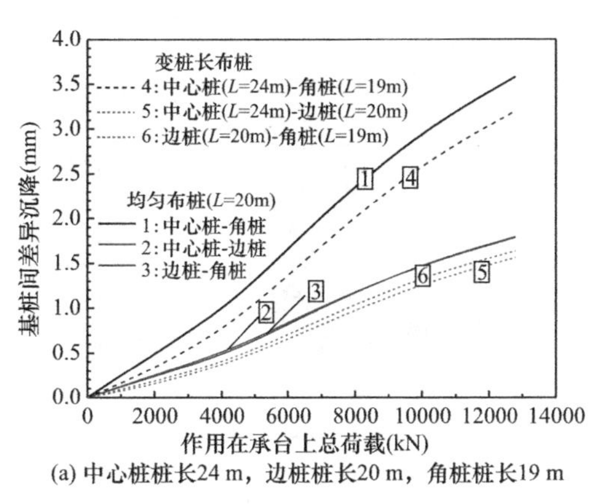

(a) 中心桩桩长24 m，边桩桩长20 m，角桩桩长19 m

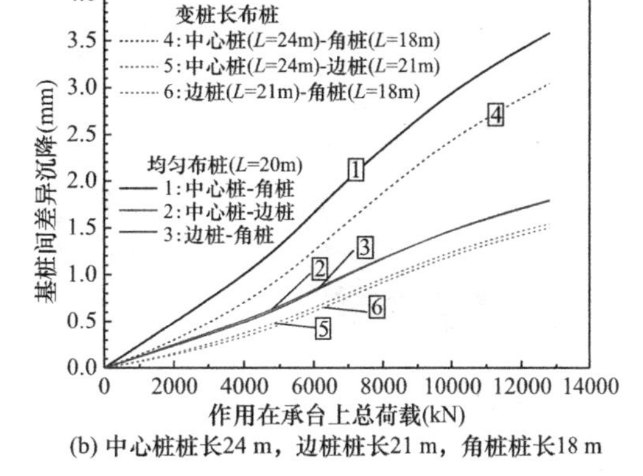

(b) 中心桩桩长24 m，边桩桩长21 m，角桩桩长18 m

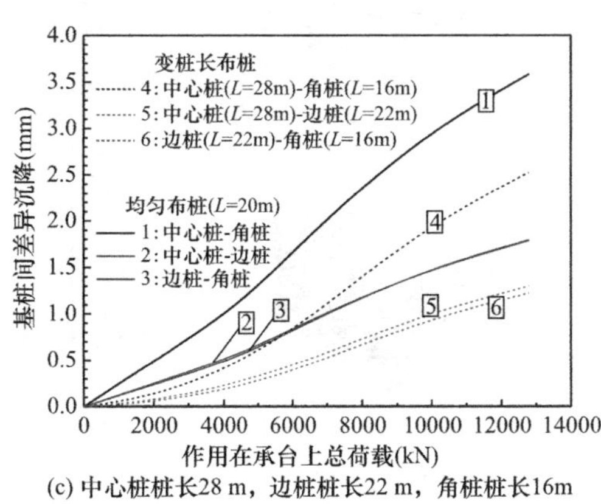

(c) 中心桩桩长28 m，边桩桩长22 m，角桩桩长16m

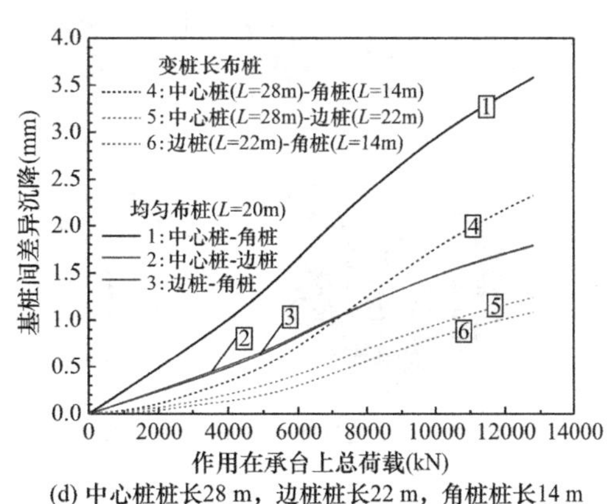

(d) 中心桩桩长28 m，边桩桩长22 m，角桩桩长14 m

图 8-15　均匀布桩与变桩长布桩群桩基础中各基桩差异沉降

由图 8-13～图 8-15 可知，变桩长布桩的群桩基础存在碟形差异沉降，但各基桩差异沉降小于均匀布桩群桩基础差异沉降，说明变桩长布桩可使群桩基础中各基桩沉降趋于均匀。通过适当增加中心桩长度和适当减少边桩和角桩长度，可减少群桩基础中各基桩的差异沉降。例如群桩承台上总荷载为 9600kN 时，中心桩、边桩和角桩长度分别为 28m、22m 和 16m 时的群桩基础最大不均匀沉降为 1.84mm，小于相同荷载水平下均匀布桩群桩基础的最大差异沉降（2.84mm）。因此，在桩身材料用量相同的情况下，通过改变不同位置处基桩的桩长，可减小群桩基础的不均匀沉降。实际工程中，可采用变桩长的设计思路（适当增加中心桩长度，适当减少边桩或角桩长度）来降低群桩基础的差异沉降，并较充分利用群桩基础中各基桩的承载能力。同时，降低数量较多的边桩和角桩长度，可减少桩的施工难度，降低施工成本。

3. 变桩径布桩模式下群桩基础承载特性

数值计算时，在 3×3 根变桩径基桩组成的群桩承台上逐级施加均布荷载，每级荷载为 1600kN。以承台上施加总荷载 4800kN 为例，由 3×3 根变桩径基桩组成的群桩基础的承载特性见图 8-16。不同荷载水平下，布置在 3×3 根变桩径基桩组成的群桩基础中不同位置处基桩的荷载-沉降曲线见图 8-17。变桩长布桩群桩基础中各基桩差异沉降见图 8-18。

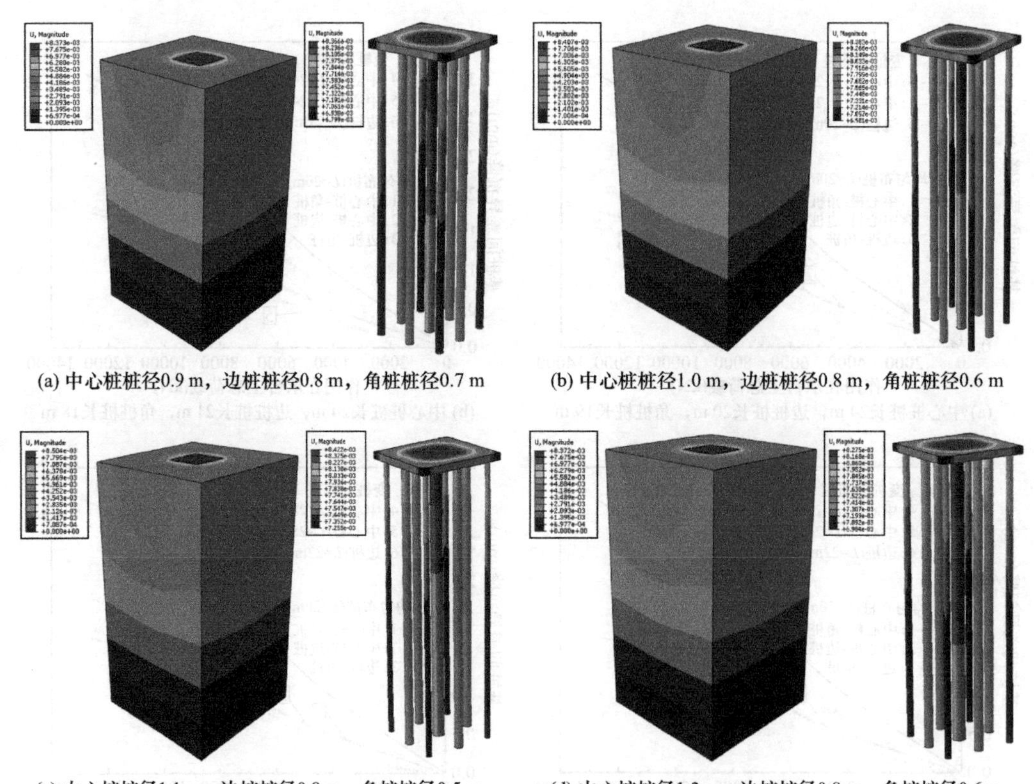

(a) 中心桩桩径0.9 m，边桩桩径0.8 m，角桩桩径0.7 m　(b) 中心桩桩径1.0 m，边桩桩径0.8 m，角桩桩径0.6 m

(c) 中心桩桩径1.1 m，边桩桩径0.8 m，角桩桩径0.5 m　(d) 中心桩桩径1.2 m，边桩桩径0.8 m，角桩桩径0.6m

图 8-16　变桩径布桩模式下群桩基础承载特性（承台上总荷载为 4800kN）

由图 8-15～图 8-18 可知，变桩径布桩群桩基础中的基桩差异沉降小于均匀布桩群桩基础中的差异沉降，说明变桩径布桩可使群桩基础中各基桩的沉降趋于均匀。通过适当增加中心桩的桩径和适当减少边桩和角桩的桩径，可减少群桩基础中各基桩的差异沉降。例如当群桩承台上总荷载为 9600kN 时，中心桩、边桩和角桩的桩径分别为 1.2m、0.8m 和 0.6m 的群桩基础最大不均匀沉降为 1.73mm，小于相同荷载水平下均匀布桩群桩基础的最大差异沉降（2.84mm）。因此，当桩身材料用量相近时，通过改变不同位置处基桩的桩径，可减少群桩基础的不均匀沉降。实际工程中，可采用变桩径的设计思路（适当增加中心桩桩径，适当减少边桩或角桩桩径）来降低群桩基础的差异沉降，并较充分利用群桩基础中各基桩的承载能力，降低群桩的施工难度和工程造价。

对于地下增层开挖工程，为弥补土体开挖后既有桩基承载力损失，可通过非均匀布桩的方式人为调整群桩基础的刚度分布特征，使群桩基础的支撑刚度与上部结构产生的荷载分布特征形成一致性，降低既有建筑群桩基础的差异沉降，保证工程安全。

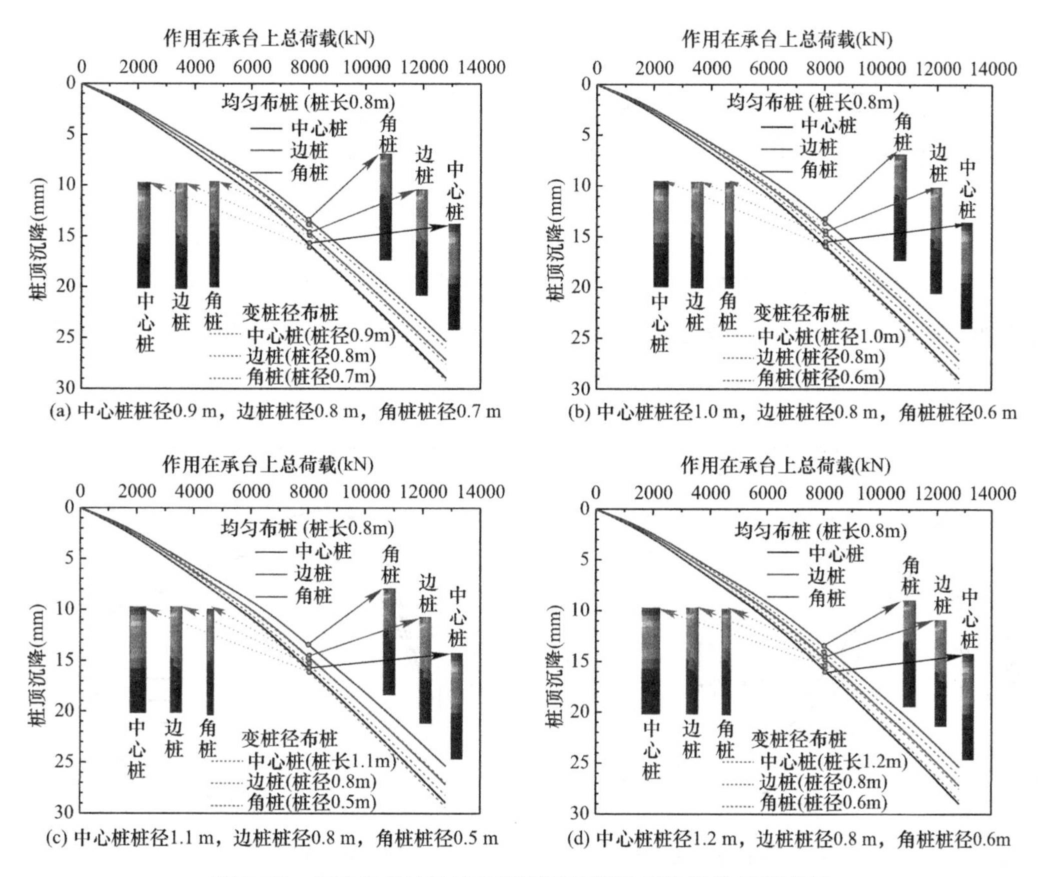

图 8-17　变桩径布桩群桩基础不同位置处基桩荷载-沉降曲线

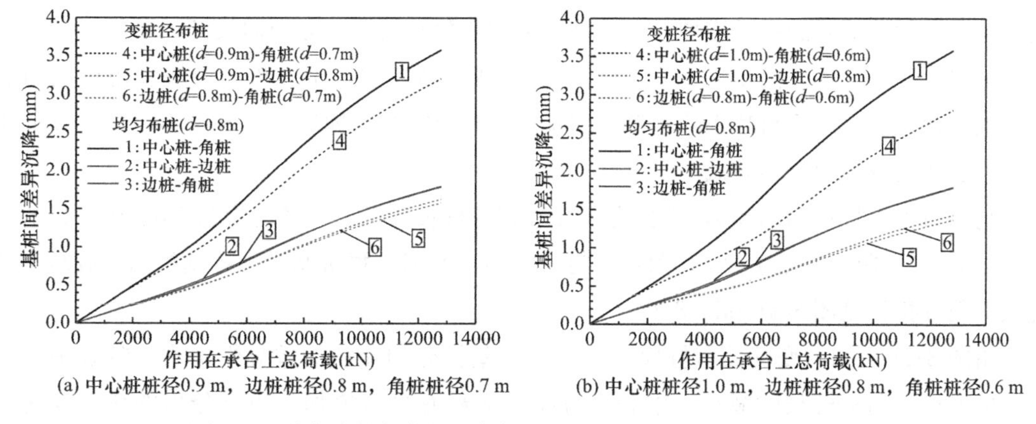

图 8-18　均匀布桩与变桩径布桩群桩基础中各基桩差异沉降（一）

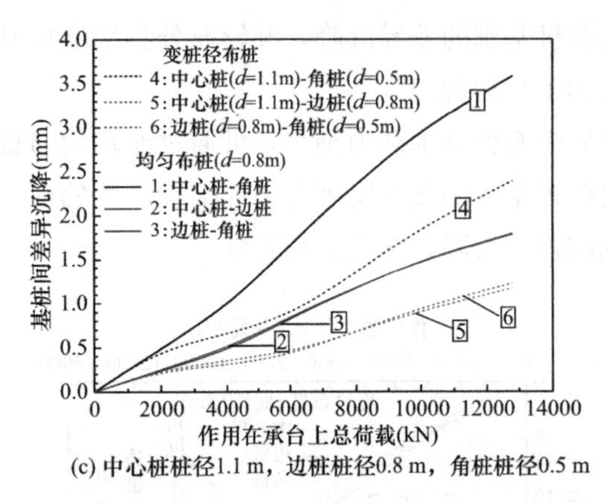

(c) 中心桩桩径1.1 m，边桩桩径0.8 m，角桩桩径0.5 m

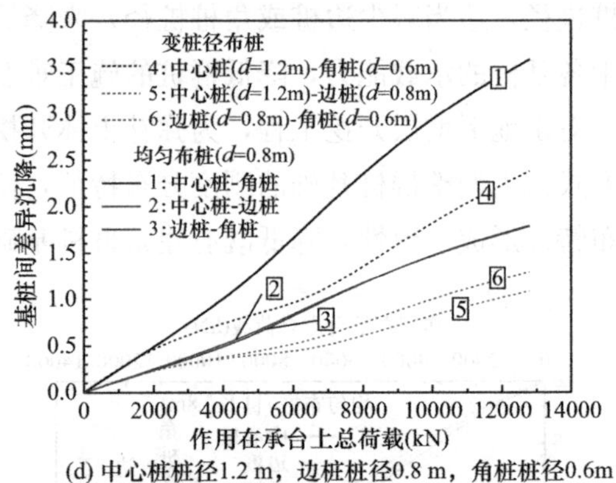

(d) 中心桩桩径1.2 m，边桩桩径0.8 m，角桩桩径0.6m

图 8-18　均匀布桩与变桩径布桩群桩基础中各基桩差异沉降（二）

不同荷载水平下，群桩基础中不同位置处基桩的荷载分担比定义为各基桩分担的荷载与施加在整个承台上的总荷载之比。均匀布桩（桩径为 0.8m，桩长为 20m）的群桩基础中各基桩的荷载承担情况及荷载分担比见图 8-19 和图 8-20。

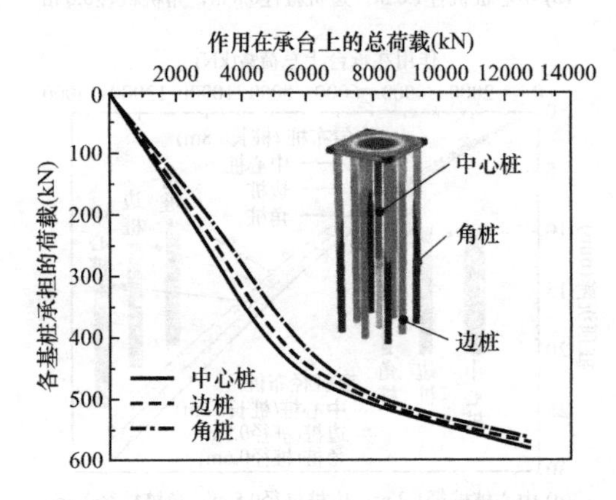

图 8-19　均匀布桩群桩基础中各基桩荷载承担情况

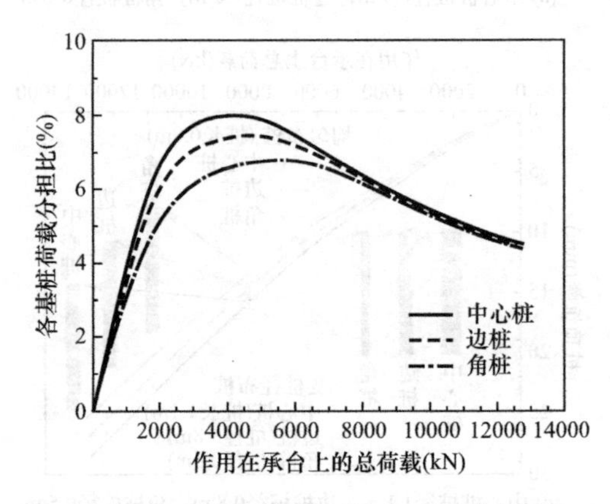

图 8-20　均匀布桩群桩基础中各基桩荷载分担比

由图 8-19 可知，等桩长布桩模式下，群桩基础中的中心桩承担荷载最大，边桩其次，角桩最小。随着荷载的不断增加，中心桩、边桩和角桩的荷载分担曲线渐趋平缓，即基桩承载力逐渐完全发挥。由图 8-20 可知，随着荷载不断施加，中心桩、边桩和角桩的荷载分担比呈现先增大后逐渐减小的趋势，即基桩承载力完全发挥后，桩基已不能再继续分担荷载，进而荷载分担比逐渐减小。

均匀布桩（桩径为 0.8m，桩长为 20m）和变桩长布桩（桩径均为 0.8m，中心桩的桩长为 28m，边桩的桩长为 22m，角桩的桩长为 16m）时，群桩基础中各基桩的荷载承担情况及荷载分担比见图 8-21 和图 8-22。

由图 8-21 可知，变桩长布桩模式下，不同基桩分担荷载的差异性增大。随着中心桩桩长的增加和角桩桩长的减小，中心桩分担的荷载有显著增加，边桩分担的荷载变化不大，角桩分担的荷载减小。由图 8-22 可知，随着荷载的增加，长桩荷载分担比逐渐减小，说明单靠增加桩的长度调节基础沉降，其效果是有限的。在地基浅部存在较好土层的情况下，采用适当长度的短桩将荷载传递至该土层，有利于提高基础的整体承载能力。

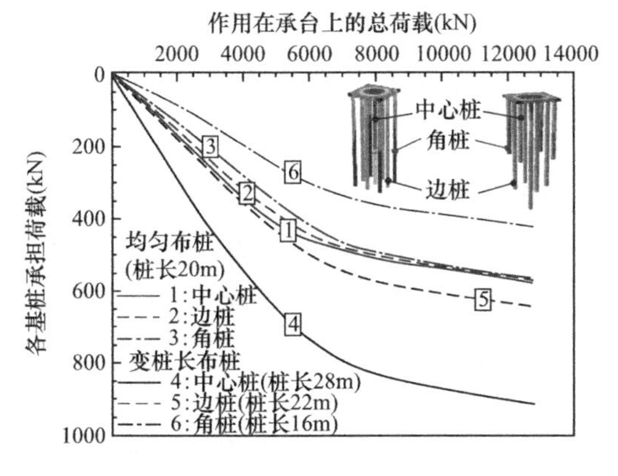

图 8-21　均匀和变桩长布桩群桩基础中各基桩荷载承担情况

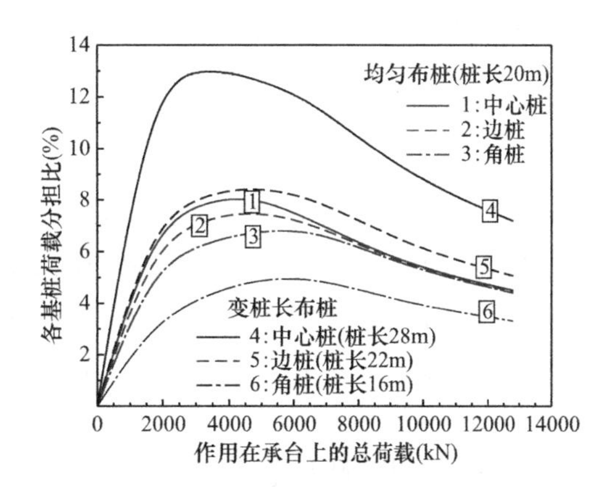

图 8-22　均匀和变桩长布桩群桩基础中各基桩荷载分担比

均匀布桩（桩径为 0.8m，桩长为 20m）和变桩径布桩（桩长均为 20m，中心桩的桩径为 1.2m，边桩的桩径为 0.8m，角桩桩径为 0.6m）时，群桩基础中各基桩的荷载承担情况及荷载分担比见图 8-23 和图 8-24。

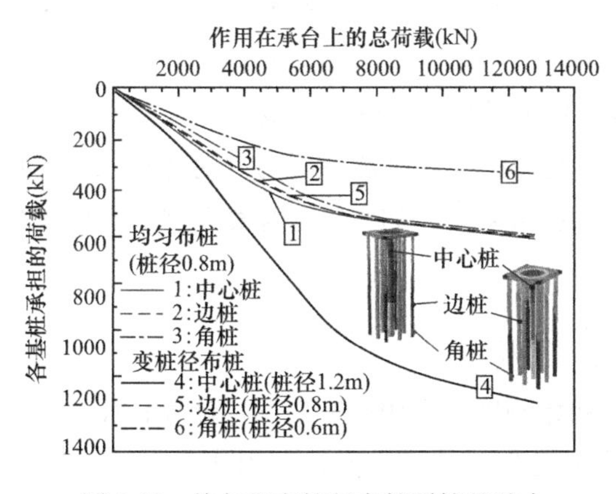

图 8-23　均匀和变桩径布桩群桩基础中各基桩荷载承担情况

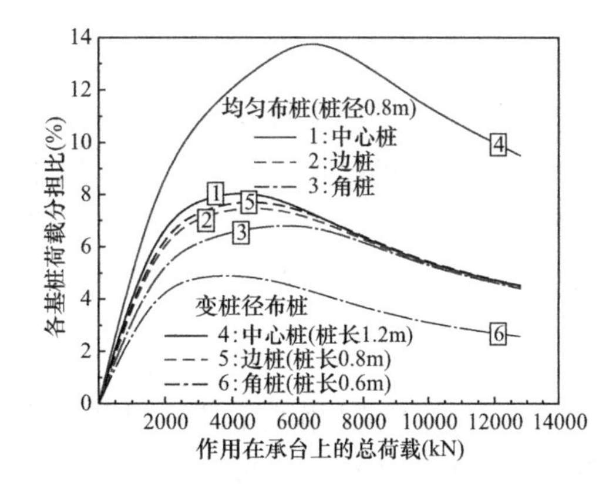

图 8-24　均匀和变桩径布桩群桩基础中各基桩荷载分担比

由图 8-23 可知，变桩径布桩模式下不同基桩分担荷载的差异性增大。随着中心桩桩径的增加和角桩桩径的减小，中心桩分担的荷载有较大增加，边桩分担的荷载变化不大，角桩分担的荷载减小。由图 8-24 可知，中心桩的荷载分担曲线渐趋平缓，中心桩的荷载分担比逐渐减小，说明单靠增加中心桩的桩径来调节群桩基础沉降，其效果是有限的。

8.6　不同布桩模式下群桩中基桩侧摩阻力传递模型

虽然在高荷载水平作用下，桩侧摩阻力表现出软化特性，但是在桩侧摩阻力达到其极限状态前，双曲线模型仍可较好模拟桩侧摩阻力和桩-土相对位移间的关系。同时，鉴于双曲线模型数学表达形式简单，参数物理意义明确，考虑群桩间的相互作用后可将其应用于群桩基础中基桩荷载传递特性的分析。桩侧摩阻力传递模型双曲线函数的数学表达形式为：

$$\tau_{sz}=\frac{S_{sz}}{a+bS_{sz}}=\frac{S_{sz}}{\frac{r_0}{G_s}\ln\left(\frac{r_m}{r_0}\right)+\frac{R_{sf}}{\tau_{su}}S_{sz}} \tag{8-11}$$

式中，τ_{sz} 为深度 z 处桩侧摩阻力；S_{sz} 为深度 z 处桩-土界面桩土相对位移；a 为桩-土界面初始刚度的倒数；$1/b$ 为双曲线函数的渐近线，即桩-土相对位移为无穷大时对应的桩侧摩阻力 τ_{fs}；G_s 为桩侧土的剪切模量；r_0 为桩的半径；r_m 为桩的影响半径，均质土和成层土中的取值方法参见第 2.2 节；τ_{su} 为桩-土界面的极限剪应力；R_{sf} 为桩侧土的破坏比，其值为 0.80～0.95。

基于单桩侧摩阻力传递双曲线模型，考虑不同布桩模式下群桩中各基桩的相互作用，可建立不同布桩模式下群桩中各基桩侧阻传递双曲线模型，用于分析不同布桩模式下的群桩承载特性。

8.6.1 等刚度布桩群桩中基桩侧摩阻力传递模型参数确定

Caputo[146] 和 Liu 等[188] 的试验结果、Lee 和 Xiao[172] 的研究成果及前文数值模拟结果均表明，桩-土相互作用的非线性主要表现在桩-土界面，而接触面外土体主要表现为弹性性状。基于桩-桩相互影响为弹性的假设，群桩中任一基桩 i 深度 z 处桩侧等效弹簧初始刚度主要受以下 3 个因素的影响：(1) 自身荷载作用下基桩 i 的桩侧土变形；(2) 邻桩桩侧阻力引起基桩 i 的桩侧土变形；(3) 因基桩 i 引起邻桩产生桩侧摩阻力（对邻桩来说，该桩侧摩阻力是负摩阻力），导致基桩 i 的桩侧土变形减小。考虑上述因素影响，群桩中任一基桩 i 周围土体等效弹簧初始刚度 K_{si} 可表示为：

$$\frac{1}{K_{si}}=\frac{1}{k_{si}}+\frac{1}{K_{sij}}-\frac{1}{K'_{sij}} \tag{8-12}$$

式中，k_{si} 为自身荷载作用下基桩 i 周围土体的初始刚度，可用式 (8-13) 计算；K_{sij} 为群桩中邻桩侧摩阻力引起的基桩 i 周围土体初始刚度改变的变化值，可用式 (8-14) 计算；K'_{sij} 为因基桩 i 引起邻桩产生桩侧摩阻力，导致基桩 i 周围土体初始刚度改变的变化值，可用式 (8-15) 计算。

$$k_{si}=\frac{G_s}{r_0\ln\left(\frac{r_m}{r_0}\right)} \tag{8-13}$$

$$K_{sij}=\sum_{j=1,j\neq i}^{n_p}\frac{G_s}{r_0\ln\left(\frac{r_m}{r_{ij}}\right)} \tag{8-14}$$

$$K'_{sij}=\sum_{j=1,j\neq i}^{n_p}\frac{G_s r_{ij}}{r_0^2\ln\left(\frac{r_m}{r_{ij}}\right)} \tag{8-15}$$

式中，n_{p} 为桩数。

群桩中任一基桩 i 侧阻传递双曲线函数中的 a_i 值为：

$$a_i=\frac{1}{K_{si}}=\frac{r_0}{G_s}\ln\left(\frac{r_m}{r_0}\right)+\sum_{j=1,j\neq i}^{n}\frac{r_0}{G_s}\ln\left(\frac{r_m}{r_{ij}}\right)-\sum_{j=1,j\neq i}^{n}\frac{r_0^2}{G_s r_{ij}}\ln\left(\frac{r_m}{r_{ij}}\right) \tag{8-16}$$

群桩基础中基桩 i 侧阻传递双曲线函数中的 b_i 值同单桩侧阻传递双曲线函数的 b_0 值。

8.6.2　变刚度布桩群桩中基桩侧摩阻力传递模型参数确定——变桩径

基于桩-桩相互影响为弹性的假设，变桩径布桩群桩中任一基桩 i 深度 z 处的桩侧土体初始刚度主要受以下 3 个因素的影响：(1) 自身荷载作用下基桩 i 的桩侧土变形；(2) 相邻基桩的桩侧阻力引起基桩 i 的桩侧土变形；(3) 因基桩 i 引起相邻基桩产生的桩侧摩阻力（对相邻基桩来说，该桩侧摩阻力是负摩阻力），导致基桩 i 的桩侧土变形减小。

群桩中任一基桩 i 侧阻传递双曲线函数中的 a_i 值可用式（8-16）计算。群桩基础中基桩 i 侧阻传递双曲线函数中的 b_i 值同单桩侧阻传递双曲线函数的 b_0 值。

8.6.3　变刚度布桩群桩中基桩侧摩阻力传递模型参数确定——变桩长

1. 长桩桩侧土刚度

基于桩-桩相互影响为弹性的假设，长短布桩群桩中任一长基桩 i_L 深度 z 处的桩侧土体初始刚度主要受以下 6 个因素的影响：(1) 自身荷载作用下长基桩 i_L 的桩侧土变形；(2) 相邻长基桩的桩侧阻力引起长基桩 i_L 的桩侧土变形；(3) 因长基桩 i_L 引起相邻长基桩产生桩侧摩阻力（对相邻长基桩来说，该桩侧摩阻力是负摩阻力），导致长基桩 i_L 的桩侧土变形减小；(4) 相邻短基桩的桩侧阻力引起长基桩 i_L 的桩侧土变形；(5) 因长基桩 i_L 引起相邻短基桩产生桩侧摩阻力（对相邻短基桩来说，该桩侧摩阻力是负摩阻力），导致长基桩 i_L 的桩侧土变形减小；(6) 相邻短基桩桩端力引起长基桩 i_L 的桩侧土变形。

考虑群桩中（$n_{pL}-1$）根长基桩和 n_{pS} 根短基桩对群桩中任一长基桩 i_L 周围土体初始刚度的影响，任一长基桩 i_L 周围土体初始刚度 K_{si_L} 可表示为：

$$\frac{1}{K_{si_L}}=\frac{1}{k_{si_Li_L}}+\frac{1}{K_{si_Lj_L}}-\frac{1}{K'_{si_Lj_L}}+\frac{1}{K_{si_Li_S}}-\frac{1}{K'_{si_Li_S}}+\frac{1}{K_{sbi_Li_S}} \tag{8-17}$$

式中，$k_{si_Li_L}$ 为长基桩 i_L 受桩顶荷载 P_{ti_L} 作用时桩侧土体初始刚度，可根据式（8-13）确定；$K_{si_Lj_L}$ 为群桩中由于其余（$n_{pL}-1$）根长基桩侧阻对长基桩 i_L 位移的影响导致长基桩 i_L 桩侧土体初始刚度改变的变化值，可根据式（8-18）确定；$K'_{si_Lj_L}$ 为群桩中由于其余（$n_{pL}-1$）根长基桩的桩侧阻力引起长基桩 i_L 位移减少导致长基桩 i_L 桩侧土体初始刚度改变的变化值，可根据式（8-19）确定；$K_{si_Li_S}$ 为由于群桩中 n_{pS} 根短基桩的侧阻对长基桩 i_L 位移的影响导致长基桩 i_L 桩侧土体初始刚度改变的变化值，可根据式（8-20）确定；$K'_{si_Li_S}$ 为由于群桩中 n_{pS} 根短基桩的桩侧阻力引起长基桩 i_L 位移减少导致长基桩 i_L 桩侧土体初始刚度改变的变化值，可根据式（8-21）确定；$K_{sbi_Li_S}$ 为群桩中 n_{pS} 根短基桩的桩端力引起的长基桩 i_L 桩侧土体初始刚度改变的变化值，可根据式（8-22）确定。

$$K_{si_L j_L}=\frac{1}{\sum_{j_L=1,j_L\neq i_L}^{n_{pL}}\frac{r_0}{G_s}\ln\left(\frac{r_{mj_L}}{r_{i_L j_L}}\right)} \tag{8-18}$$

$$K'_{si_L j_L}=\frac{1}{\sum_{j_L=1,j_L\neq i_L}^{n_{pL}}\frac{r_0^2}{G_s r_{i_L j_L}}\ln\left(\frac{r_{mj_L}}{r_{i_L j_L}}\right)} \tag{8-19}$$

$$K_{si_L i_S}=\frac{1}{\sum_{i_S=1}^{n_{pS}}\frac{r_0}{G_s}\ln\left(\frac{r_{mi_S}}{r_{i_S i_L}}\right)} \tag{8-20}$$

$$K'_{si_L i_S}=\frac{1}{\sum_{i_S=1}^{n_{pS}}\frac{r_0^2}{G_s r_{i_S i_L}}\ln\left(\frac{r_{mi_S}}{r_{i_S i_L}}\right)} \tag{8-21}$$

$$K_{sbi_L i_S}=\frac{2G_{sb}}{r_0^2(1-\nu_{sb})\sum_{i_S=1}^{n_{pS}}\frac{1}{r_{i_S i_L}}} \tag{8-22}$$

式中，n_{pL} 为长基桩的桩数，n_{pS} 为短基桩的桩数，$n_p=n_{pL}+n_{pS}$；r_{mj_L} 为长基桩 j_L 的影响半径；$r_{i_L j_L}$ 为长基桩 i_L 与长基桩 j_L 的桩间距；$r_{i_S i_L}$ 为长基桩 i_L 与短基桩 i_L 的桩间距；G_{sb} 为短基桩的桩端土剪切模量；ν_{sb} 为短基桩的桩端土泊松比。

群桩基础中任一长基桩 i_L 侧阻传递双曲线函数的 a_{si_L} 值为：

$$a_{si_L}=\frac{1}{K_{si_L}}=\frac{r_0}{G_s}\ln\left(\frac{r_{mi_L}}{r_0}\right)+\sum_{j_L=1,j_L\neq i_L}^{n_{pL}}\frac{r_0}{G_s}\ln\left[\frac{\left(\frac{r_{mj_L}}{r_{i_L j_L}}\right)}{\left(\frac{r_{mj_L}}{r_{i_L j_L}}\right)^{\frac{r_0}{r_{i_L j_L}}}}\right]+\sum_{i_S=1}^{n_{pS}}\frac{r_0}{G_s}\ln\left[\frac{\left(\frac{r_{mi_S}}{r_{i_S i_L}}\right)}{\left(\frac{r_{mi_S}}{r_{i_S i_L}}\right)^{\frac{r_0}{r_{i_S i_L}}}}\right]$$

$$+\frac{r_0^2(1-\nu_{sb})}{2G_{sb}}\sum_{i_S=1}^{n_{pS}}\frac{1}{r_{i_S i_L}} \tag{8-23}$$

2. 短桩桩侧土刚度

基于桩-桩相互影响为弹性的假设，长短布桩群桩中任一短基桩 i_S 深度 z 处桩侧土体初始刚度主要受以下5个因素的影响：(1) 自身荷载作用下短基桩 i_S 的桩侧土变形；(2) 相邻短基桩的桩侧阻力引起短基桩 i_S 的桩侧土变形；(3) 因短基桩 i_S 引起相邻长基桩产生桩侧摩阻力（对相邻长基桩来说，该桩侧摩阻力是负摩阻力），导致短基桩 i_S 的桩侧土变形减小；(4) 相邻长基桩的桩侧阻力引起短基桩 i_S 的桩侧土变形；(5) 因短基桩 i_S 引起相邻长基桩产生桩侧摩阻力（对相邻长基桩来说，该桩侧摩阻力是负摩阻力），导致短基桩 i_S 的桩侧土变形减小。

考虑群桩中 $(n_{pS}-1)$ 根短基桩和 n_{pL} 根长基桩对群桩中任一短基桩 i_S 桩侧土体初始刚度的影响，群桩中任一短基桩 i_S 桩侧土体初始刚度 K_{si_S} 可表示为：

$$\frac{1}{K_{si_S}}=\frac{1}{k_{si_Si_S}}+\frac{1}{K_{si_Sj_S}}-\frac{1}{K'_{si_Sj_S}}+\frac{1}{K_{si_Si_L}}-\frac{1}{K'_{si_Si_L}} \tag{8-24}$$

式中，$k_{si_Si_S}$ 为短基桩 i_S 受桩顶荷载 P_{ti_S} 作用时的桩侧土体初始刚度，其值可根据式（8-13）确定；$K_{si_Sj_S}$ 为群桩中由于其余（$n_{pS}-1$）根短基桩的侧阻对短基桩 i_S 位移的影响导致短基桩 i_S 桩侧土体初始刚度改变的变化值，可根据式（8-25）确定；$K'_{si_Sj_S}$ 为由于群桩中其余（$n_{pS}-1$）根短基桩的侧阻引起短基桩 i_S 位移减少导致短基桩 i_S 桩侧土体初始刚度减小的变化值，可根据式（8-26）确定；$K_{si_Si_L}$ 为由于群桩中 n_{pL} 根长基桩的桩侧阻力对短基桩 i_S 位移的影响导致短基桩 i_S 桩侧土体初始刚度改变的变化值，可根据式（8-27）确定；$K'_{si_Si_L}$ 为由于群桩中 n_L 根长基桩的侧阻引起短基桩 i_S 位移减少导致短基桩 i_S 桩侧土体初始刚度减小的变化值，可根据式（8-28）确定。

$$K_{si_Sj_S}=\frac{1}{\sum_{j_S=1,j_S\neq i_S}^{n_{pS}}\frac{r_0}{G_s}\ln\left(\frac{r_{mj_S}}{r_{i_Sj_S}}\right)} \tag{8-25}$$

$$K'_{si_Sj_S}=\frac{1}{\sum_{j_S=1,j_S\neq i_S}^{n_{pS}}\frac{r_0^2}{G_sr_{i_Sj_S}}\ln\left(\frac{r_{mj_S}}{r_{i_Sj_S}}\right)} \tag{8-26}$$

$$K_{si_Si_L}=\frac{1}{\sum_{i_L=1}^{n_{pL}}\frac{r_0}{G_s}\ln\left(\frac{r_{mi_L}}{r_{i_Si_L}}\right)} \tag{8-27}$$

$$K'_{si_Si_L}=\frac{1}{\sum_{i_L=1}^{n_{pL}}\frac{r_0^2}{G_sr_{i_Si_L}}\ln\left(\frac{r_{mi_L}}{r_{i_Si_L}}\right)} \tag{8-28}$$

式中，r_{mi_S} 为短基桩 i_S 的影响半径；$r_{i_Sj_S}$ 为短基桩 i_S 与短基桩 j_S 的桩间距。

群桩基础中任一短基桩 i_S 侧阻传递双曲线函数的 a_{si_S} 值为：

$$a_{si_S}=\frac{1}{K_{si_S}}=\frac{r_0}{G_s}\ln\left(\frac{r_{mj_S}}{r_{i_Sj_S}}\right)+\sum_{j_S=1,\ j_S\neq i_S}^{n_S}\frac{r_0}{G_s}\ln\left[\frac{\left(\frac{r_{mj_S}}{r_{i_Sj_S}}\right)}{\left(\frac{r_{mj_S}}{r_{i_Sj_S}}\right)^{\frac{r_0}{r_{i_Sj_S}}}}\right]+\sum_{i_L=1}^{n_L}\frac{r_0}{G_s}\ln\left[\frac{\left(\frac{r_{mi_L}}{r_{i_Si_L}}\right)}{\left(\frac{r_{mi_L}}{r_{i_Si_L}}\right)^{\frac{r_0}{r_{i_Si_L}}}}\right] \tag{8-29}$$

8.7　不同布桩模式下群桩中基桩桩端阻力传递模型

基于单桩桩端阻力传递双曲线模型，考虑不同布桩模式下群桩中各基桩的相互作用，可建立不同布桩模式下群桩中各基桩端阻传递双曲线模型，用于分析不同布桩模式下群桩的承载特性。

8.7.1 等刚度布桩群桩中基桩端阻传递模型参数确定

变刚度布桩的群桩基础中，基桩间距 r 达到一定大小后，桩端均布荷载可看作集中荷载。距离桩 r 处的土体位移可计算为[99]：

$$s_{\mathrm{b}r}=\frac{\tau_{\mathrm{b}} r_0^2(1-\nu_{\mathrm{sb}})}{2rG_{\mathrm{sb}}} \tag{8-30}$$

群桩中相邻基桩 j 的桩端力引起基桩 i 的桩端土体初始刚度改变的变化值 $k_{\mathrm{b}i}$ 可表示为：

$$k_{\mathrm{b}ij}=\frac{2r_{ij}G_{\mathrm{sb}}}{r_0^2(1-\nu_{\mathrm{sb}})} \tag{8-31}$$

式中，r_{ij} 为基桩 i 与基桩 j 的中心距离。

考虑群桩中（$n_{\mathrm{p}}-1$）根相邻基桩的桩端阻力对基桩 i 桩端位移的影响，基桩 i 桩端位移 $S_{\mathrm{b}ij}$ 可表示为：

$$S_{\mathrm{b}ij}=\sum_{j=1,j\neq i}^{n_{\mathrm{p}}}\frac{\tau_{\mathrm{b}i} r_0^2(1-\nu_{\mathrm{sb}})}{2r_{ij}G_{\mathrm{sb}}} \tag{8-32}$$

群桩中（$n_{\mathrm{p}}-1$）根相邻基桩的桩端力引起基桩 i 的桩端土体初始刚度改变的变化值 $K_{\mathrm{b}ij}$ 可表示为：

$$K_{\mathrm{b}ij}=\frac{2G_{\mathrm{sb}}}{r_0^2(1-\nu_{\mathrm{sb}})\sum\limits_{j=1,j\neq i}^{n_{\mathrm{p}}}\frac{1}{r_{ij}}} \tag{8-33}$$

考虑群桩中邻近基桩桩端力和自身荷载作用下桩端力的影响，群桩中任一基桩 i 桩端土体初始刚度 $K_{\mathrm{b}i}$ 可表示为：

$$\frac{1}{K_{\mathrm{b}i}}=\frac{1}{k_{\mathrm{b}i}}+\frac{1}{K_{\mathrm{b}ij}} \tag{8-34}$$

群桩中任一基桩 i 的端阻传递双曲线函数的 $A_{\mathrm{b}i}$ 值为：

$$A_{\mathrm{b}i}=\frac{1}{K_{\mathrm{b}i}}=\frac{r_0(1-\nu_{\mathrm{sb}})}{G_{\mathrm{sb}}}\left(\frac{\pi}{4}+\frac{r_0}{2}\sum_{j=1,j\neq i}^{n_{\mathrm{p}}}\frac{1}{r_{ij}}\right) \tag{8-35}$$

群桩基础中某基桩的端阻传递双曲线函数的 $B_{\mathrm{b}i}$ 值同单桩端阻传递双曲线函数的 B 值。

8.7.2 变刚度布桩群桩中基桩端阻传递模型参数确定——变桩径

群桩中任一基桩 i 的端阻传递双曲线函数的 $A_{\mathrm{b}i}$ 值可用式（8-35）计算，群桩基础中某基桩的端阻传递双曲线函数的 $B_{\mathrm{b}i}$ 值同单桩端阻传递双曲线函数的 B 值。

8.7.3 变刚度布桩群桩中基桩端阻传递模型参数确定——变桩长

1. 长桩桩端土刚度

短基桩的桩端阻力对长基桩承载特性的影响主要考虑其对桩侧土体初始刚度的影响

（前文已讨论），短基桩的桩端阻力对长基桩桩端位移的影响不予考虑。基于桩-桩相互影响为弹性的假设，长短布桩群桩中任一长基桩 i_L 的桩端土体初始刚度主要受以下2个因素的影响：（1）自身荷载作用下长基桩 i_L 的桩端土变形；（2）相邻长基桩的桩端阻力引起长基桩 i_L 的桩端土变形。

忽略群桩中短基桩的桩端位移对长基桩的桩端位移的影响，长基桩 i_L 的桩端土体初始刚度 K_{biL} 为：

$$\frac{1}{K_{bi_L}}=\frac{1}{k_{bi_Li_L}}+\frac{1}{K_{bi_Lj_L}} \tag{8-36}$$

式中，$k_{bi_Li_L}$ 为受桩顶荷载作用时长基桩 i_L 的桩端土体初始刚度，由式（8-33）确定；$K_{bi_Lj_L}$ 为群桩中（$n_{pL}-1$）根长基桩的桩端力引起长基桩 i_L 桩端土体初始刚度改变的变化值，由式（8-37）确定。

$$K_{bi_Lj_L}=\frac{2G_{sb}}{r_0^2(1-\nu_{sb})\sum\limits_{j_L=1,j_L\neq i_L}^{n_{pL}}\frac{1}{r_{i_Lj_L}}} \tag{8-37}$$

群桩基础中长基桩 i_L 的端阻传递双曲线函数的 A_{bi_L} 值为：

$$A_{bi_L}=\frac{1}{K_{bi_L}}=\frac{r_0(1-\nu_{sb})}{G_{sb}}\left(\frac{\pi}{4}+\frac{r_0}{2}\sum_{j_L=1,j_L\neq i_L}^{n_L}\frac{1}{r_{i_Lj_L}}\right) \tag{8-38}$$

群桩基础中长基桩的端阻传递双曲线函数的 B_{bi_L} 值同单桩端阻传递双曲线函数的 B 值。

2. 短桩桩端土刚度

基于桩-桩相互影响为弹性的假设，且忽略各基桩间的加筋、遮帘效应，长短布桩群桩中任一短基桩 i_S 的桩端土体初始刚度主要受以下3个因素的影响：（1）自身荷载作用下短基桩 i_S 的桩端土变形；（2）相邻短基桩的桩端阻力引起短基桩 i_S 的桩端土变形；（3）相邻长基桩的桩端阻力引起短基桩 i_S 的桩端土变形。

短基桩 i_S 桩端土体初始刚度 K_{bi_S} 为：

$$\frac{1}{K_{bi_S}}=\frac{1}{k_{bi_Si_S}}+\frac{1}{K_{bi_Sj_S}}+\frac{1}{K_{bi_Si_L}} \tag{8-39}$$

式中，$k_{bi_Si_S}$ 为短基桩 i_S 受桩顶荷载作用的桩端土体初始刚度，可根据式（8-33）确定；$K_{bi_Sj_S}$ 为群桩中（$n_{pS}-1$）根短基桩的桩端力引起短基桩 i_S 桩端土体初始刚度改变的变化值，可根据式（8-40）确定；$K_{bi_Si_L}$ 为群桩中 n_L 根长基桩的桩端力引起短基桩 i_S 桩端土体初始刚度改变的变化值，可根据式（8-41）确定。

$$K_{bi_Sj_S}=\frac{2G_{sb}}{r_0^2(1-\nu_{sb})\sum\limits_{j_S=1,j_S\neq i_S}^{n_{pS}}\frac{1}{r_{i_Sj_S}}} \tag{8-40}$$

$$K_{bi_Si_L}=\frac{2G_{sb}}{r_0^2(1-\nu_{sb})\sum\limits_{i_L}^{n_{pL}}\frac{1}{r_{i_Si_L}}} \tag{8-41}$$

群桩基础中短基桩的端阻传递双曲线函数的 A_{bi_S} 值为：

$$A_{\mathrm{bi}_S}=\frac{1}{K_{\mathrm{bi}_S}}=\frac{r_0(1-\nu_{\mathrm{sb}})}{G_{\mathrm{sb}}}\left(\frac{\pi}{4}+\frac{r_0}{2}\sum_{j_S=1,\ j_S\neq i_S}^{n_S}\frac{1}{r_{i_S j_S}}+\frac{r_0}{2}\sum_{i_L}^{n_L}\frac{1}{r_{i_S i_L}}\right) \tag{8-42}$$

群桩基础中短基桩的端阻传递双曲线函数的 B_{bi_S} 值同单桩端阻传递双曲线函数的 B 值。

8.8 群桩中基桩承载特性计算方法

利用本书提出的双曲线函数模型，结合下述计算步骤（计算流程见图 8-25），可分析考虑桩-土体系渐进破坏的单（群）桩承载特性。具体计算步骤如下：

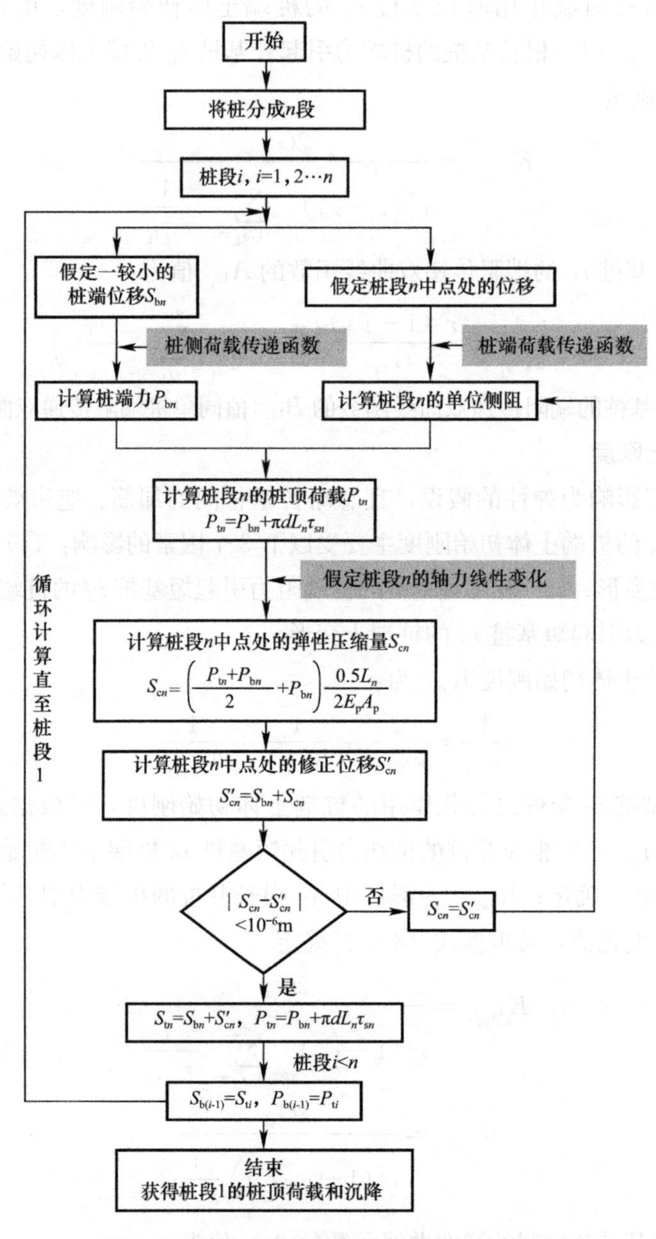

图 8-25　单桩或群桩中基桩承载特性计算流程

（1）将桩分为 n 段。

（2）假定一个较小的桩端位移 S_{bn}。

（3）根据桩端位移 S_{bn} 和式（8-6）计算桩端力 P_{bn}。

（4）假定桩段 n 的中点位移为 S_{cn}（初始值假定 $S_{cn}=S_{bn}$），将 S_{cn} 代入式（8-1）或式（8-11），计算桩段 n 的桩侧摩阻力 τ_{sn}。

（5）用式（8-43）计算桩段 n 的桩顶荷载 P_{tn}：

$$P_{tn}=P_{bn}+\pi dL_n\tau_{sn} \tag{8-43}$$

式中，L_n 为桩段 n 的桩长；d 为桩直径。

（6）假定桩段 n 内的桩身轴力线性变化，则桩段 n 中点处的弹性压缩量 S_{cmn} 可表示为：

$$S_{cmn}=\left(\frac{P_{tn}+P_{bn}}{2}+P_{bn}\right)\frac{0.5L_n}{2E_pA_p} \tag{8-44}$$

（7）桩段 n 中点的修正位移 S'_{cn} 可表示为：

$$S'_{cmn}=S_{bn}+S_{cmn} \tag{8-45}$$

（8）比较桩段 n 内的桩身修正位移 S'_{cmn} 与初始桩身位移 S_{cn} 的差。

① 如果 $S_{cn}-S'_{cmn}<1\times10^{-6}$m，则取桩段 n 的桩身压缩为 S'_{cn}。

② 如果 $S_{cn}-S'_{cmn}>1\times10^{-6}$m，则令 $S_{cn}=S'_{cmn}$，重复计算步骤（4）～步骤（7），直至 $S_{cn}-S'_{cmn}<1\times10^{-6}$m 为止。

（9）桩段 n 的桩顶位移 S_{tn} 和桩顶荷载 P_{tn} 可分别表示为：

$$S_{tn}=S_{bn}+S'_{cmn} \tag{8-46}$$

$$P_{tn}=P_{bn}+\pi dL_n\tau'_{sn} \tag{8-47}$$

式中，τ'_{sn} 为根据桩段 n 内桩身修正位移 S'_{cmn} 和式（8-1）计算得到的桩段 n 的桩侧摩阻力。

（10）重复计算步骤（4）～步骤（9），计算其余桩段的桩顶位移和桩顶荷载，直至得到桩段 1 的桩顶位移 S_{t1} 和桩顶荷载 P_{t1}。

（11）假定一系列桩端位移 S_{bn}，重复步骤（3）～步骤（10），直至得到一系列桩段 1 的桩顶位移 S_{t1} 和桩顶荷载 P_{t1}。

结合图 8-26 中单桩或群桩中基桩承载特性的计算流程，可根据群桩实际受力特点灵活选用不同形式的侧阻和端阻传递函数，来分析不同桩顶荷载水平下的单桩或群桩中基桩的承载特性。图 8-25 中 L_n 为桩段 n 的桩长；d 为桩直径；S_{tn} 为桩段 n 的桩顶位移；τ'_{sn} 为根据桩段 n 内桩身修正位移 S'_{cn} 计算得到的桩段 n 的单位侧摩阻力。

【算例 8.8-1】

为验证不同布桩模式下群桩承载特性计算方法的合理性，设计如下算例。该算例工况 1 为不同桩长的 3×3 群桩基础，桩半径为 0.5m，角桩、边桩和中心桩的长度分别为 25m、30m 和 35m；工况 2 为不同桩径的 3×3 群桩基础，桩长为 20m，角桩、边桩和中心桩的半径分别为 0.4m、0.5m 和 0.6m。该算例两种计算工况中的群桩处于均匀土中，土体剪切模量为 30MPa，土体泊松比为 0.35，桩侧土体的极限侧摩阻力为 100kPa，桩端土体的极限端阻力为 1000kPa，桩侧和桩端土的破坏比取 0.90。根据式（8-23）和式（8-29）可获得变桩长布桩的 3×3 群桩中不同位置处基桩侧阻传递模型参数计算公式［式（8-48）～式（8-50）］，根据式（8-38）和式（8-42）可获得变桩长布桩的 3×3 群桩中不同位置处基桩端阻传递模型参数计算公式［式（8-51）～式（8-53）］。

$$a_{\text{s-Centre}}=\frac{r_0}{G_\text{s}}\ln\left[\frac{\left(\frac{r_{\text{m-Centre}}}{r_0}\right)\left(\frac{r_{\text{m-Edge}}}{Nr_0}\right)^4\left(\frac{r_{\text{m-Corner}}}{\sqrt{2}Nr_0}\right)^4}{\left(\frac{r_{\text{m-Edge}}}{Nr_0}\right)^{\frac{4}{N}}\left(\frac{r_{\text{m-Corner}}}{\sqrt{2}Nr_0}\right)^{\frac{2\sqrt{2}}{N}}}\right]+\frac{r_0(1-\nu_{\text{sb}})}{G_{\text{sb}}}\left(\frac{2+\sqrt{2}}{N}\right) \tag{8-48}$$

$$a_{\text{s-Edge}}=\frac{r_0}{G_\text{s}}\ln\left[\frac{\left(\frac{r_{\text{m-Edge}}}{r_0}\right)\left(\frac{r_{\text{m-Edge}}}{\sqrt{2}Nr_0}\right)^2\left(\frac{r_{\text{m-Edge}}}{2Nr_0}\right)\left(\frac{r_{\text{m-Centre}}}{Nr_0}\right)\left(\frac{r_{\text{m-Corner}}}{Nr_0}\right)^2\left(\frac{r_{\text{m-Corner}}}{\sqrt{5}Nr_0}\right)^2}{\left(\frac{r_{\text{m-Edge}}}{\sqrt{2}Nr_0}\right)^{\frac{\sqrt{2}}{N}}\left(\frac{r_{\text{m-Edge}}}{2Nr_0}\right)^{\frac{1}{2N}}\left(\frac{r_{\text{m-Centre}}}{Nr_0}\right)^{\frac{1}{N}}\left(\frac{r_{\text{m-Corner}}}{Nr_0}\right)^{\frac{2}{N}}\left(\frac{r_{\text{m-Corner}}}{\sqrt{5}Nr_0}\right)^{\frac{2\sqrt{5}}{5N}}}\right]+\frac{r_0(1-\nu_{\text{sb}})}{G_{\text{sb}}}\left(\frac{5+\sqrt{5}}{5N}\right) \tag{8-49}$$

$$a_{\text{s-Corner}}=\frac{r_0}{G_\text{s}}\ln\left[\frac{\left(\frac{r_{\text{m-Corner}}}{r_0}\right)\left(\frac{r_{\text{m-Corner}}}{2Nr_0}\right)^2\left(\frac{r_{\text{m-Corner}}}{2\sqrt{2}Nr_0}\right)\left(\frac{r_{\text{m-Centre}}}{Nr_0}\right)\left(\frac{r_{\text{m-Edge}}}{Nr_0}\right)^2\left(\frac{r_{\text{m-Edge}}}{\sqrt{5}Nr_0}\right)^2}{\left(\frac{r_{\text{m-Centre}}}{Nr_0}\right)^{\frac{1}{N}}\left(\frac{r_{\text{m-Edge}}}{Nr_0}\right)^{\frac{2}{N}}\left(\frac{r_{\text{m-Edge}}}{\sqrt{5}Nr_0}\right)^{\frac{2\sqrt{5}}{5N}}}\right] \tag{8-50}$$

$$A_{\text{b-Centre}}=\frac{\pi r_0(1-\nu_{\text{sb}})}{4G_{\text{sb}}} \tag{8-51}$$

$$A_{\text{b-Edge}}=\frac{r_0(1-\nu_{\text{sb}})}{G_{\text{sb}}}\left(\frac{\pi}{4}+\frac{1}{4N}+\frac{1}{\sqrt{2}N}+\frac{1}{2N}\right) \tag{8-52}$$

$$A_{\text{b-Corner}}=\frac{r_0(1-\nu_{\text{sb}})}{G_{\text{sb}}}\left(\frac{\pi}{4}+\frac{1}{N}+\frac{1}{2\sqrt{2}N}+\frac{1}{2N}+\frac{1}{4\sqrt{2}N}+\frac{1}{\sqrt{5}N}\right) \tag{8-53}$$

式中，3×3 变桩长布桩相邻两基桩的间距为 $6r_0$，即 $N=6$。

根据式（8-16）可获得变桩径布桩的 3×3 群桩中不同位置处基桩侧阻传递模型参数的计算公式［式 8-54）～式（8-56）］，根据式（8-35）可获得变桩径布桩的 3×3 群桩中不同位置处基桩端阻传递模型参数的计算公式［式（8-57）～式（8-59）］。

$$a_{\text{s-Centre}}=\frac{r_{\text{0-Centre}}}{G_\text{s}}\ln\left[\frac{\left(\frac{r_\text{m}}{r_{\text{0-Centre}}}\right)\left(\frac{r_\text{m}}{r_\text{a}}\right)^4\left(\frac{r_\text{m}}{\sqrt{2}r_\text{a}}\right)^4}{\left(\frac{r_\text{m}}{r_\text{a}}\right)^{\frac{4r_{\text{0-Centre}}}{r_\text{a}}}\left(\frac{r_\text{m}}{\sqrt{2}r_\text{a}}\right)^{\frac{2\sqrt{2}r_{\text{0-Centre}}}{r_\text{a}}}}\right] \tag{8-54}$$

$$a_{\text{s-Edge}}=\frac{r_{\text{0-Edge}}}{G_\text{s}}\ln\left[\frac{\left(\frac{r_\text{m}}{r_{\text{0-Edge}}}\right)\left(\frac{r_\text{m}}{r_\text{a}}\right)^3\left(\frac{r_\text{m}}{2r_\text{a}}\right)\left(\frac{r_\text{m}}{\sqrt{2}r_\text{a}}\right)^2\left(\frac{r_\text{m}}{\sqrt{5}r_\text{a}}\right)^2}{\left(\frac{r_\text{m}}{r_\text{a}}\right)^{\frac{3r_{\text{0-Edge}}}{r_\text{a}}}\left(\frac{r_\text{m}}{2r_\text{a}}\right)^{\frac{r_{\text{0-Edge}}}{2r_\text{a}}}\left(\frac{r_\text{m}}{\sqrt{2}r_\text{a}}\right)^{\frac{\sqrt{2}r_{\text{0-Edge}}}{r_\text{a}}}\left(\frac{r_\text{m}}{\sqrt{5}r_\text{a}}\right)^{\frac{2\sqrt{5}r_{\text{0-Edge}}}{5r_\text{a}}}}\right] \tag{8-55}$$

$$a_{\text{s-Corner}}=\frac{r_{0\text{-Corner}}}{G_{\text{s}}}\ln\left[\frac{\left(\frac{r_{\text{m}}}{r_{0\text{-Corner}}}\right)\left(\frac{r_{\text{m}}}{r_{\text{a}}}\right)^{2}\left(\frac{r_{\text{m}}}{2r_{\text{a}}}\right)^{2}\left(\frac{r_{\text{m}}}{\sqrt{2}r_{\text{a}}}\right)\left(\frac{r_{\text{m}}}{\sqrt{5}r_{\text{a}}}\right)^{2}\left(\frac{r_{\text{m}}}{2\sqrt{2}r_{\text{a}}}\right)}{\left(\frac{r_{\text{m}}}{r_{\text{a}}}\right)^{\frac{2r_{0\text{-Corner}}}{r_{\text{a}}}}\left(\frac{r_{\text{m}}}{2r_{\text{a}}}\right)^{\frac{r_{0\text{-Corner}}}{r_{\text{a}}}}\left(\frac{r_{\text{m}}}{\sqrt{2}r_{\text{a}}}\right)^{\frac{\sqrt{2}r_{0\text{-Corner}}}{2r_{\text{a}}}}\left(\frac{r_{\text{m}}}{\sqrt{5}r_{\text{a}}}\right)^{\frac{2\sqrt{5}r_{0\text{-Corner}}}{5r_{\text{a}}}}\left(\frac{r_{\text{m}}}{2\sqrt{2}r_{\text{a}}}\right)^{\frac{\sqrt{2}r_{0\text{-Corner}}}{4r_{\text{a}}}}}\right] \tag{8-56}$$

$$A_{\text{b-Centre}}=\frac{r_{0\text{-Centre}}(1-\nu_{\text{sb}})}{G_{\text{sb}}}\left(\frac{\pi}{4}+\frac{2r_{0\text{-Centre}}}{r_{\text{a}}}+\frac{2r_{0\text{-Centre}}}{\sqrt{2}r_{\text{a}}}\right) \tag{8-57}$$

$$A_{\text{b-Edge}}=\frac{r_{0\text{-Edge}}(1-\nu_{\text{sb}})}{G_{\text{sb}}}\left(\frac{\pi}{4}+\frac{3r_{0\text{-Edge}}}{2r_{\text{a}}}+\frac{r_{0\text{-Edge}}}{\sqrt{2}r_{\text{a}}}+\frac{r_{0\text{-Edge}}}{4r_{\text{a}}}+\frac{r_{0\text{-Edge}}}{\sqrt{5}r_{\text{a}}}\right) \tag{8-58}$$

$$A_{\text{b-Corner}}=\frac{r_{0\text{-Corner}}(1-\nu_{\text{sb}})}{G_{\text{sb}}}\left(\frac{\pi}{4}+\frac{r_{0\text{-Corner}}}{r_{\text{a}}}+\frac{r_{0\text{-Corner}}}{2\sqrt{2}r_{\text{a}}}+\frac{r_{0\text{-Corner}}}{2r_{\text{a}}}+\frac{r_{0\text{-Corner}}}{4\sqrt{2}r_{\text{a}}}+\frac{r_{0\text{-Corner}}}{\sqrt{5}r_{\text{a}}}\right) \tag{8-59}$$

数值计算时，在桩头逐步施加等效的均布荷载，为避免边界效应，模型边界尺寸在横向范围内为桩半径的 60 倍，在垂直范围内为桩长的 2 倍，并采用 C3D8R 单元进行网格离散化。不同桩长 3×3 群桩和不同桩径 3×3 群桩的数值计算结果与不同布桩模式下群桩承载特性的计算结果见图 8-26。

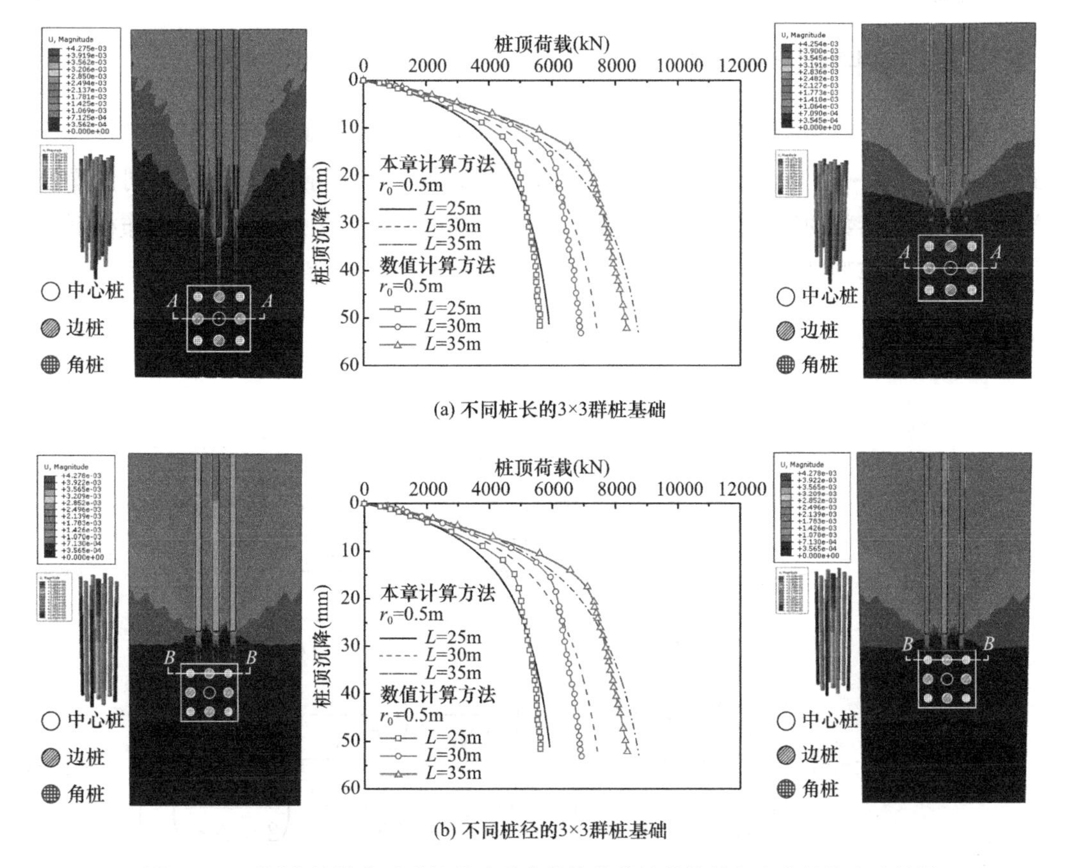

(a) 不同桩长的3×3群桩基础

(b) 不同桩径的3×3群桩基础

图 8-26　不同布桩模式下群桩基础承载特性数值计算结果与本文计算方法结果

由图 8-26 可知，整个加载过程中，不同布桩模式下群桩承载特性计算方法的计算结果与有限元计算结果较为吻合，说明不同布桩模式下群桩承载特性的计算方法是合理的。

8.9 变刚度布桩的群桩受力性状参数分析

实际工程中，承台（筏板）刚度对桩底土压力和桩顶压力的分布具有一定的调整作用。承台（筏板）刚度对群桩受力性状的影响是一个较为复杂的问题。为简化分析过程，不考虑承台（筏板）刚度对变刚度布桩群桩受力性状的影响，这对于实际工程中变刚度布桩的群桩受力性状是偏保守的，更有利于调整群桩的差异沉降。

设计不同桩长和桩径情况下的单桩、3×3 等刚度布桩及 3×3 变刚度布桩（变桩径和变桩长）等算例进行分析。计算时涉及的参数取值如下：桩径 r_0＝0.4m、0.5m、0.6m、0.7m、0.8m、0.9m、1.0m；桩长 L＝20m、25m、30m、35m、40m；桩侧为均一土层；剪切模量 $G_s=G_{sb}$＝30MPa；泊松比 $\nu_s=\nu_{sb}$＝0.35；桩侧土极限侧阻 τ_{su}＝100kPa；桩端土极限端阻 τ_{bu}＝1000kPa；侧阻和端阻破坏比统一取 $R_{sf}=R_{bf}$＝0.90；3×3 等刚度布桩及 3×3 变刚度布桩相邻两基桩的间距为 $6r_0$，即 $N=6$。

8.9.1 均匀土层中群桩承载特性

根据式（8-16）可获得 3×3 等刚度布桩中不同位置处基桩侧阻传递模型参数的计算公式［式（8-60）～式（8-62）］，根据式（8-35）可获得 3×3 等刚度布桩中不同位置处基桩端阻传递模型参数的计算公式［式（8-63）～式（8-65）］。均匀土层的变刚度布桩群桩中基桩荷载的传递模型见图 8-27，不同位置处基桩的桩顶荷载-沉降曲线见图 8-28。

$$a_{\text{s-Centre}}=\frac{r_0}{G_s}\ln\left[\frac{\left(\frac{r_m}{r_0}\right)\left(\frac{r_m}{Nr_0}\right)^4\left(\frac{r_m}{\sqrt{2}Nr_0}\right)^4}{\left(\frac{r_m}{Nr_0}\right)^{\frac{4}{N}}\left(\frac{r_m}{\sqrt{2}Nr_0}\right)^{\frac{2\sqrt{2}}{N}}}\right] \tag{8-60}$$

$$a_{\text{s-Edge}}=\frac{r_0}{G_s}\ln\left[\frac{\left(\frac{r_m}{r_0}\right)\left(\frac{r_m}{Nr_0}\right)^3\left(\frac{r_m}{2Nr_0}\right)\left(\frac{r_m}{\sqrt{2}Nr_0}\right)^2\left(\frac{r_m}{\sqrt{5}Nr_0}\right)^2}{\left(\frac{r_m}{Nr_0}\right)^{\frac{3}{N}}\left(\frac{r_m}{2Nr_0}\right)^{\frac{1}{2N}}\left(\frac{r_m}{\sqrt{2}Nr_0}\right)^{\frac{\sqrt{2}}{N}}\left(\frac{r_m}{\sqrt{5}Nr_0}\right)^{\frac{2\sqrt{5}}{5N}}}\right] \tag{8-61}$$

$$a_{\text{s-Corner}}=\frac{r_0}{G_s}\ln\left[\frac{\left(\frac{r_m}{r_0}\right)\left(\frac{r_m}{Nr_0}\right)^2\left(\frac{r_m}{2Nr_0}\right)^2\left(\frac{r_m}{\sqrt{2}Nr_0}\right)\left(\frac{r_m}{\sqrt{5}Nr_0}\right)^2\left(\frac{r_m}{2\sqrt{2}Nr_0}\right)}{\left(\frac{r_m}{Nr_0}\right)^{\frac{2}{N}}\left(\frac{r_m}{2Nr_0}\right)^{\frac{1}{N}}\left(\frac{r_m}{\sqrt{2}Nr_0}\right)^{\frac{\sqrt{2}}{2N}}\left(\frac{r_m}{\sqrt{5}Nr_0}\right)^{\frac{2\sqrt{5}}{5N}}\left(\frac{r_m}{2\sqrt{2}Nr_0}\right)^{\frac{\sqrt{2}}{4N}}}\right] \tag{8-62}$$

$$A_{\text{b-Centre}}=\frac{r_0(1-\nu_{sb})}{G_{sb}}\left(\frac{\pi}{4}+\frac{2}{N}+\frac{2}{\sqrt{2}N}\right) \tag{8-63}$$

$$A_{\text{b-Edge}}=\frac{r_0(1-\nu_{\text{sb}})}{G_{\text{sb}}}\left(\frac{\pi}{4}+\frac{3}{2N}+\frac{1}{\sqrt{2}N}+\frac{1}{4N}+\frac{1}{\sqrt{5}N}\right) \tag{8-64}$$

$$A_{\text{b-Corner}}=\frac{r_0(1-\nu_{\text{sb}})}{G_{\text{sb}}}\left(\frac{\pi}{4}+\frac{1}{N}+\frac{1}{2\sqrt{2}N}+\frac{1}{2N}+\frac{1}{4\sqrt{2}N}+\frac{1}{\sqrt{5}N}\right) \tag{8-65}$$

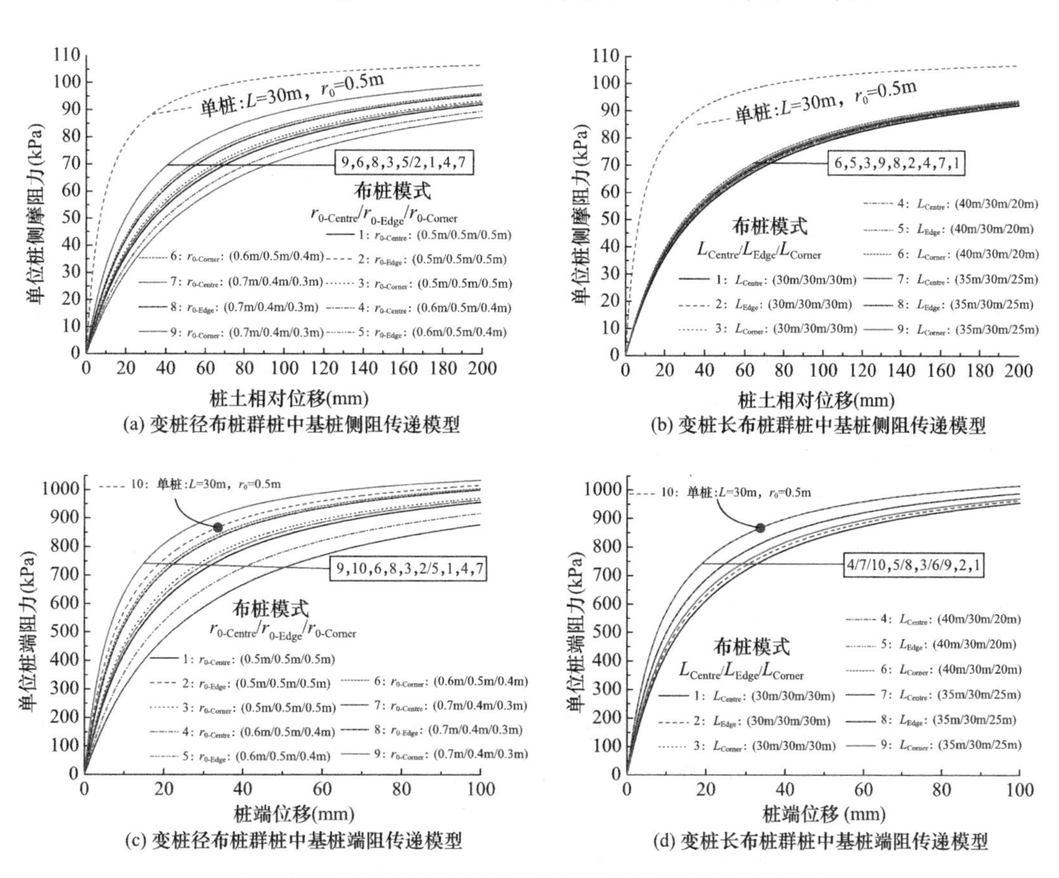

图 8-27　均匀土层中变刚度布桩群桩中基桩荷载传递模型

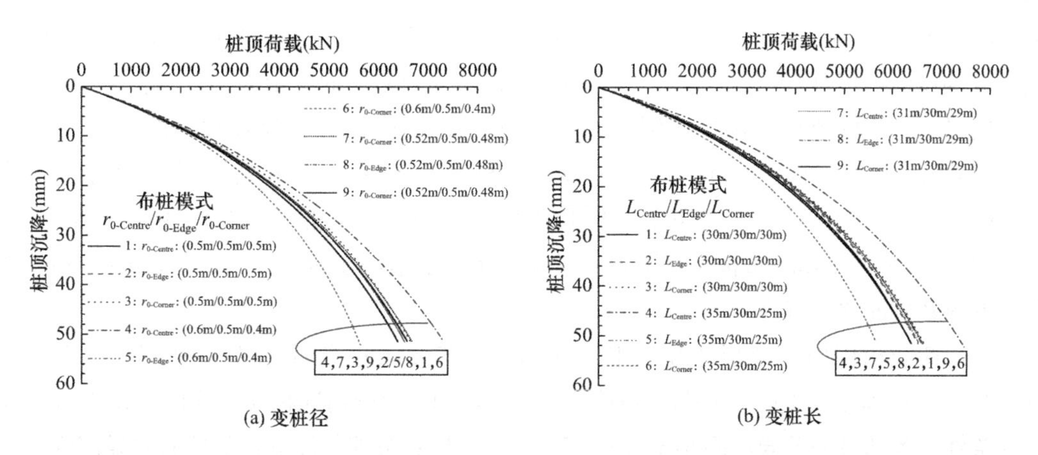

图 8-28　均匀土层中变刚度布桩群桩中不同位置处基桩的桩顶桩荷载-沉降曲线

由图 8-27 可知，均匀土中群桩中基桩极限侧摩阻力和桩侧承载刚度均小于单桩的情况。对于均匀布桩的情况，各基桩的桩侧摩阻力相近，但角桩的桩侧承载刚度最大，边桩的桩侧承载刚度次之，中心桩的桩侧承载刚度最小。桩径 0.7m/0.4m/0.3m 布桩情况下角桩的桩侧摩阻力和承载刚度最大，且中心桩和边桩的桩侧摩阻力和承载刚度均大于桩径 0.6m/0.5m/0.4m 布桩的情况。变桩长与均匀布桩情况中的桩侧阻力差别不大。桩长 40m/30m/20m 布桩条件下基桩的桩侧承载刚度大于桩长 35m/30m/25m 布桩的情况。

桩径 0.7m/0.4m/0.3m 布桩条件下角桩的桩端阻力和承载刚度最大，且大于单桩的情况。桩径 0.7m/0.4m/0.3m 布桩条件下中心桩和边桩的桩端阻力和承载刚度大于桩径 0.6m/0.5m/0.4m 布桩的情况。桩长 35m/30m/25m 布桩条件下基桩的桩侧承载刚度和桩端阻力与桩径 40m/30m/20m 布桩的情况近似相同。

由图 8-28 可知，桩顶荷载相同时，均匀土中桩径 0.6m/0.5m/0.4m 布桩条件下中心桩和角桩沉降小于桩径 0.52m/0.5m/0.48m 布桩条件下中心桩和角桩沉降，两种布桩模式下边桩的沉降近似相同。桩径 0.52m/0.5m/0.48m 布桩条件下各基桩差异沉降明显小于桩径 0.6m/0.5m/0.4m 布桩条件下各基桩差异沉降。

桩顶荷载相同时，均质土中桩长 35m/30m/25m 布桩条件下中心桩和边桩沉降大于桩长 31m/30m/29m 布桩条件下中心桩和边桩的沉降，而角桩沉降情况相反。桩长 31m/30m/29m 布桩条件下各基桩的差异沉降小于桩长 35m/30m/25m 布桩时各基桩的差异沉降。

8.9.2 成层土层中群桩承载特性

设计不同桩长和桩径情况下单桩、3×3 等刚度布桩及 3×3 变刚度布桩（变桩径和变桩长）等算例进行分析。计算时涉及的参数取值如下：桩径 $r_0=0.4$m、0.5m、0.6m、0.7m、0.8m、0.9m、1.0m，桩长 $L=20$m、25m、30m、35m、40m。土层为成层土（3 层），第一层土的厚度为 10m，剪切模量 $G_s=10$MPa，泊松比 $\nu_s=0.30$，桩侧土极限侧阻 $\tau_{su}=50$kPa；第二层土的厚度为 10m，剪切模量 $G_s=20$MPa，泊松比 $\nu_s=0.35$，桩侧土极限侧阻 $\tau_{su}=75$kPa；第三层土的剪切模量 $G_s=G_{sb}=30$MPa，泊松比 $\nu_s=\nu_{sb}=0.40$，桩侧土极限侧阻 $\tau_{su}=100$kPa，桩端土极限端阻 $\tau_{bu}=1000$kPa，侧阻和端阻破坏比统一取 $R_{sf}=R_{bf}=0.90$，3×3 等刚度布桩及 3×3 变刚度布桩相邻两基桩的间距为 $6r_0$，即 $N=6$。

成层土中变桩径布桩群桩中不同位置处基桩的桩顶桩荷载-沉降曲线（图 8-29）可知，桩顶荷载相同时，桩径 0.6m/0.5m/0.4m 布桩条件下中心桩和边桩的沉降小于桩径 0.52m/0.5m/0.48m 布桩条件下中心桩和边桩的沉降，而角桩沉降变化规律却相反。桩径 0.52m/0.5m/0.48m 布桩条件下各基桩差异沉降明显小于桩径 0.6m/0.5m/0.4m 布桩条件下各基桩的差异沉降。

桩顶荷载相同时，成层土中桩长 35m/30m/25m 布桩条件下中心桩沉降大于桩长 31m/30m/29m 布桩条件下中心桩的沉降，而边桩和角桩沉降情况相反。桩长 31m/30m/29m 布桩条件下各基桩的差异沉降小于桩长 35m/30m/25m 布桩条件下各基桩的差异沉降。

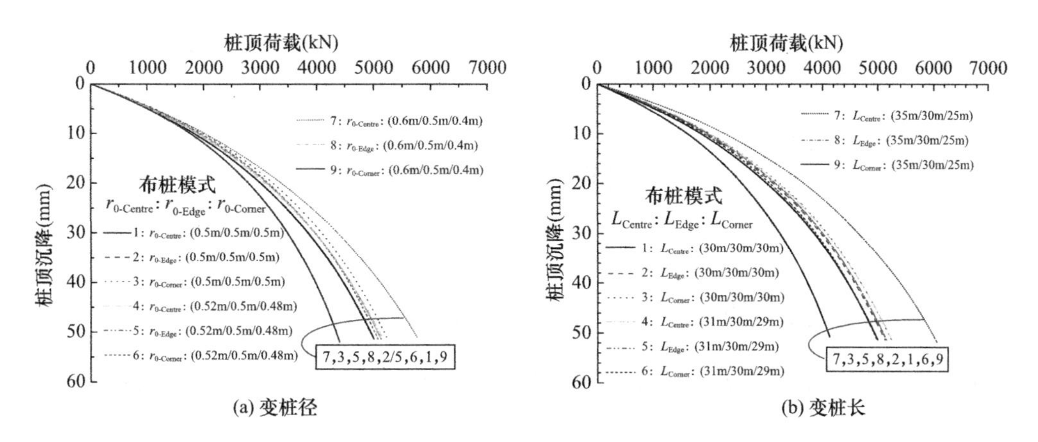

图 8-29　成层土层中变刚度布桩群桩中不同位置处基桩的桩顶荷载-沉降曲线

附　录

一、拉普拉斯数值逆变换的 Gaver-Wynn-Rho（GWR）算法[189-190]

当 $t \geqslant 0$ 时，关于时间 t 的函数 $f(t)$ 从时域变换到拉普拉斯域 s 的拉普拉斯变换定义为：

$$\overline{f}(s)=\int_0^{\infty} e^{-st} f(t) dt \tag{1}$$

为对高阶导数进行数值计算，Gaver[191] 给出了求反分析离散模拟形式的 Post-Widder 公式，即：

$$f_k(t)=\frac{\beta k}{t}\binom{2k}{k}\sum_{i=0}^{k}(-1)^i\binom{k}{i}\overline{f}\left[\frac{(k+i)\beta}{t}\right] \tag{2}$$

对于上述公式，也可采用如下递归算法进行计算：

$$\begin{cases} G_0^{(n)}=\dfrac{n\beta}{t}\overline{f}\left(\dfrac{n\beta}{t}\right), & 1 \leqslant n \leqslant 2M \\ G_k^{(n)}=\left(1+\dfrac{n}{k}\right)G_{k-1}^{(n)}-\dfrac{n}{k}G_{k-1}^{(n+1)}, & k \geqslant 1, n \geqslant k \\ f_k(t)=G_k^{(k)} \end{cases} \tag{3}$$

采用 Gaver 函数对 Wynn-Rho 算法加速[190,192]，其递归算法如下：

$$\begin{cases} \rho_{-1}^{(n)}=0,\ \rho_0^{(n)}=f_n(t), & n \geqslant 0 \\ \rho_k^{(n)}=\rho_{k-2}^{(n+1)}+\dfrac{k}{\rho_{k-1}^{(n+1)}-\rho_{k-1}^{(n)}}, & k \geqslant 1 \end{cases} \tag{4}$$

则函数 $f(t)$ 的近似值可表示为：

$$f(t) \approx f(t,M)=\rho_M^{(0)} \tag{5}$$

近似值 $f(t,M)$ 的有效位数可假设为偶数 M。对于大量变换计算，其相对误差估计为：

$$\left|\frac{f(t)-f(t,M)}{f(t)}\right| \approx 10^{-0.8M} \tag{6}$$

近似值有效位数大约为 $0.8M$。

GWR 算法总结如下：对于给定的 t 和 M 变换至 $\overline{f}(s)$，首先设置精度为 $2.1M$，然后通过式（2）或式（3）计算函数 $f_1(t)$、$f_2(t)$ ⋯ $f_M(t)$，由式（4）和（5）可计算出 $f(t)$ 的近似值，即可得出所需的结果。

二、拉普拉斯数值逆变换的 Fixed-Talbot（FT）算法[189,190]

为解决拉普拉斯数值逆变换问题，Talbot[193] 首先在 Bromwich 积分内对首曲线进行变形，即：

$$f(t)=\frac{1}{2\pi i}\int_{B}e^{ts}\overline{f}(s)ds \tag{7}$$

式中，曲线 B 是一条定义为 $s=r+iy$ 的垂直线。Talbot 选择的路径形式为：

$$s(\theta)=r\theta(\cot\theta+i),\quad -\pi<\theta<\pi \tag{8}$$

式中，r 是一个参数。

取路径上的一些点：$s(0)=r$、$s(\pi/2)=ir\pi/2$ 和 $s(3\pi/4)=3\pi(i-1)r/4$。对式（7）进行反演积分，可得：

$$f(t)=\frac{1}{2\pi i}\int_{B}e^{t(s-a\lg s)}ds \tag{9}$$

式中，$a=\alpha/t$。

选用最陡下降路径来避开上式积分时的震荡行为，其性质如下：

$$\mathrm{Im}(s-a\lg s)=0 \tag{10}$$

使 $s=x+iy$，由式（10）可得到最陡下降路径：

$$x=y\cot(y/a) \tag{11}$$

为继续发展 FT 算法，可用式（8）代表的曲线替换式（8）中的曲线 B，可得：

$$f(t)=\frac{1}{2\pi i}\int_{-\pi}^{\pi}e^{ts(\theta)}\overline{f}[s(\theta)]s'(\theta)d\theta \tag{12}$$

式中，$s'(\theta)=ir[1+i\sigma(\theta)]$，而

$$\sigma(\theta)=\theta+(\theta\cot\theta-1)\cot\theta \tag{13}$$

此时式（12）可改写为：

$$f(t)=\frac{r}{\pi}\int_{0}^{\pi}\mathrm{Re}\{e^{ts(\theta)}\overline{f}[s(\theta)][1+i\sigma(\theta)]\}d\theta \tag{14}$$

可用梯形准则来近似式（14）的函数值，其步长为 π/M 和 $\theta_k=k\pi/M$，可得下式：

$$f(t,M)=\frac{r}{M}\left\{\frac{1}{2}\overline{f}(r)e^{rt}+\sum_{k=1}^{M-1}\mathrm{Re}\{e^{ts(\theta_k)}\overline{f}[s(\theta_k)][1+i\sigma(\theta_k)]\}\right\} \tag{15}$$

根据数值试验，参数 r 确定值为：

$$r=\frac{2M}{5t} \tag{16}$$

计算中为控制舍入误差，将精度规定为小数点 M 位。对于大量的变换计算，其相对误差估计为：

$$\left|\frac{f(t)-f(t,M)}{f(t)}\right|\approx10^{-0.6M} \tag{17}$$

近似值有效位数大约为 $0.6M$。

FT 算法总结如下：对于给定的 t 和 M 变换至 $\overline{f}(s)$，首先设置精度为 M，然后通过式（15）和式（16）计算出 $f(t)$ 的近似值，这样就可以得出所需的结果。

三、拉普拉斯数值逆变换的 Crump 算法[194]

根据 Durbin[195]傅立叶级数近似求和，Crump[194]采用 ε 算法加速收敛，其表达式如下：

$$f(t)=\frac{e^{Ft}}{H}\left\langle\frac{\overline{f}(F)}{2}+\sum_{k=1}^{\infty}\left\{\mathrm{Re}\left[\overline{f}\left(F+\frac{k\pi i}{H}\right)\right]\cos\frac{k\pi t}{H}-\mathrm{Im}\left[\overline{f}\left(F+\frac{k\pi i}{H}\right)\right]\sin\frac{k\pi t}{H}\right\}\right\rangle+f_c \tag{18}$$

式中，k 表示正整数；f_c 表示误差项；两个参数 F 和 H 可由下式确定：

$$F=F_0-\frac{\ln(0.1\times f_r)}{2H} \tag{19}$$

式中，f_r 表示相对误差；F_0 应当等于或略大于 F_1。其中 F_1 定义如下：

$$|f(t)|\leqslant M_a e^{F_1 t} \tag{20}$$

式中，M_a 为任意存在的正数且对于 $\overline{f}(s)$ 满足 $\mathrm{Re}s>M_a$。

另一参数 H 定义为：

$$H>\frac{t_{\max}}{2} \tag{21}$$

式中，$t_{\max}$ 表示需计算的最大时间。

参 考 文 献

[1] 贾强，张鑫，刘磊. 既有建筑地下增层技术的发展与展望 [J]. 施工技术，2018，47（6）：84-87+102.

[2] 邱仓虎，詹永勤，秦玉康，等. 北京市音乐堂改扩建工程的结构设计 [J]. 建筑科学，1999，15（6）：28-32.

[3] 文颖文，胡明亮，韩顺有，等. 既有建筑地下室增设中锚杆静压桩技术应用研究 [J]. 岩土工程学报，2013，35（S2）：224-229.

[4] SHAN H F，YU F，XIA T D，et al. Performance of the underpinning piles for basement-supplementing retrofit of a constructed building [J]. Journal of Performance of Constructed Facilities，2017，31（4）：4017017.

[5] 杨学林，祝文畏，周平槐. 某既有高层建筑下方逆作开挖增建地下室设计关键技术 [J]. 岩石力学与工程学报，2018，37（S1）：3775-3786.

[6] FOCHT J A，CHOW F C，JARDINE R，et al. Effects of time on capacity of pipe piles in dense marine sand [J]. Journal of Geotechnical and Geoenvironmental Engineering，1998，124（3）：254-264.

[7] AXELSSON G. Long-term set-up of driven piles in sand [D]. Stockholm，Sweden：Royal Institute of Technology，2000.

[8] TRENTER N A，BURT N J. Steel pipe piles in silty clay soils at Belavan，Indonesia [C] // In：Proc of the XICSMFE，Stockhom：Balkema，1981，3：873-880.

[9] 郑刚，任彦华. 桩承载力时效对桩土相互作用及沉降的影响分析 [J]. 岩土力学，2003，24（1）：65-69.

[10] 陈兰云，陈云敏，张卫民. 饱和软土中钻孔灌注桩竖向承载力时效分析 [J]. 岩土力学，2006，27（3）：471-474.

[11] 董光辉. 静压桩沉桩过程中的侧阻退化效应及成桩后侧阻的时效研究 [D]. 青岛：青岛理工大学，2006.

[12] 胡中雄. 土力学与环境土工学 [M]. 上海：同济大学出版社，1997.

[13] SKOV R，DENVER H. Time-dependence of bearing capacity of piles [C]// In：Proc. of Third International Conference on the Application of Stress-Wave Theory to Piles，Ottawa，1988：25-27.

[14] CHOW F C，JARDINE R，NAUROY J F，et al.. Time-related increases in the shaft capacities of driven piles in sand [J]. Géotechnique，2001，51（5）：475-476.

[15] JARDINE R STANDING J R，CHOW F C，et al. Some observations of the effects of time on the capacity of piles driven in sand [J]. Géotechnique，2007，57（43）：323-327.

[16] KARLSRUD K，JENSEN T，LIED E K W，et al. Significant ageing effects for axially loaded piles in sand and clay verified by new field load tests [C]// In：Proceedings of Offshore Technology Conference，Taxes，USA，2014.

[17] LIM J K, LEHANE B M. Characterisation of the effects of time on the shaft friction of displacement piles in sand [J]. Géotechnique, 2014, 64 (6): 476-485.

[18] GUO W D. Visco-elastic consolidation subsequent to pile installation [J]. Computers and Geotechnics, 2000, 26 (2): 113-144.

[19] WU W B, WANG K H, ZHANG Z Q, et al. A new approach for time effect analysis of settlement for single pile based on virtual soil-pile model [J]. Journal of Central South University, 2012, 19 (9): 2656-2662.

[20] LI Z Y, WANG K, LV S H, et al. A new approach for time effect analysis in the settlement of single pile in nonlinear viscoelastic soil deposits [J]. Journal of Zhejiang University-SCIENCE A, 2015, 16 (8): 630-643.

[21] ZHAO C Y, LENG W M, ZHENG G Y. Calculation and analysis for the time-dependency of settlement of the single-driven pile in double-layered soft clay [J]. Applied Clay Science, 2013, 79 (7): 8-12.

[22] 于光明，龚维明，戴国亮．考虑非达西流固结土体中桩基承载时间效应研究［J］．中南大学学报(自然科学版)，2020，51 (8)：2132-2142.

[23] LI L, LI J, SUN D A, et al. Semi-analytical approach for time-dependent load-settlement response of a jacked pile in clay strata [J]. Canadian Geotechnical Journal, 2017, 54 (12): 1682-1692.

[24] TROUGHTON V M, PLATIS A. The effect of changes in effective stress on base grouted pile in sand [C]// In: Proceedings of the 3rd International Conference on Piling and Deep Foundations, London, UK, 1989: 445-453.

[25] 胡琦，凌道盛，陈云敏，等．深基坑开挖对坑内基桩受力特性的影响分析［J］．岩土力学，2008，29 (7)：1965-1970.

[26] 罗耀武．大面积深开挖对抗拔桩承载性状的影响研究［D］．杭州：浙江大学，2010.

[27] 郦建俊，黄茂松，王卫东，等．开挖条件下抗拔桩承载力的离心模型试验［J］．岩土工程学报，2010，32 (3)：388-396.

[28] 陈锦剑，吴琼，王建华，等．开挖卸荷条件下单桩承载力特性的模型试验研究［J］．岩土工程学报，2010，32 (S2)：97-100.

[29] 刁钰．超深开挖对坑底抗压桩竖向承载力及沉降特性影响研究［D］．天津：天津大学，2011.

[30] 纠永志，黄茂松．开挖条件下黏土中单桩竖向承载特性模型试验与分析［J］．岩土工程学报，2016，38 (2)：202-209.

[31] 曹力桥．软土地区深基坑开挖坑底隆起的有限元分析［J］．岩土工程学报，2013，35 (s2)：819-824.

[32] 龚晓南，伍程杰，俞峰，等．既有地下室增层开挖引起的桩基侧摩阻力损失分析［J］．岩土工程学报，2013，35 (11)：1957-1964.

[33] 伍程杰，龚晓南，俞峰，等．既有高层建筑地下增层开挖桩端阻力损失［J］．浙江大学学报（工学版)，2014，48 (4)：671-678.

[34] 伍程杰，龚晓南，房凯，等．增层开挖对既有建筑物桩基承载刚度影响分析［J］．岩石力学与工程学报，2014，33 (8)：1526-1535.

[35] ZHANG Q Q, LIU S W, FENG R F, et al. Analytical method for prediction of progressive de-

formation mechanism of existing piles due to excavation beneath a pile-supported building [J]. International Journal of Civil Engineering，2019，17 (6B)：751-763.

[36] 单华峰，夏唐代，胡军华，等. 既有建筑物地下室增层开挖群桩沉降性状研究 [J]. 岩土工程学报，2015，37 (S1)：46-50.

[37] 苟尧泊，俞峰，夏唐代. 增层开挖引起既有预制桩残余应力释放分析 [J]. 浙江大学学报（工学版），2015，49 (5)：969-974.

[38] 贾强，李际平，张全立，等. 桩周土开挖条件下桩基础屈曲稳定性分析 [J]. 山东建筑大学学报，2014，29 (6)：497-503.

[39] 单华峰，夏唐代，胡军华，等. 既有建筑物地下室增层开挖桩基屈曲稳定研究 [J]. 岩土力学，2015，36 (S2)：507-512.

[40] 单华峰，夏唐代，俞峰，等. 下挖增层桩顶约束对基桩屈曲稳定临界荷载影响分析 [J]. 岩土工程学报，2017，39 (s2)：49-52.

[41] TAVENAS F，AUDY R. Limitations of the driving formulas for predicting the bearing capacities of piles in sand [J]. Canadian Geotechnical Journal，1972，9 (1)：47-62.

[42] GAVIN K G，IGOE D J P，KIRWAN L. The effect of ageing on the axial capacity of piles in sand [J]. Proceedings of the Institution of Civil Engineers-Geotechnical Engineering，2013，166 (2)：122-130.

[43] RIMOY S，SILVA M，JARDINE R，et al. Field and model investigations into the influence of age on axial capacity of displacement piles in silica sands [J]. Géotechnique，2015，65 (7)：576-589.

[44] 李雄，刘金砺. 饱和软土中预制桩承载力时效的研究 [J]. 岩土工程学报，1992，14 (4)：9-16.

[45] YAN W M，YUEN K V. Prediction of pile set-up in clays and sands [C]// In：Proceedings of IOP Conference Series：Materials Science and Engineering，IOP Publishing，2010，10.

[46] CHOW F C，JARDINE R J，NAUROY J F，et al. Time-related increases in the shaft capacities of driven piles in sand [J]. Geotechnique，1997，47 (2)：353-361.

[47] RANDOLPH M F，CARTER J P，Wroth C P. Driven piles in clay-the effects of installation and subsequent consolidation [J]. Geotechnique，1979，29 (4)：361-393.

[48] DAVISON M T. High-capacity piles [C]// In：Proceedings of Soil Mechanics Lecture Series on Innovation in Foundation Construction，Chicago：ASCE，Illinois Section，1972：81-112.

[49] NG C W，YAU T L，LI J H，et al. New failure load criterion for large diameter bored piles in weathered geomaterials [J]. Journal of Geotechnical and Geoenvironmental Engineering，2001，127 (6)：488-498.

[50] CHIN F K. Estimation of the ultimate load of piles from tests not carried to failure [C]// In：Proc. of 2nd Southeast Asian Conference on Soil Engineering，Singapore：Southeast Asian Geotechnical Society，1970：81-90.

[51] DITHINDE M，PHOON K K，DE WET M，et al. Characterization of model uncertainty in the static pile design formula [J]. Journal of Geotechnical and Geoenvironmental Engineering，2010，137 (1)：70-85.

[52] YANG Z X，GUO W B，ZHA F S，et al. Field behavior of driven prestressed high-strength concrete piles in sandy soils [J]. Journal of Geotechnical and Geoenvironmental Engineering，2015，

141 (6): 4015020.

[53] NAESGAARD E, AMINI A, UTHAYAKUMAR U M, et al. Long Piles in Thick Lacustrine and Deltaic Deposits: Two Bridge Foundation Case Histories [J]. Geotechnical Special Publication, ASCE, 2012, 227: 404-421.

[54] HOLSCHER P. Field test rapid load testing Waddinxveen [R]. Netherlands: Deltares Factual report, 2009.

[55] YANG Z X, JARDINE R J, GUO W D, et al. A comprehensive database of tests on axially loaded piles driven in sands [M]. 杭州：浙江大学出版社，2015.

[56] MESTAT P, BERTHELON J. Finite element modeling of shallow foundation tests at the Labenne site [J]. Bulletin des Laboratoires des Ponts et Chaussées, 2001, 234: 37-67.

[57] VIANA DA FONSECA A, SANTOS J A. International prediction event. Behaviour of CFA, driven and bored piles in residual soil ISC'2 experimental site [R]. FEUP, Porto and IST, Lisboa, 2008.

[58] INDRARATNA B, BALASUBRAMANIAM A S, PHAMVAN P, et al. Development of negative skin friction on driven piles in soft Bangkok clay [J]. Canadian Geotechnical Journal, 1992, 29 (3): 393-404.

[59] BROWN M J, POWELL J. Comparison of rapid load pile testing of driven and CFA piles installed in high OCR clay [J]. Soils and Foundations, 2012, 52 (6): 1033-1042.

[60] CHOW F C. Investigations into the behaviour of displacement piles for offshore foundations [D]. UK: Imperial College London, 1996.

[61] O'NEILL M W, RAINES R D. Load transfer for pipe piles in highly pressured dense sand [J]. Journal of Geotechnical Engineering, 1991, 117 (8): 1208-1226.

[62] MCCABE B A. Experimental investigations of driven pile group behaviour in Belfast soft clay [D]. Trinity College Dublin, 2002.

[63] REESE L C. Design and construction of drilled shafts [J]. Journal of the Geotechnical Engineering Division, 1979, 104 (1): 91-116.

[64] FLEMING W. A new method for single pile settlement prediction and analysis [J]. Géotechnique, 1992, 42 (3): 411-425.

[65] CASTELLI F, Maugeri M, Motta E. Analisi non lineare del cedimento di un Palo Singolo [J]. Rivista Italiana di Geotechnica, 1992, 26 (2): 115-135.

[66] SAMSON L, AUTHIER J. Change in pile capacity with time: case histories [J]. Canadian Geotechnical Journal, 1986, 23 (2): 174-180.

[67] SEIDEL J P, HAUSTORFER I J, PLESIOTIS S. Comparison of dynamic and static testing for piles founded into limestone [C]// In: Proc. 3rd Int. Conf. on Applications of Stress-wave Theory to Piles, Ottawa, 1988: 717-723.

[68] YORK D L, BRUSEY W G, CLÉMENTE F M, et al. Setup and relaxation in glacial sand [J]. Journal of Geotechnical Engineering, 1994, 120 (9): 1498-1513.

[69] SVINKIN M R, MORGANO C M, MORVANT M. Pile capacity as a function of time in clayey and sandy soils [C]// In: Proceedings of the 5th International Conference and Exhibition on Piling

and Deep Foundations, Bruges, Belgium, 1994: 13-15.

[70] TOMLINSON M J. Recent advances in driven pile design [J]. Ground Engng, 1996, 29 (10): 31-33.

[71] BULLOCK P J, SCHMERTMANN J H, MCVAY M C, et al. Side shear setup. I: Test piles driven in Florida [J]. Journal of Geotechnical and Geoenvironmental Engineering, 2005, 131 (3): 292-300.

[72] BULLOCK P J, SCHMERTMANN J H, MCVAY M C, et al. Side shear setup. II: Test piles driven in Florida [J]. Journal of Geotechnical and Geoenvironmental Engineering, 2005, 131 (3): 301-310.

[73] SHEK L, ZHANG L M, PANG H W. Set-up effect in long piles in weathered soils [J]. Proceedings of the Institution of Civil Engineers-Geotechnical Engineering, 2006, 159 (3): 145-152.

[74] THOMPSON W R, HELD L, SAY S. Test pile program to determine axial capacity and pile setup for the Biloxi Bay Bridge [J]. Journal of the Deep Foundations Institute, 2009, 3 (1): 13-22.

[75] FLAATE K. Effects of pile driving in clays [J]. Canadian Geotechnical Journal, 1972, 9 (1): 81-88.

[76] KONARD J M, ROY M. Bearing Capacity of Friction Piles in Marine Clay [J]. Geotechnique, 1987, 37 (2): 163-175.

[77] MCMANIS K, FOLSE M D, ELIAS J S. Determining pile bearing capacity by some means other than the engineering news formula [R]. Louisiana Transportation Research Center, 1989.

[78] FELLENIUS B H, RIKER R E, O'BRIEN A J, et al. Dynamic and static testing in soil exhibiting set-up [J]. Journal of Geotechnical Engineering, 1989, 115 (7): 984-1001.

[79] HAQUE M N, ABU-FARSAKH M Y. Development of analytical models to estimate the increase in pile capacity with time (pile setup) from soil properties [J]. Acta Geotechnica, 2019, 14 (3): 881-905.

[80] KHAN L, DECAPITE K. Prediction of pile set-up for Ohio soils. [R]. Ohio. Dept. of Transportation, 2011.

[81] RANDOLPH M F. Design method for pile group and piled raft [C]//In: Proceedings of the 13th International Conference on Soil Mechanics and Foundation EngineeringNew Delhi, 1994, 5: 61-82.

[82] CLANCY P, RANDOLPH M F. Simple design tools for piled raft foundations [J]. Geotechnique, 1996, 46 (2): 313-328.

[83] CASTELLI F, MAUGERI M. Simplified nonlinear analysis for settlement prediction of pile groups [J]. Journal of Geotechnical and Geoenvironmental Engineering, 2002, 128 (1): 76-84.

[84] THORBURN S, LAIRD C, RANDOLPH M F. Storage tanks founded on soft soils reinforced with driven piles [C]// In: Proc., Conf. on Recent Advances in Piling and Ground Treatment, London: U. K. Institution of Civil Engineers, 1983: 157-164.

[85] BRAND E W, MUKTABHANT F, TAECHATHUMMARAK A. Load tests on small foundations in soft clay [C]// In: Proc., Conf. on Performance of Earth and Earth Supported Structures, ASCE.

[86] KOIZUMI Y, ITO K. Field tests with regard to pile driving and bearing capacity of piled founda-

tions [J]. 1967, 7 (3): 377-396.
[87] O'NEILL M W, HAWKINS R A, MAHAR L J. Load transfer mechanisms in piles and pile groups [J]. Journal of Geotechnical Engineering Divsion, 1982, 108 (12): 1605-1623.
[88] BRIAUD J L, TUCKER L M, NG E. Axially loaded five pile group and single pile in sand [C]// In: Proc., 12th Int. Conf. on Soil Mechanics and Foundation Engineering, Rio de Janeiro, 1989, 2: 1121-1124.
[89] MCCABE B A, LEHANE B M. Behavior of axially loaded pile groups driven in clayey silt [J]. Journal of Geotechnical and Geoenvironmental Engineering, 2006, 132 (3): 401-410.
[90] HIGHT D W, ELLISON R A, PAGE D P. Engineering in the Lambeth Group, Report C583. [R]. London, UK: Construction Industry Research and Information Association, 2004.
[91] ZHANG Q Q, LI S C, ZHANG Q, et al. Analysis on response of a single pile subjected to tension load using a softening model and a hyperbolic model [J]. Marine Georesources and Geotechnology, 2015, 33 (2): 167-176.
[92] MILLER K S, ROSS B. An introduction to the fractional calculus and fractional differential equations [M]. New York, USA: Wiley-Interscience, 1993.
[93] PODLUBNY I. Fractional differential equations [M]. San Diego: Academic Press, 1999.
[94] LAKSHMIKANTHAM V, VATSALA A S. Basic theory of fractional differential equations [J]. Nonlinear Analysis, 2008, 69 (8): 2677-2682.
[95] PANG D, JIANG W, NIAZI A U K. Fractional derivatives of the generalized Mittag-Leffler functions [J]. Advances in Difference Equations, 2018, 2018 (1): 415.
[96] KOELLER R C. Applications of fractional calculus to the theory of viscoelasticity [J]. Journal of Applied Mechanics, 1984, 51 (2): 299-307.
[97] GUO W D, RANDOLPH M F. Vertically loaded piles in non-homogeneous media [J]. International Journal for Numerical and Analytical Methods in Geomechanics, 1997, 21 (8): 507-532.
[98] GUO W D, RANDOLPH M F. Rationality of load transfer approach for pile analysis [J]. Computers and Geotechnics, 1998, 23 (1-2): 85-112.
[99] RANDOLPH M F, WROTH C P. Analysis of deformation of vertically loaded piles [J]. Journal of the Geotechnical Engineering Divsion, 1978, 104 (12): 1465-1488.
[100] KRAFT L M, RAY R P, KAGAWA T. Theoretical t-z curves [J]. Journal of the Geotechnical Engineering Divsion, 1981, 107 (11): 1543-1561.
[101] GUO W D. Theory and practice of pile foundations [M]. CRC Press, 2012.
[102] BUTTERFIELD R, BANNERJEE P K. A note on the problem of a pile reinforced half space [J]. Géotechnique, 1970, 20 (1): 100-103.
[103] GRAHAM G A C, SABIN G C W. The correspondence principle of linear viscoelasticity for problems that involve time-dependent regions [J]. International Journal of Engineering Science, 1973, 11 (1): 123-140.
[104] CHRISTENSEN R M. Theory of viscoelasticity [M]. New York: Academic Press, 1982.
[105] GUO W D. Visco-elastic load transfer models for axially loaded piles [J]. International Journal for Numerical and Analytical Methods in Geomechanics, 2000, 24 (2): 135-163.

[106] BOOKER J R, POULOS H G. Analysis of creep settlement of pile foundations [J]. Journal of the Geotechnical Engineering Divsion, 1975, 102 (1): 1-14.

[107] MISHRA A, PATRA N R. Time-dependent settlement of pile foundations using five-parameter viscoelastic soil models [J]. International Journal of Geomechanics, 2018, 18 (5): 04018020.

[108] MISHRA A, PATRA N R. Analysis of creep settlement of pile groups in linear viscoelastic soil [J]. International Journal for Numerical and Analytical Methods in Geomechanics, 2019, 43 (14): 2288-2304.

[109] LEE C Y. Discrete layer analysis of axially loaded piles and pile groups [J]. Computers and Geotechnics, 1991, 11 (4): 295-313.

[110] FENG S Y, LI X Y, JIANG F L, et al. A nonlinear approach for time-dependent settlement analysis of a single pile and pile groups [J]. Soil Mechanics and Foundation Engineering, 2017, 54 (1): 7-16.

[111] 王东栋，孙钧. 基于广义剪切位移法的桥梁桩基长期沉降分析 [J]. 岩土工程学报，2011，33 (S2)：47-53.

[112] MYLONAKIS G, GAZETAS G. Settlement and additional internal forces of grouped piles in layered soil [J]. Géotechnique, 1998, 48 (1): 55-72.

[113] FENG S Y, WEI L M, HE C Y, et al. A computational method for post-construction settlement of high-speed railway bridge pile foundation considering soil creep effect [J]. Journal of Central South University, 2014, 21 (7): 2921-2927.

[114] 徐光明，章为民. 离心模型中的粒径效应和边界效应研究 [J]. 岩土工程学报，1996，18 (3)：80-86.

[115] SCHNAID F, HOULSBY G T. Assessment of chamber size effects in the calibration of in situ tests in sand [J]. Géotechnique, 1991, 41 (3): 437-445.

[116] SALGADO R, MITCHELL J K, JAMIOLKOWSKI M. Calibration chamber size effects on penetration resistance in sand [J]. Journal of Geotechnical and Geoenvironmental Engineering, 1998, 124 (9): 878-888.

[117] VIPULANANDAN C, WONG D, OCHOA M, et al. Modelling of displacement piles in sand using a pressure chamber [C]// In: Proceedings of Foundation engineering: Current principles and practices, ASCE, 1989: 526-541.

[118] KISHIDA H, UESUGI M. Tests of the interface between sand and steel in the simple shear apparatus [J]. Géotechnique, 1987, 37 (1): 45-52.

[119] ROBINSKY E I, MORRISON C F. Sand displacement and compaction around model friction piles [J]. Canadian Geotechnical Journal, 1964, 1 (2): 81-93.

[120] COOKE R W. The settlement of friction pile foundations [C]// In: Proceedings of the conference on tall building, Kuala Lumpur, Malaysia, 1974: 7-19.

[121] FLEMING K, WELTMAN A, RANDOLPH M, et al. Piling engineering [M]. CRC press, 2014.

[122] ZHENG G, PENG S Y, NG C W, et al. Excavation effects on pile behaviour and capacity [J]. Canadian Geotechnical Journal, 2012, 49 (12): 1347-1356.

[123] LOUKIDIS D, SALGADO R. Analysis of the shaft resistance of non-displacement piles in sand [J]. Géotechnique, 2008, 58 (4): 283-296.

[124] MAYNE P W, KULHAWY F H. K0-OCR relationship in soil [J]. Journal of Geotechnical Engineering Division, 1982, 108 (6): 851-872.

[125] FIORAVANTE V. On the Shaft Friction Modelling of Non-Displacement Piles in Sand. [J]. Soils and Foundation, 2002, 42 (2): 23-33.

[126] BOULON M, FORAY P. Physical and numerical simulation of lateral shaft friction along offshore piles in sand [C]// In: Proc. 3rd International Conference on Numerical methods in offshore piling, Nantes, France, 1986: 127-147.

[127] 罗耀武，胡琦，陈云敏，等. 基坑开挖对抗拔桩极限承载力影响的模型试验研究 [J]. 岩土工程学报，2011，33 (3): 427-432.

[128] HARDIN B O, DRNEVICH V P. Shear modulus and damping in soils: design equations and curves [J]. Journal of Soil Mechanics and Foundations Division, 1972, 98 (7): 667-692.

[129] MASCARUCCI Y, MILIZIANO S, MANDOLINI A. 3M analytical method: evaluation of shaft friction of bored piles in sands [J]. Journal of Geotechnical and Geoenvironmental Engineering, 2015, 142 (3): 4015086.

[130] HORIKOSHI K, RANDOLPH M F. Centrifuge modelling of piled raft foundations on clay [J]. Geotechnique, 1996, 46 (4): 741-752.

[131] ZHANG Q Q, ZHANG S M, LIANG F Y, et al. Some observations of the influence factors on the response of pile groups [J]. KSCE Journal of Civil Engineering, 2015, 19 (6): 1667-1674.

[132] DAI G, SALGADO R, GONG W, et al. Load tests on full-scale bored pile groups [J]. Canadian Geotechnical Journal, 2012, 49 (11): 1293-1308.

[133] SALES M M, PREZZI M, SALGADO R, et al. Load-settlement behavior of model pile groups in sand under vertical load [J]. Journal of Civil Engineering and Management, 2017, 23 (8): 1148-1163.

[134] KUMAR A, CHOUDHURY D. Development of new prediction model for capacity of combined pile-raft foundations [J]. Computers and Geotechnics, 2018, 97: 62-68.

[135] ZHANG Q Q, ZHANG Z M, HE J Y. A simplified approach for settlement analysis of single pile and pile groups considering interaction between identical piles in multilayered soils [J]. Computers and Geotechnics, 2010, 37 (7): 969-976.

[136] ROLLINS K M, CLAYTON R J, MIKESELL R C, et al. Drilled Shaft Side Friction in Gravelly Soils [J]. Journal of Geotechnical and Geoenvironmental Engineering, 2005, 131 (8): 987-1003.

[137] POULOS H G. Analysis of residual stress effects in piles [J]. Journal of Geotechnical Engineering, 1987, 113 (3): 216-229.

[138] ZHANG Q Q, ZHANG Z M. A simplified nonlinear approach for single pile settlement analysis [J]. Canadian Geotechnical Journal, 2012, 49 (11): 1256-1266.

[139] DIAS T G S, BEZUIJEN A. Load-transfer method for piles under axial loading and unloading [J]. Journal of Geotechnical and Geoenvironmental Engineering, 2017, 144 (1): 4017096.

[140] WANG Z J, XIE X Y, WANG J C. A new nonlinear method for vertical settlement prediction of a

single pile and pile groups in layered soils [J]. Computers and geotechnics, 2012, 45: 118-126.

[141] NANDA S, PATRA N R. Theoretical load-transfer curves along piles considering soil nonlinearity [J]. Journal of Geotechnical and Geoenvironmental Engineering, 2014, 140 (1): 91-101.

[142] SHEIL B B, MCCABE B A. An analytical approach for the prediction of single pile and pile group behaviour in clay [J]. Computers and Geotechnics, 2016, 75: 145-158.

[143] CAO W, CHEN Y, WOLFE W E. New load transfer hyperbolic model for pile-soil interface and negative skin friction on single piles embedded in soft soils [J]. International Journal of Geomechanics, 2013, 14 (1): 92-100.

[144] PAN D D, ZHANG Q Q, LIU S W, et al. Analysis on response prediction of a single pile and pile groups based on the Runge-Kutta method [J]. KSCE Journal of Civil Engineering, 2018, 22 (1): 92-100.

[145] CHENG S, ZHANG Q Q, LI S C, et al. Nonlinear analysis of the response of a single pile subjected to tension load using a hyperbolic model [J]. European Journal of Environmental and Civil Engineering, 2018, 22 (2): 181-191.

[146] CAPUTO V. Pile foundation analysis: a simple approach to nonlinearity effects [J]. Rivista Italiana di Geotecnica, 1984, 18 (1): 32-51.

[147] TROCHANIS A M, BIELAK J, CHRISTIANO P. Three-dimensional nonlinear study of piles [J]. Journal of Geotechnical Engineering, 1991, 117 (3): 429-447.

[148] 楼晓明，李德宁，刘建航. 深基坑坑底地基的回弹应力与回弹变形 [J]. 土木工程学报，2012，45 (4)：134-138.

[149] 杨建民，李嘉. 基坑底分层回弹量的实用计算方法 [J]. 岩土力学，2014，35 (5)：1413-1420.

[150] 殷德顺，王保田. 基坑工程侧向卸、加载应力路径试验及模量计算 [J]. 岩土力学，2007，28 (11)：2421-2425.

[151] ZHANG Q Q, LIU S W, ZHANG S M, et al. Simplified non-linear approaches for response of a single pile and pile groups considering progressive deformation of pile-soil system [J]. Soils and foundations, 2016, 56 (3): 473-484.

[152] LEHANE B M. Scale effects on tension capacity for rough piles buried in dense sand [J]. Géotechnique, 2005, 55 (10): 709-719.

[153] ALSHIBLI K A, STURE S. Shear band formation in plane strain experiments of sand [J]. Journal of Geotechnical and Geoenvironmental Engineering, 2000, 126 (6): 495-503.

[154] WERNICK E. Skin friction of cylindrical anchors in noncohesive soils [C]// In: Symp. on Soil Reinforcing and Stabilising Techniques, 1978: 201-219.

[155] BOLTON M D. Strength and dilatancy of sands [J]. Géotechnique, 1986, 36 (1): 65-78.

[156] ROWE P W. The stress-dilatancy relation for static equilibrium of an assembly of particles in contact [C]// In: Proceedings of the Royal Society of London. Series A. Mathematical and Physical Sciences, 1962, 269: 500-527.

[157] LASHKARI A. Prediction of the shaft resistance of nondisplacement piles in sand [J]. International Journal for Numerical and Analytical Methods in Geomechanics, 2013, 37 (8): 904-931.

[158] 伍程杰. 增层开挖对既有建筑桩基承载性状影响研究 [D]. 杭州：浙江大学，2014.

［159］ YASUFUKU N，OCHIAI H，OHNO S. Pile end-bearing capacity of sand related to soil compressibility [J]. Soils and foundations，2001，41 (4)：59-71.

［160］ 张忠苗，贺静漪，张乾青，等. 温州323m超高层超长单桩与群桩基础实测沉降分析 [J]. 岩土工程学报，2010，32 (3)：330-337.

［161］ 张忠苗，张乾青，张广兴，等. 软土地区大吨位超长试桩试验设计与分析 [J]. 岩土工程学报，2011，33 (4)：535.

［162］ 朱金颖，陈龙珠. 层状地基中桩静载试验数据的拟合分析 [J]. 岩土工程学报，1998，20 (3)：34-39.

［163］ 赵春风，鲁嘉，孙其超，等. 大直径深长钻孔灌注桩分层荷载传递特性试验研究 [J]. 岩石力学与工程学报，2009，28 (5)：1020-1026.

［164］ 王东红，谢星，张炜，等. 黄土地区超长钻孔灌注桩荷载传递性状试验研究 [J]. 工程地质学报，2005，13 (1)：117-123.

［165］ MAYNE P W，HARRIS D E. Axial load-displacement behavior of drilled shaft foundations in Piedmont residuum [R]. Washington D C：Federal Highway Administration，1993.

［166］ 程晔，龚维明，张喜刚，等. 超长大直径钻孔灌注桩桩端后压浆试验研究 [J]. 岩石力学与工程学报，2010，29 (s2)：3885-3892.

［167］ 张忠苗，张乾青. 破坏和非破坏后注浆抗压桩受力性状现场试验研究 [J]. 岩土工程学报，2011，33 (10)：1601-1608.

［168］ PAIK K，SALGADO R，LEE J，et al. Behavior of open-and closed-ended piles driven into sands [J]. Journal of Geotechnical and Geoenvironmental Engineering，2003，129 (4)：296-306.

［169］ YANG J，THAM L G，LEE P K K，et al. Behaviour of jacked and driven piles in sandy soil [J]. Géotechnique，2006，56 (4)：245-259.

［170］ LEUNG Y F，SOGA K，LEHANE B M，et al. Role of linear elasticity in pile group analysis and load test interpretation [J]. Journal of geotechnical and geoenvironmental engineering，2010，136 (12)：1686-1694.

［171］ LI L，LAI N，ZHAO X F，et al. A generalized elastoplastic load-transfer model for axially loaded piles in clay：Incorporation of modulus degradation and skin friction softening [J]. Computers and Geotechnics，2023，161：105594.

［172］ LEE K M，XIAO Z R. A simplified nonlinear approach for pile group settlement analysis in multilayered soils [J]. Canadian Geotechnical Journal，2001，38 (5)：1063-1080.

［173］ MASCARUCCI Y，MILIZIANO S，MANDOLINI A. A numerical approach to estimate shaft friction of bored piles in sands [J]. Acta Geotechnica，2014，9 (3)：547-560.

［174］ HAN F，SALGADO R，PREZZI M，et al. Shaft and base resistance of non-displacement piles in sand [J]. Computers and Geotechnics，2017，83：184-197.

［175］ HSIEH P，OU C，LIN Y. Three-dimensional numerical analysis of deep excavations with cross walls [J]. Acta Geotechnica，2013，8 (1)：33-48.

［176］ YOO C，LEE D. Deep excavation-induced ground surface movement characteristics-A numerical investigation [J]. Computers and Geotechnics，2008，35 (2)：231-252.

［177］ SINHA A，HANNA A M. 3D numerical model for piled raft foundation [J]. International Journal of Geomechanics, 2016, 17 (2): 4016055.

[178] BROMS B. Negative skin friction [C]// In: Proceedings of the 6th Asian Regional Conference on Soil Mechanics and Foundation Engineering, Singapore, 1979: 41-75.

[179] BASILE F. Non-linear analysis of vertically loaded piled rafts [J]. Computers and Geotechnics, 2015, 63: 73-82.

[180] MAYNE P W, POULOS H G. Approximate displacement influence factors for elastic shallow foundations [J]. Journal of Geotechnical and Geoenvironmental Engineering, 1999, 125 (6): 453-460.

[181] JAMIOLKOWSKI M, LO PRESTI D C F, MANASSERO M. Evaluation of relative density and shear strength of sands from cone penetration test (CPT) and flat dilatometer (DMT) [C]// In: Soil behavior and soft ground construction, Reston, VA: ASCE, 2003: 201-238.

[182] ZHANG Q Q, ZHANG Z M. Simplified calculation approach for settlement of single pile and pile groups [J]. Journal of Computing in Civil Engineering, 2012, 26 (6): 750-758.

[183] ZHANG Q Q, LI S C, LIANG F Y, et al, Zhang Q. Simplified method for settlement prediction of single pile and pile group using a hyperbolic model [J]. International Journal of Civil Engineering, 2014, 12 (2): 179-192.

[184] ZHANG Q Q, LI L P, CHEN Y J. Analysis of compression pile response using a softening model, a hyperbolic model of skin friction, and a bilinear model of end resistance [J]. Journal of Engineering Mechanics, 2014, 140 (1): 102-111.

[185] CHO J, LEE J H, JEONG S, et al. The settlement behavior of piled raft in clay soils [J]. Ocean Engineering, 2012, 53 153-163.

[186] VESIC A S. Analysis of ultimate loads of soil mechanics and foundations [J]. Journal of the Soil Mechanics and Foundations Engineering, 1973, 99 (1): 45-73.

[187] JANBU N. Static bearing capacity of friction piles [C]// Proceedings of the European Conference on Soil Mechanics and Foundation Engineering, TU Wien: Institute fuer Grundbau Und Bodenmechanik, 1976.

[188] LIU S W, ZHANG Q Q, FENG R F. Model test study on bearing capacity of non-uniformly arranged pile groups [J]. International Journal of Geomechanics, 2021, 21 (10): 04021200.

[189] ABATE J, VALKÓ P P. Multi-precision Laplace transform inversion [J]. International Journal for Numerical Methods in Engineering, 2004, 60 (5): 979-993.

[190] VALKÓ P P, ABATE J. Comparison of sequence accelerators for the Gaver method of numerical Laplace transform inversion [J]. Computers & Mathematics with Applications, 2004, 48 (3-4): 629-636.

[191] GAVER D P. Observing stochastic processes, and approximate transform inversion [J]. Operations Research, 1966, 14 (3): 444-459.

[192] WIMP J. Sequence transformations and their applications [M]. New York: Academic Press, 1981.

[193] TALBOT A. The accurate numerical inversion of Laplace transforms [J]. IMA Journal of Applied Mathematics, 1979, 23 (1): 97-120.

[194] CRUMP K S. Numerical inversion of Laplace transforms using a Fourier series approximation [J]. Journal of the Association for Computing Machinery, 1976, 23 (1): 89-96.

[195] DURBIN F. Numerical inversion of Laplace transforms: an efficient improvement to Dubner and Abate's method [J]. The Computer Journal, 1974, 17 (4): 371-376.